广西 海南 地质矿产论文选集

冼柏琪　著

海 南 出 版 社
·海口·

内 容 提 要

本书收录了作者先后在广西壮族自治区和海南省工作期间及退休后编写的22篇论文，内容涵盖有色金属、稀有金属、贵金属矿产地质，区域地质和大地构造，成矿规律、成矿预测、矿床模型研究与找矿应用，以及社会管理等多个方面，涉及区域地质调查、地球化学与地球物理测量、槽井钻探工程探矿等宏观勘查，以及光学显微镜鉴定、同位素地质年代测定、硫同位素和电子探针分析等微观研究领域资料，具有较深的学术造诣和较高的应用参考价值；比较全面地反映了作者认真从事地质矿产勘查、科研、管理工作的心得体会，展现了作者努力学习、注重实践、勇于创新、勤奋奉献的地质科技人生。

本书可供从事地质矿产勘查、科研和相关管理工作的人员以及地质院校师生参考。

图书在版编目（CIP）数据

广西、海南地质矿产论文选集 / 冼柏琪著. -- 海口：海南出版社，2023.8
ISBN 978-7-5730-1283-8

Ⅰ. ①广… Ⅱ. ①冼… Ⅲ. ①区域地质—广西—文集②矿产资源—广西—文集③区域地质—海南—文集④矿产资源—海南—文集 Ⅳ. ①P562.6-53②P617.26-53

中国国家版本馆CIP数据核字(2023)第161465号

广西、海南地质矿产论文选集
GUANGXI, HAINAN DIZHI KUANGCHAN LUNWEN XUANJI

作　　者：冼柏琪
责任编辑：宋佳明　王金丽
出版发行：海南出版社
地　　址：海南省海口市金盘开发区建设三横路2号
邮　　编：570216
电　　话：（0898）66821839
印　　刷：海南永发印刷股份有限公司
版　　次：2023年8月第1版
印　　次：2023年8月第1次印刷
开　　本：787 mm × 1 092 mm　1/16
印　　张：13.25
字　　数：225千字
书　　号：ISBN 978-7-5730-1283-8
定　　价：56.00元

序

1988年4月海南建省，作为全国省一级机构全面改革的试点。海南省按照“小政府、大社会”的要求精简直属机构，对应地质矿产部和国家环境保护局的政府职能，合并设立海南省环境资源厅，随后又设立了海南省矿产储量管理局挂靠于该厅，作为海南省矿产储量委员会的实体办事机构，其组织建设和工作业绩都位居全国前列。我于1991年到北京履职后到海南省调研，结识了冼柏琪同志。我们是同时期的地矿工作者，有很多相似的经历。我们都经过中专、函授大学两次学习经历，都是矿产地质勘探专业，一直从事本专业工作，幸运地学用一致。我们都先在野外勘查项目实践，经过科研技术管理阶段，后来奉调矿政管理岗位，退休后“退而不休”继续在深爱的本专业耕耘。我们都结合本职工作进行综合研究，撰写心得论文。从各自的研究成果可见，冼柏琪同志在矿床学方面钻研较深，我则在矿政管理方面讨论较多，这都与我们的工作经历有关。我们那个时期岗位都是组织安排的，“我是革命一块砖，哪里需要往哪里搬”，然后就干一行爱一行，把本职工作与革命事业紧密联系起来，报效祖国。

说到矿产地质勘探，大众都对它的艰苦奋斗“三光荣”精神印象深刻，其实它自始至终都是一项艰巨复杂的科学研究活动。它的研究对象是矿床，其中典型的重要的矿种（除建筑用砂石土以外）往往具有稀缺性、隐蔽性、勘查显现性的特点，想在茫茫大地上找到重要矿种，并进一步探明其数量、质量、结构、空间分布特征，每一步都需要科学理念的指导和勘查技术手段的支撑。支撑矿产地质勘探的学科可分为两类，一类是以矿床学为代表的地质学科，研究矿床地质特征、成矿控制因素和空间分布规律，介于理科与工科之间；另一类是矿产地质勘查学，研究矿产地质勘查工作战略部署、技术方法和规范制度，介于自然科学与社会科学之间。在中国地质学会，就针对这两类学科分别设有两个专业委员会。

我国矿床学的研究水平整体上与国际水平相当，矿产地质勘查学的研究水平也是世界一流的。这得益于我国矿产地众多、类型复杂多样，新中国成立以来进行了大规模系统性的地质勘探（勘探的广义理解称为勘查），有严格的矿产储量报告评审制度，是国外无可比拟的。我国的矿产地质勘查学具有鲜明的中国特色，体现了中华民族优秀文化传统与新中国政治经济制度，是完全可以自立于世界的，我们应当有这样的民族自信与文化自信。原地质矿产部部长朱训创立的找矿哲学是对矿产地质勘查规律的系统总结概括，是把马克思主义哲学与我国矿产地质勘查实践相结合，形成的中国化、时代化的找矿哲学理论，是矿产地质勘查学理论的集大成者，主导我国矿产地质勘查事业并取得彪炳史册的辉煌业绩，经得起长期的实践检验。找矿哲学遵循马克思主义认识论，强调以地质观察为基础，通过多种有效勘查手段，丰富相关感性认识的积累，然后通过综合研究把感性认识上升到理性认识，再以理性认识指导实践并接受检验，阶梯式探索推进，逐步加深对矿床地质特征的认识。同时，必须自始至终坚持以地质观察为基础和及时进行综合研究的两个矿产地质勘查的关键环节。各个阶段形成的理性认识都是相对真理，都是通过类比、推论得出的，其质量可信度取决于勘查工作程度、勘查主体的职业操守和知识经验水平。

冼柏琪同志的地质矿产论文，立足于野外勘查工作中获得的第一手地质资料，经过去粗取精、去伪存真、由表及里的综合分析研究，探索成矿地质背景、分布规律和矿床成因，总结矿床模型，指出控矿因素和找矿方向，具有突出的实用价值。找矿哲学有两大支柱——就矿找矿理论和阶梯式发展理论。就矿找矿理论的核心要义就是“依据已知找矿线索开展找矿”，深入研究已知矿床成矿模式、找矿模型提供的线索就是找矿突破的向导，对于老矿区的深化和新矿区的扩展都有重大意义。冼柏琪同志的地质矿产论文篇篇浸透着心血，其脚踏实地、刻苦钻研的作风是值得我们赞誉和学习的。

众多卓有成效的矿产地质勘查项目是培育优秀矿床学论文和矿产储量报告的土壤，学习国际经验必须联系本国实际，创立本国特色，发扬优秀传统。关于我国矿产地质勘查特色，我曾总结为“六大准则”，还有固体矿产地质勘查“五大优良传统”，我认为这在创新中是应当守正发扬的。找矿哲学的就矿找矿理论和阶梯式发展理论，在社会科学界享有很高的赞誉，但地质界却对其重大意义认识不到位。海量的地质储量报告在数字化之前深藏于资料档案馆，以致少数人士了解不多，只对美西方的某些理论津津乐道。然而，照搬西方理论只会干扰我国的规制。

以我们供职过的全国和各省级矿产储量委员会为例，其职责就是对矿产储量报告的相对真理性进行技术质量鉴定，与编辑的审稿和考试的阅卷功能相似，是保持我国矿产地质成果质量可信的重要手段。重点在于对矿床地质特征的认知程度和查明矿产资源储量的数量、质量进行客观评价。少数人却把矿产储量报告的技术质量鉴定工作简单理解为类似美西方储量估算软件的操弄，或混同于一般的行政许可，简化到只侧重形式审查是极其错误的。前已述及，矿产地质勘查是一项艰巨复杂的科学研究活动，其阶段性成果都具有相对真理性，怎么能让记载科研成果的储量报告，不经过权威的第三方严格评审鉴定，就提供给各方用户使用呢？让可信度不高的勘查项目成果混进矿产资源储量数据库，轻则造成“家底不清”、决策失误，重则危及国家安全。

近二十多年来，受国际国内多种复杂因素影响，矿业形势大起大落，矿产开发连带地质勘查行业历经两次低迷一次暴涨。2013年以来我国矿产地质勘查项目数量呈断崖式下降，矿产地质勘查的主力军——各地勘单位，纷纷转业突围，在扩大服务领域到大地质、非地质领域的同时，大幅度减少了矿产地质勘查项目。矿产地质勘查人才一旦缺了用武之地，蕴含在行业中的爱国敬业精神、团队协作精神、师徒传承精神、开拓创新精神也受到影响，长此以往将波及科研、教学、测试、装备领域，导致我国矿产地质勘查的总体水平下降。好在近来矿业形势已经有所好转。

2022年中央经济工作会议和党的二十大报告都从总体国家安全观角度强调加强矿产资源勘查开发。2022年10月2日，**习近平总书记给山东省地质矿产勘查开发局第六地质大队的回信，为保障国家能源资源安全指明了方向、提供了根本遵循：“矿产资源是经济社会发展的重要物质基础，矿产资源勘查开发事关国计民生和国家安全。希望同志们大力弘扬爱国奉献、开拓创新、艰苦奋斗的优良传统，积极践行绿色发展理念，加大勘查力度，加强科技攻关，在新一轮找矿突破战略行动中发挥更大作用，为保障国家能源资源安全、为全面建设社会主义现代化国家作出新贡献，……”**这是对全体地矿工作者的鼓励、鞭策和动员令，在岗的欢呼地矿行业又来了一个春天，摩拳擦掌撸起袖子加油干，退休的老骥伏枥、壮心不已，争相建言献策发挥余热。冼柏琪同志的论文集出版锦上添花正当其时。读者可以从中体察有关矿床的成矿控制因素、矿体分布规律和矿床模型，指导相关的找矿实践。读者还可以从更深层次体察作者的勤奋、钻研、治学严谨的高尚品格，提高政治站位，弘扬光荣传统，矢志报效国家，攻坚克难、勇攀高峰，振兴矿产地质勘探事业，为保障国家能源资源安全作出新贡献。

胡　魁

（原国家矿产储量管理局局长、中国地质科学院原副院长）

二〇二三年三月一日

前言

2021年6月，收到我工作单位的上级领导——原国家矿产储量管理局胡魁局长编写的由地质出版社出版的《踏遍青山人未老》巨著。这本著作是胡局长几十年来对地质工作倾注心血的全记录，我阅读之后获得的教益和启迪甚多。联想到自己从事地质工作先后编写的几十篇论文，也应该汇编成册，向自己热爱的祖国作个汇报。于是我筛选了其中的22篇，按时间顺序汇编成本书。

1959年，我从地质部广州地质学校矿产普查与勘探专业毕业，之后被分配到广西地质局工作，接着又考入成都地质学院本科函授班，继续在找矿勘探专业学习，取得1966届本科毕业证书，至今一直在钻研地质科学，特别是广西壮族自治区和海南省的矿产地质。这辈子同地质结了缘，就无法割离了。回顾我这60多年的地质工作经历，大致可以分为4个阶段。

地质矿产勘查工作阶段：从1959年8月至1974年2月，我先后在广西地质局四四三地质队、桂东北地质大队、四二二地质队、第九地质队，亲历了1处中型金矿、1处中小型白云母矿、1处中型钨矿、1处中型镍铜矿、2处大中型锡铜矿的普查与勘探实践，并且主编或参与编写地质报告。尤其与同伴们在桂北宝坛地区，从填图找矿发现矿体到详细普查的五年奋战，厘清了该区比较复杂的地质构造轮廓，基本查明一个资源潜力巨大的锡铜镍多金属矿田，先后提交了3个矿床的地质报告，初步总结了该区成矿规律，使自己的从业品格和专业技能得到了初步的锻炼。我的第一篇习作《广西某铜镍矿床地质特征的初步认识》，也在这个时候问世，由地质出版社出版。

地质矿产科研工作阶段：1974年3月我被调入广西地质研究所，直至

1989年，作为科研课题组成员或课题组组长，先后参与“广西钨锡铜铅锌锑汞矿产成矿规律及找矿方向”、“桂东南铁矿研究”、“广西罗城宝坛地区花岗岩与锡矿成矿作用研究”、“桂北宝坛红岗山锡矿区的矿床模型与找矿”等科研课题研究，并于1981—1983年由广西地质矿产局指定为区划联络员，参与“鄂川湘黔滇桂汞锑成矿带成矿远景区划（鄂川湘黔滇桂成矿带成矿规律及找矿预测总结）”，1982—1985年作为广西地质矿产局的代表，参与国家“六五”重点科研项目“南岭地区有色、稀有金属矿床的控矿条件、成矿机理、分布规律及成矿预测研究”的二级专题研究与科研报告编写。这十几年，基本上是“六加一”、“白加黑”拼命干，全面完成了所承担的科研工作任务，同时产出了一批理论成果——科技论文。其间，于1980年评聘为工程师、1987年评聘为高级工程师，先后被选聘为中国地质学会矿床专业委员会钨锡钼铋矿床专业组成员、广西地质学会矿床专业委员会副主任、广西科技进步奖评审委员会地矿专业组成员，1988年还被列为广西地质矿产局总工程师候选人。

矿产资源储量管理工作阶段：海南建省后，我于1989年5月调入海南省，担任海南省矿产储量委员会（矿产资源委员会）委员、海南省矿产资源储量管理局副局长，承担矿产资源储量管理、矿产储量报告评审以及省矿产储量委员会的日常工作。其间，作为矿产储量评估师和高级工程师，主审或者参与评审了100多份矿产储量报告；还参与海南省环境资源厅等单位组织实施的国家软科学9129项目“海南省矿产资源开发利用战略研究和规划建议”及其第六专题“海南省主要矿产深加工项目建议汇编”的研究与报告编写；并且主编海南省琼海、澄迈、琼中、保亭、陵水等市县的《地质矿产资源概况》，为相关市县环境资源局做好矿产资源管理助一臂之力。同时应有关方面安排，我还编写了一些社会管理论文。

退休后继续开展地质专业技术咨询阶段：2000年3月退休至今的23年间，一是继续参与评审地质矿产勘查设计方案、矿产储量报告、矿产资源开发利用方案、建设项目环境影响评价报告书、矿产开发项目安全预评价报告等近200份，参与评审《海南省“十三五”矿产资源总体规划》，主审全省各市县的“十三五”矿产资源规划，均认真审查把关，尽力减少各种报告与规划的疏漏，为管理机关决策和地矿企业的勘查、开采做好服务，还对一些开采矿山提供了挖潜力保产能的建议；二是接受委托，编写《海南省澄迈县地质矿产资源2001—2010年开发利用与保护规划》，多个矿产开发项目的《矿产资源开发利用方案》等；三是于2008年受聘担任海南茂高矿业有限公司总工程师，带领公司人员在野外实地找矿，首次在儋州市丰收勘查区发现夕卡岩-角岩类型铯铷多金属矿，并按现行的伴生铯铷综合回收参考性工业指标指导勘查达到相关指标的大型规模，填补了海南省这类稀有金属矿产资源的空白。

本书选录的论文，分别编写于上述4个阶段，尤以在广西从事地质矿产科研工作阶段居多，是自己实际参加地质矿产勘查、科研和管理工作的心得体会（由于一些论文资料较老，部分参考文献未著录或未著录完整，请相关文献作者及广大读者见谅）。如今，我已年过八旬，所幸身体状况尚好，还想利用自己的地质专业特长，继续为海南建设中国特色自由贸易港贡献余力。

地质科学是一代代地质人不辞辛劳，不断地“实践—总结—再实践—再总结”而发展起来的调查研究科学，虽然始终难以攀达终极真理，但可以在不断地“实践—总结”过程中日臻完善。本书中叙述总结的一些成果，若能对后人的工作有助益或者某些观点能引起他们再研究的兴趣，并成为后人攀登地质科学高峰的一颗“垫脚石”，就是我编印本书的初衷和最大快乐了。

冼　柏　琪

2023年3月18日

目　录

一、广西地质矿产论文

二、海南地质矿产论文

附：社会管理论文

一、广西地质矿产论文

广西某铜镍矿床地质特征的初步认识

一、矿田地质构造简况

本文叙述的铜镍矿床位于广西宝坛锡铜镍多金属矿田的中部。该矿田处在南岭东西构造带、广西山字型构造的脊柱和新华夏系三个构造体系的复合地带，为南岭多金属成矿带九万大山矿结中间的一段，面积超过200 km^2。目前已发现的矿产有铜、镍、锡、钴、铅、锌、铟、镓、银，并有铂族等。

本区出露的地层主要是中元古界四堡群的浅变质粉砂岩、板岩、千枚岩及海底基性喷发岩（熔凝灰岩、细碧岩），在其外围有新元古界板溪群千枚岩及泥盆系砂页岩、石灰岩。已发现的金属矿产多产于四堡群分布区内。

本区岩浆活动频繁，从超基性至酸性的多期侵入岩，约占据矿田面积的1/2。岩浆岩从老到新，可以划分为三期，即四堡期（中元古代）的超基性岩—基性岩—中性岩、雪峰期（新元古代）的花岗闪长岩和加里东期的花岗岩。各类岩浆岩多侵入于四堡群中。其中，四堡期侵入岩多数为形态不甚规则的岩床，超基性岩体内及其底部产岩浆熔离型铜镍硫化物矿体，主要含铜镍矿的岩体见图1；雪峰期和加里东期侵入岩则呈岩基、岩株、岩枝等产出。本区的锡、铜、铅、锌等岩浆热液型矿床与加里东期花岗岩有比较密切的关系。

矿田内的主体构造为一组东西向复式倒转褶皱，外围被北北东走向的区域大断层切割。次级断裂发育，尤以新华夏系北北东向压扭性断裂及北西西向张扭性断裂较多，广西山字型构造的脊柱部位也发育南北向压性断裂。这些断裂破坏了岩浆熔离型矿床的完整性，但其中一部分断裂成为岩浆热液型矿床的导矿与容矿构造。

二、含矿岩体的物理化学特征

本区的铜镍矿主要是产于四堡期分异的中性至超基性岩床底部的岩浆熔离型矿床。含矿岩体受东西向褶皱控制，产于四堡群九小组及鱼西组下部，一般在海底火山岩层上下50～350 m处，少部分含矿岩体直接与火山岩层接触。在空间分布上其与海底基性火山岩有较密切的关系。含矿岩体多沿围岩层面侵入，为厚薄不均的似层状岩

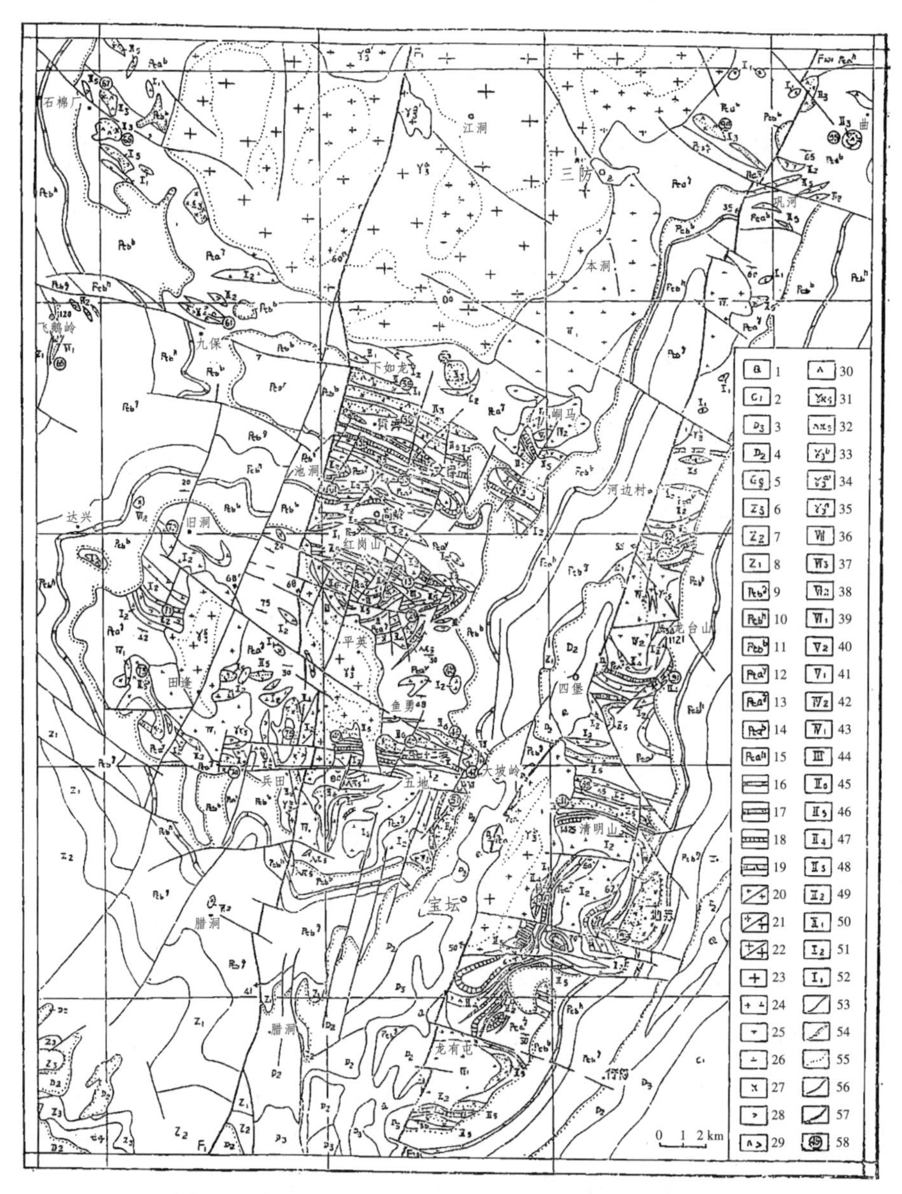

图1　广西某矿田含铜镍矿基性—超基性岩分布略图

1. 第四系；2. 石炭系下统；3. 泥盆系上统；4. 泥盆系中统；5. 寒武系清溪组；6. 震旦系上统；7. 震旦系中统；8. 震旦系下统；9. 板溪群拱洞组；10. 板溪群合洞组；11. 板溪群白竹组；12. 四堡群鱼西组；13. 四堡群九小组；14. 四堡群白岩顶组；15. 四堡群河村组；16. 大理岩；17. 熔凝灰岩；18. 细碧岩；19. 火山角砾岩；20. 细粒及细粒斑状花岗岩；21. 中粒及中粒斑状花岗岩；22. 粗粒及粗粒斑状花岗岩；23. 斑岩；24. 花岗闪长岩；25. 石英闪长岩；26. 闪长岩；27. 辉长辉绿岩；28. 辉石岩；29. 橄辉岩；30. 橄榄岩和辉橄岩；31. 燕山期—印支期花岗斑岩；32. 燕山期—印支期石英斑岩；33. 加里东晚期花岗岩；34. 加里东早期补充侵入花岗岩；35. 加里东早期斑状花岗岩；36. 雪峰晚期花岗闪长斑岩；37. 雪峰早期闪长岩；38. 雪峰早期辉长辉绿岩；39. 雪峰早期闪长岩-橄辉岩；40. 四堡第五期石英斑岩；41. 四堡第五期斜长花岗斑岩；42. 四堡第四期石英闪长岩；43. 四堡第四期花岗闪长岩；44. 四堡第三期石英闪长岩；45. 四堡第二期闪长岩-辉长岩-橄辉岩；46. 四堡第二期辉长岩-辉石岩；47. 四堡第二期辉长岩-橄辉岩；48. 四堡第二期辉长岩-橄榄岩；49. 四堡第二期辉石岩；50. 四堡第二期橄榄岩-辉橄岩；51. 四堡第一期闪长岩；52. 四堡第一期基性岩；53. 地质界线；54. 地层不整合线；55. 岩相分界线；56. 断层；57. 区域性较大断层；58. 主要含铜镍矿岩体编号

床。一般产铜镍矿的岩体有从超基性岩、基性岩至中性岩的分异现象；分异较差的岩体只有基性的辉绿岩-辉长岩相带，多数无或少铜镍矿化。含矿岩体是四堡期侵入岩中较晚的一期，部分侵入在早期的闪长岩体中（图2）。岩体及围岩普遍遭受区域变质作用。

含矿岩体属橄榄岩-辉石岩-辉长岩-闪长岩型，岩体厚度一般为30～100 m，个别达150～300 m，单向分异，由一个或多个岩相组成。分异良好的岩床，从上至下可以划分为6种岩石类型。

石英闪长岩：变余中细粒花岗结构，钠长石含量25%～40%，绿泥石含量10%～25%，石英含量14%～20%，阳起石含量5%～10%，斜黝帘石含量5%～8%，绢云母和黑云母含量8%～10%。矿物成分及其结晶程度不均匀，局部出现辉石岩或辉长岩团块，有时具有微弱的浸染状铜、镍矿化。

闪长岩：中细粒柱状变晶结构，由30%～45%的阳起石、20%～40%的绢云母和绿泥石、5%～20%的斜黝帘石、2%～3%的斜长石和3%的石英组成。

辉长辉绿岩：变余细粒辉长辉绿结构，由38%～55%的阳起石、25%～30%的绢云母、8%～23%的奥-中长石、3%～6%的斜黝帘石、2%～10%的绿泥石和1%～3%的石英组成。矿物呈等粒状，结晶程度较高。

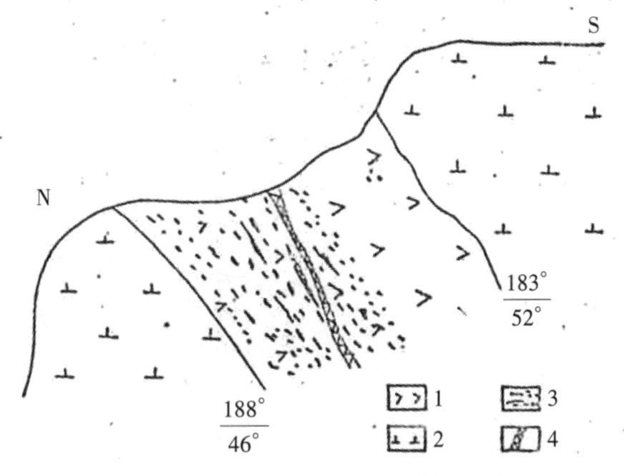

图2　C矿区T2446点地质剖面示意图

1. 辉石岩；2. 闪长岩；3. 铜镍矿化；4. 石英脉

辉石岩：中粒纤维状及纤维柱状变晶结构、显微叶片变晶结构，由70%～79%的透闪石、20%～28%的绿泥石、不足2%的其他副矿物和硫化物组成，矿物成分比较简单。

橄辉岩或橄榄岩：中粒纤维柱状及鳞片状变晶结构、变余粒状结构，由30%～50%的透闪石、20%～40%的绿泥石、10%～35%的滑石和蛇纹石、3%的磁铁矿和金红石、1%的其他副矿物和硫化物组成。具较强磁性。

辉石岩或辉石-辉长岩：中细粒结构，矿物晶粒粒径多在3 mm以下。其为含矿岩体的底部边缘相，一般厚度为2～10 m，最厚达30 m。辉石岩的主要矿物成分是透闪石（占58%～88%）和绿泥石（占7%～35%），金属硫化物占2%～6%，偶见石英；辉石-辉长岩的主要矿物成分是阳起石（占74%～89%）和绿泥石（占5%～20%），金属硫化物（占2%～8%），普遍见有1%～9%的石英。其为主要含铜镍矿的岩相。

多数岩体分异不完全，以辉石岩和辉长辉绿岩为主，某些地段仅有辉石岩或辉长岩一个岩相。岩体的超基性岩相厚度一般为10～30 m。除个别铝过饱和外，多属正常岩石类型（图3）。与正常的辉石岩-橄榄岩相比，本区含矿的超基性岩中钙、铝、铁含量较高，CaO含量2.7%～9.5%，Al_2O_3含量6%～12%，Fe_2O_3+FeO含量9%～18%，MgO与FeO比值为1.58～4.08，多在2～4之间，属含钙、铝较多（含斜长石）的铁质超基性岩。此类超基性岩约占矿区内出露超基性岩的80%，由于钙、铝及硫含量较高，Ni^{2+}不易进入硅酸盐晶格，同时能够降低含矿熔浆中硫化物的溶解度，有利于硫化物的熔离和富集。

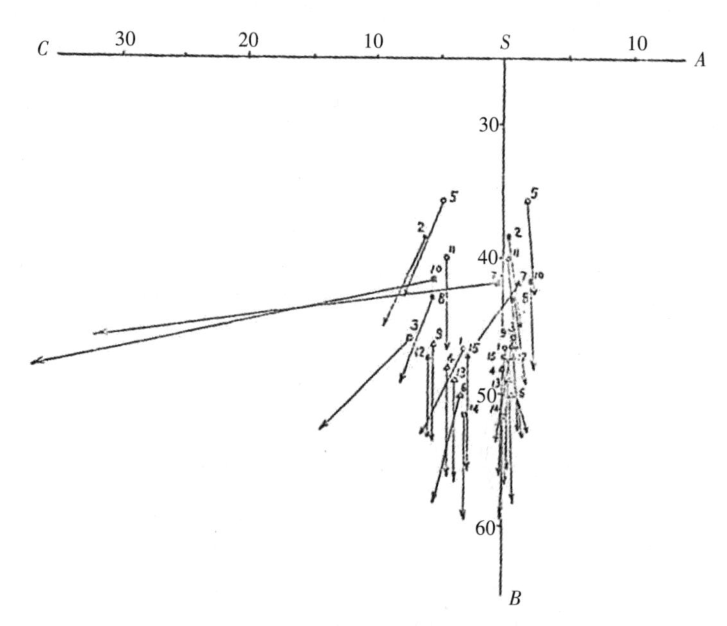

图3　超基性岩岩石化学成分查氏向量图

●矿化辉石岩；○辉石岩；▲矿化辉石辉长岩；△橄榄辉石岩；□橄榄岩；■辉石橄榄岩

本区北边如龙一带部分超基性岩属含钙、铝较低（3.5%～4.8%）且不含长石的橄榄岩和辉石橄榄岩，其镁铁比值为5.23，岩石含镍0.18%，但极少见硫化物矿化。可见，在分异较差、基性程度较高的某些超基性岩中，由于Ni^{2+}、Co^{2+}代替Mg^{2+}、Fe^{2+}进入硅酸盐晶格，呈分散状态存在，而对成矿不利。

三、铜镍矿床地质特征

本区铜镍矿按成因、产状、形态、矿物共生组合等特点，初步划分为岩浆矿床、热液矿床两大类，其中以岩浆矿床大类之熔离矿床分布较广，是本区主要的工业矿体类型，详见表1。

表1　各类型铜镍矿床地质特征一览表

<table>
<tr><th colspan="3">分 类</th><th>产 状</th><th>矿体形态</th><th>矿石构造</th><th>含矿岩石</th><th>蚀变现象</th><th>矿物共生组合</th><th>评 价</th></tr>
<tr><td rowspan="6">岩浆矿床</td><td rowspan="3">熔离矿床</td><td rowspan="2">底部矿体</td><td rowspan="2">产于岩体底部</td><td rowspan="2">似层状、透镜状</td><td rowspan="2">豆状、浸染状、微脉状</td><td>绿泥石透闪石岩</td><td>透闪石化、绿泥石化</td><td>磁黄铁矿、黄铜矿、镍黄铁矿、黄铁矿、辉砷镍矿、闪锌矿、白铁矿、针镍矿、紫硫镍铁矿、镍铁矿</td><td rowspan="2">是本区主要工业矿体类型</td></tr>
<tr><td>绿泥石阳起石岩</td><td>阳起石化、绿泥石化</td><td>黄铁矿、黄铜矿、针镍矿、辉砷镍矿、磁黄铁矿、镍黄铁矿、白铁矿、含镍白铁矿、紫硫镍铁矿、闪锌矿</td></tr>
<tr><td>上悬矿化</td><td>岩体中上部</td><td></td><td>浸染状、豆状</td><td>中性岩、基性岩、超基性岩</td><td>阳起石化、透闪石化、斜黝帘石化、绿泥石化</td><td>磁黄铁矿、黄铜矿、镍黄铁矿、黄铁矿等</td><td>矿分散无价值</td></tr>
<tr><td rowspan="3">贯入矿床</td><td>边部矿包</td><td>接触带1～3 m</td><td>鸡窝状、团块状</td><td>块状</td><td></td><td>角岩化</td><td>含镍白铁矿、辉砷镍矿、黄铜矿、白铁矿、黄铁矿、紫硫镍铁矿、闪锌矿</td><td>局部出现</td></tr>
<tr><td>含矿岩脉</td><td>外带几十米断裂中</td><td>脉状</td><td>浸染状、微脉状、豆状</td><td>含透闪石石英绿泥石岩</td><td></td><td>辉砷镍矿、紫硫镍铁矿、黄铜矿、黄铁矿</td><td rowspan="3">目前发现不多，工作尚少，规模不明</td></tr>
<tr><td>铁镍矿脉</td><td>岩体底部原生裂隙</td><td>串珠状、脉状</td><td>块状</td><td>铁矿石</td><td></td><td>磁铁矿、赤铁矿、硫化物等</td></tr>
<tr><td>热液矿床</td><td colspan="2">中高温铜镍多金属矿脉</td><td>各种围岩的断裂中</td><td>脉状</td><td>块状为主</td><td></td><td>硅化、绿泥石化、电气石化</td><td>辉砷镍矿、黄铜矿、黄铁矿、紫硫镍铁矿、锡石、硫镍钴矿、硫锑铅矿、白铁矿、闪锌矿、磁黄铁矿</td></tr>
</table>

超基性岩体内的岩浆熔离型铜镍矿床，矿化体呈似层状产于岩床底部接触面上的中细粒辉石岩或辉石-辉长岩岩相中，一般厚度为2～10 m，最厚达30 m，连续性好、较稳定，但产于其中的工业矿体不连续。例如45号矿层，含矿岩体长2840 m，其中地表数米至280 m间，有工业矿体10余个；31号矿层西段，含矿岩体长2680 m，已圈定工业矿体数个。矿体呈不连续的似层状、透镜状，一般产在距离底面1～5 m处，厚数米，局部10余米。

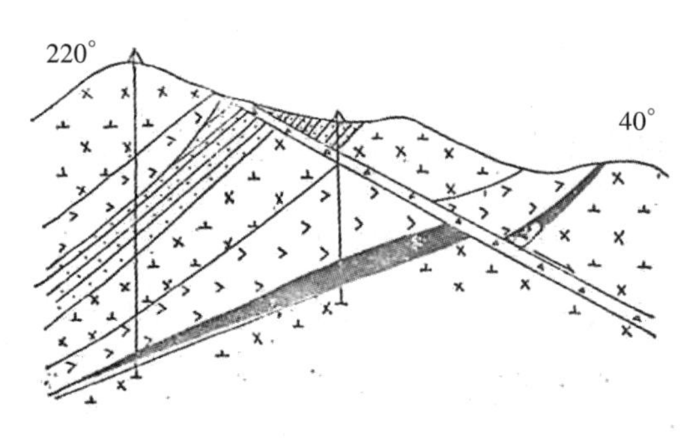

图4　C矿区316勘探线地质剖面图

1. 浅变质粉砂岩；2. 中基性岩；3. 辉石岩；4. 断层角砾岩；5. 铜镍矿体

在各背斜的正常翼上，矿层位于含矿超基性岩床底部，沿走向和倾向起伏变化不大。矿体的厚度、品位常与含矿岩床之超基性岩相厚薄有关。如31号矿层西段，超基性岩相厚度只有10～30 m，矿体厚数米，厚度和品位均较稳定，矿石品位较低；中段，超基性岩相厚度变化大，在局部厚度40～73 m处，矿体厚度相应增至10余米，品位也较高（图4）。

在各背斜的倒转翼上，矿层位于超基性岩床的“顶部”，铜镍矿体取决于有无超基性岩相，但与其厚度无明显关系。矿体的厚薄、贫富受岩体接触面形态控制。例如，45号矿层东段，岩体接触面较平直，矿体的形态、厚度、品位均变化不大（图5）；在该矿层西段，岩体接触面沿走向及倾向呈波浪状起伏，矿体呈大透镜状分布于接触面相对下凹部位，厚度较大、品位较高，在走向及倾向上凸部位，矿化差或者无矿（图6）。

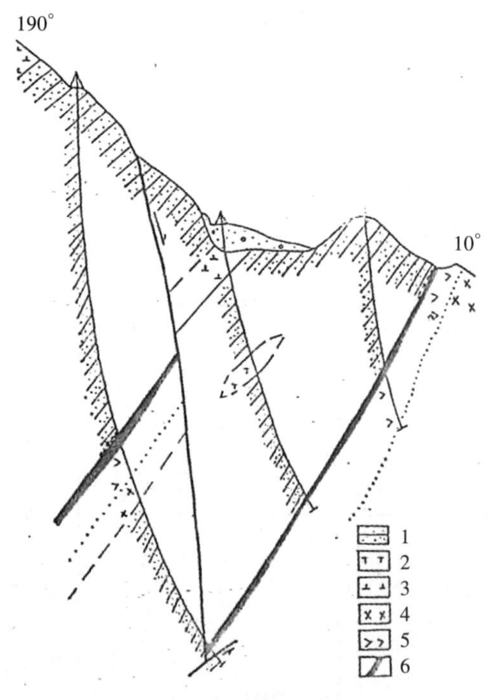

图5　A矿区408勘探线地质剖面图

1. 浅变质粉砂岩；2. 石英钠长玢岩；3. 石英闪长岩；4. 辉长岩；5. 辉石岩；6. 铜镍矿体

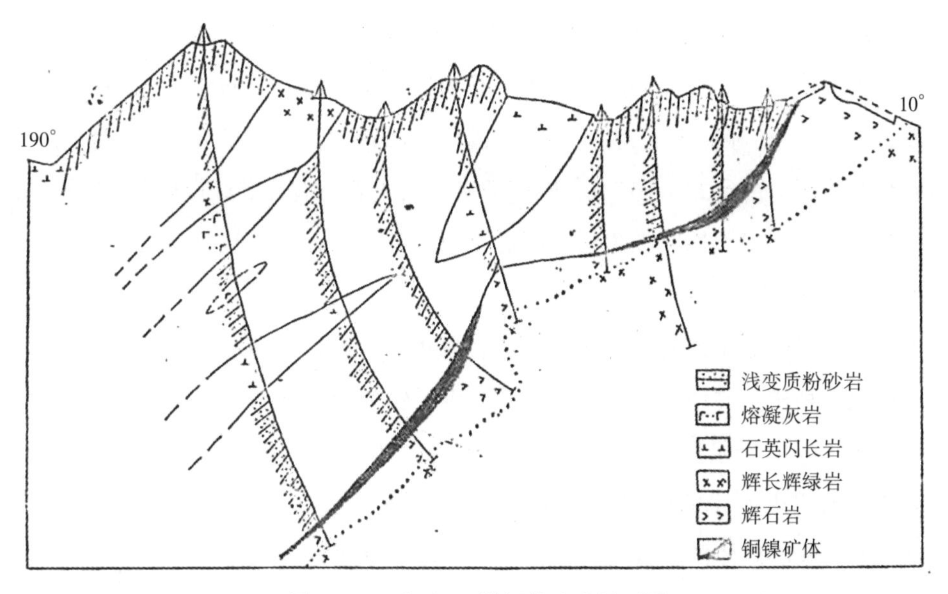

图6　A矿区424勘探线地质剖面图

矿石的矿物共生组合同含矿岩体的产状与矿物成分、化学成分有较密切的关系。在各背斜的正常翼上，多数矿体为含矿绿泥石透闪石岩，其镁铁比值范围是2.2～2.9，平均2.5；含金属硫化物2%～6%，平均3.6%，以磁黄铁矿（占硫化物的37%）、黄铜矿（占硫化物的19%）、镍黄铁矿（占硫化物的16%）、黄铁矿（占硫化物的19%）为主，有少量辉砷镍矿（占硫化物的7%）、闪锌矿、白铁矿、针镍矿、紫硫镍铁矿、镍铁矿等。这些金属矿物多是同期固熔分解的。镍黄铁矿呈他形、半自形粒状集合体，粒径0.004～0.7 mm，几乎全部依附磁黄铁矿分解结晶于其枝杈状裂隙或集合体边缘，组成固熔分解的网状结构。该类矿石以豆状集合体为主，部分呈浸染状。豆体一般2～15 mm，个别达30～50 mm，呈扁平椭圆状或不规则状，往往有显示流动方向的定向排列。矿石含镍、铜、钴，三者呈正消长关系，镍∶铜∶钴＝24∶13∶1。

在倒转翼上，有部分矿体是含矿的绿泥石阳起石岩，矿石镁铁比值为1.6，属富铁质超基性岩。其含金属硫化物较正常翼上的矿体稍多，占2%～8%，平均4.6%，以黄铁矿（占硫化物的39%，部分含少量镍）、黄铜矿（占硫化物的25%，部分含少量镍）、针镍矿（占硫化物的13%）、辉砷镍矿（占硫化物的6%）、磁黄铁矿（占硫化物的11%）为主，其次为镍黄铁矿（占硫化物的1%），偶见白铁矿、含镍白铁矿、紫硫镍铁矿、闪锌矿等。该类矿石，除区域变质、自变质作用外，有时显现半热液性质的轻微硅化现象，石英含量平均达3.2%，最高5%～9%。矿物多呈半自形、自形晶。针镍矿、辉砷镍矿分布于黄铁矿、黄铜矿等矿物的集合体间，一部分针铁矿与黄铁矿、黄铜矿组成交代结构；一部分辉砷镍矿呈小团体状集合体，分布于其他矿物周围或呈自形散晶存在。镍、铜、钴三者比例不太固定，与正常翼上的矿体相比，铜的比例增大，一般镍：铜：钴 = 23：16：1。以该类矿石为主者，有A矿区倒转的45号矿层等，含矿相对较富，其“顶板”围岩显现绿泥石化、硅化。此外，局部地段的铜镍矿石还含有少量的铂族金属元素。

矿石中的镍以硫化镍为主，易于选矿，采用简单的浮选流程，便可以获得合格的镍-铜-钴混合精矿，并使大部分的锑、硫、砷、铂、钯、金、银等富集于精矿中。

除上述主要的岩浆熔离型似层状矿体之外，本区还见有少数贯入矿脉和热液矿脉。其中，属贯入矿床的铁镍矿脉和不规则团块状矿体（矿包）产在底部矿体的附近，有时可为底部矿体的一部分。铁镍矿脉呈串珠状，厚度较小，矿石具强磁性，除全铁（TFe）含量高达40%～65%之外，含硫化物者铜、镍、钴均达工业要求。不规则团块状矿体（矿包），受岩体边缘的原生裂隙或围岩的构造裂隙控制，分布于岩体底接触面1～3 m处（图7），矿石由含镍白铁矿（约占硫化物的60%）、辉砷镍矿、黄铜矿、白铁矿、黄铁矿、紫硫镍铁矿、闪锌矿等组成，极易风化爆裂，产生大量的次生氧化锰。矿石品位高，但变化很大，仅局部出现。

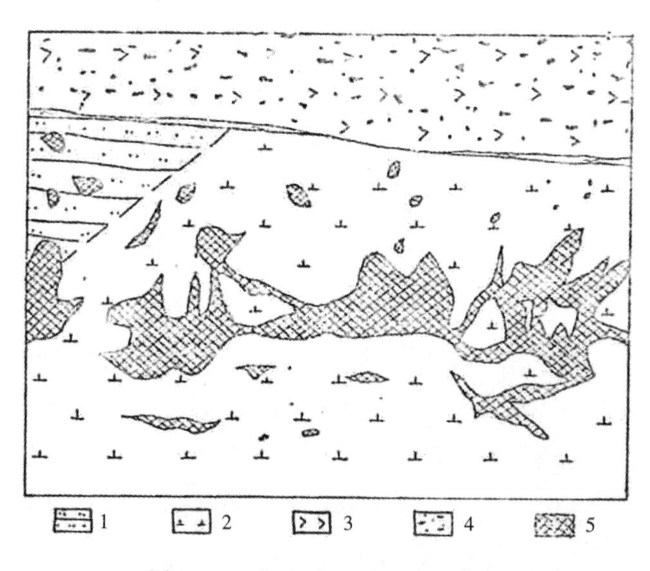

图7　C矿区T3115点矿化素描图

1. 角岩化粉砂岩；2. 角岩化闪长岩；
3. 铜镍矿化辉石岩；4. 熔离于底部的豆状矿化；5. 贯入于围岩的边部矿包

四、几点初步认识

（1）岩浆熔离型铜镍矿，产于分异的超基性岩床底部的细粒辉石岩或辉石-辉长岩岩相内。含矿岩体为元古代优地槽褶皱带的同构造侵入岩，与海底基性喷发岩的空间分布有较密切的关系。

（2）岩体分异较好，超基性岩相为镁铁比值范围2～4的含斜长石铁质超基性岩者，比较有利于铜镍硫化物熔离成矿，形成工业矿体；岩体分异作用弱，超基性岩相为镁铁比值范围5～6的富镁超基性岩者，矿化趋于分散，多数不能形成工业矿体。

（3）本区产铜镍矿的超基性岩受元古代东西向褶皱构造控制。产于各背斜正常翼上的超基性岩床底部的铜镍矿体，厚度较稳定，沿走向和倾向起伏变化不大，围岩无热液蚀变，矿石平均含金属硫化物3.6%，主要矿物是磁黄铁矿、黄铜矿和镍黄铁矿，多为低品位矿石；产于倒转翼上的超基性岩床“顶部”的铜镍矿体，厚度变化较大，沿走向和倾向呈波浪状起伏，围岩有热液蚀变，矿石平均含金属硫化物4.6%，主要矿物是黄铁矿（部分含镍）、黄铜矿和针镍矿，于“顶部”接触面相对下凹部位常可形成厚度较大、品位较富的工业矿体。

【注】本文由我原工作单位广西地质局第九地质队署名，本人编写；载于《铬镍钴铂地质矿产专辑》第三集，1974年由地质出版社出版。

广西钨锡铜铅锌锑汞矿床成因类型的初步划分

广西是全国重要的有色金属矿产产区，其中钨、锡、铜、铅、锌、锑、汞等主要的有色金属矿产，其矿床成因类型丰富多彩（杭长松、石斯器等，1982）。我们从广西矿产实际情况出发，吸取前人许多划分方案的优点，根据成矿物质来源、成矿作用方式及含矿热液性质，结合矿物包裹体测温、硫同位素及部分岩石的成矿元素丰度资料，将上述七种矿产分为岩控、层控、复控、表生四类共六型。进而根据主要有用元素组合、矿石类型及控矿因素，把各类型矿床细分为31个矿种组合，详见表1。

岩控类矿床是指成矿物质来自岩浆的矿床，包括岩浆期分异-交代型矿床、岩浆期后气化-热液充填交代型矿床，其成矿作用与岩浆分异演化过程有直接关系，岩浆岩即成矿母岩。按照习惯，岩浆期分异-交代型矿床又分为岩浆熔离亚型、花岗岩亚型、伟晶岩亚型矿床；岩浆期后气化-热液充填交代型矿床又分为云英岩亚型、石英脉亚型、硫化物亚型矿床。整个岩控类矿床成矿温度高，温度变化范围大（98～525 ℃）；含气液包裹体多，包裹体大（6～45 μm），气液比也较大；硫同位素$\delta^{34}S$离差小（9.4‰），反映岩浆硫特点。

层控类矿床受一定地层层位控制，是沉积阶段形成的矿源层，经地下热水浸泡、洗刷，使成矿物质活化、分离出来，形成矿源层自生含矿热液，在原地或者他地再次富集形成的，包括沉积-自生含矿热液改造型矿床和沉积-自生含矿热液再造型矿床。

复控类矿床具有层控类矿床和岩控类矿床双重特征，由矿源层经混合含矿热液（即岩浆期后热液与矿源层自生含矿热液的混合液）叠加或者再造形成，包括沉积-混合含矿热液叠加型矿床和沉积-混合含矿热液再造型矿床。叠加矿床以叠加、改造原有的矿源层为主，矿体多顺岩层整合产出；再造矿床则呈脉状产于矿源层内及其上下层位的断裂中。

复控类矿床和层控类矿床都受矿源层控制，但两者有较大区别。复控类矿床多产于花岗岩体接触带附近，有岩浆带来的成矿物质的叠加，矿石矿物组合较复杂；成矿温度较高（140～354 ℃），含气液包裹体较多，气液比较大；硫同位素$\delta^{34}S$离差23.7‰，反映沉积硫与岩浆硫混合来源。层控类矿床离开岩体较远，主要靠地下热水作用富集成矿，矿物组合相对较简单；成矿温度较低（90～300 ℃），矿物包裹体较少，均属于气液比0.01～0.25的液体包裹体；硫同位素$\delta^{34}S$离差大，达54.6‰，主要是沉积硫参与成矿。

表生类矿床包括第四纪堆积型砂锡矿床和“红锑”矿床等，其产于原生矿床附近，或受控于富集某种成矿物质的岩体和岩层。

表1　广西钨锡铜铅锌锑汞矿产的矿床成因分类表

类	型	亚　型	矿种组合	矿床规模	主要矿例
岩控	岩浆期分异-交代型矿床	岩浆熔离亚型	铜镍矿床	小至中型	大坡岭、红岗山、池洞
		花岗岩亚型	铌钽锡矿床	中型	老虎头、水溪庙、金竹源
		伟晶岩亚型	钨锡（铌钽）矿床	小型	水溪庙（岩体外）
	岩浆期后气化-热液充填交代型矿床	云英岩亚型	钨锡矿床	小型	平那、花山
		石英脉亚型	钨锡矿床	小至大型	珊瑚、牛栏坪
			钨矿床	小至中型	大桂山、平垌岭
			钨钼（铋）矿床	小型	高田、西大明山
			锑钨矿床	小至中型	茶山、龙柱村、杉木冲
			锑（砷）矿床	小型	三灶岭、尖峰山
		硫化物亚型	锡铜矿床	小至大型	一洞、沙坪、红岗山、乌勇岭
			铜矿床	小至中型	两江、新民、龙台山
			铅锌（银）矿床	小至大型	张公岭、新华
层控	沉积-自生含矿热液改造型矿床		铅锌矿床	小至大型	泗顶、锡基坑、北山、朋村
			铅锌锡矿床	小型	北香
			铜矿床	小型	本梓、瓦屋
			汞矿床	小至大型	益兰、南胃、盐山、加关
			汞（砷）矿床	小型	水落

续表

类	型	亚型	矿种组合	矿床规模	主要矿例
层控	沉积-自生含矿热液再造型矿床		锡铅锌矿床	小至中型	大福楼、石门、拔旺
			铅锌矿床	小至中型	老厂、长屯、渌井、保安
			锑铅锌矿床	小至中型	箭猪坡、三排洞、芙蓉厂
			铜矿床	小型	那马、海洋坪、长余、老山
			锑矿床	小至中型	马雄、赵家岭、崔家
			汞矿床	小至中型	万宝山、南立、峒左、安定
复控	沉积-混合热液叠加、再造型矿床		锡锑多金属矿床	小型至特大型	长坡、巴黎、龙头山、芒场、拉么、白面山
			铜锡矿床	小至大型	钦甲、九毛、加龙、建屯
			钨矿床	小至大型	大明山、牛塘界
			锡钨矿床	小至中型	新路、可达
			钨钼矿床	小至中型	黄宝、安垌、泥冲、岩鹰咀
			铅锌（银）矿床	小至大型	佛子冲、凤凰岭
表生	堆积型矿床	砂锡矿床		小至大型	大厂、水岩坝、牛庙、新路
		“红锑”矿床		多为矿点	镇圩、那甲、潭楼

参考文献

[1] 杭长松，石斯器，等，1982. 广西钨锡铜铅锌锑汞矿产成矿规律及找矿方向[Z]. 广西地质研究所内部资料.

【注】本文是我在广西地质研究所工作期间，参与“广西钨锡铜铅锌锑汞矿产成矿规律及找矿方向研究”课题编写的一部分内容，载于1982年的《中国地质学会矿床专业委员会第二届全国铅锌矿地质学术会议论文摘要汇编》。

广西南丹茶山锑矿床的地质特征及成因探讨

茶山锑矿床位于桂西北丹池成矿带中段，属大厂有色金属矿田的东带。该矿床从1924年起就已断续被开采。据南丹县工业局统计，1973—1980年，共采出富锑矿石3600 t。1971年以来，该矿床先后经广西地质局第九地质队和广西有色215地质队普查和详查，目前已控制锑金属远景储量数万吨，可望达到大型，是迄今广西已知规模最大的辉锑矿石英脉矿床。

笔者根据1980年的实地调查资料，同时参考广西区调队（1968）、广西地质局第九地质队（1972）和广西有色215地质队的部分普查成果，对该矿床的地质特征及成因做了初步分析。野外调查时，笔者得到南丹县工业局和茶山锑矿的大力支持；整编资料时，得到广西地质研究所茹廷锵高级工程师审阅指导，郭玉儒和李迎春协助完成岩矿鉴定，唐佩芝清绘插图，在此一并致谢。

一、区域地质及矿区地质简况

该矿床所在的地区，位于桂北隆起区西南侧，正好是华南加里东褶皱系和桂西印支褶皱系的接合带，相当于广西山字型构造前弧西翼的中段。这个地区出露泥盆系至中三叠统，印支期北西向褶皱和印支期—燕山期的北西向、北东向断裂发育。自西北向东南，在相对隆起的芒场、大厂、五圩三个地段，出露或者隐伏有燕山晚期花岗岩、花岗斑岩、石英斑岩、闪长玢岩岩体和岩脉。这三个地段，以泥盆系为轴部的小背斜发育，在北西向断裂与各个背斜的复合部位，形成了许多大型、中型的锡-多金属矿床和锑-多金属矿床，如长坡、巴力、龙头山、拉么、芒场、箭猪坡、三排洞矿床等，构成了锡、锌、铅、锑储量丰富，铜、钨、砷、硫、银、汞、铟、镉等具一定规模的芒场、大厂、五圩三个矿田，并由这些矿田组合成成矿远景巨大的丹池成矿带。茶山锑矿床就产在大厂矿田东边的车河背斜轴部稍偏西部位。矿区内分布着泥盆系郁江组至榴江组的砂页岩、石灰岩、硅质岩，北边与笼箱盖花岗岩体毗邻，而且控制着长170 km的丹池成矿带的主断裂带恰好从矿区中间通过，地质构造条件对成矿十分有利。

二、矿床地质特征

（一）矿体规模及产状形态特征

茶山锑矿床产于北西向丹池主断裂带内，主断层F1以及附近的一些断层、裂隙，普遍见有锑、钨及多金属矿化。以F1含矿断裂带的规模最大，长度大于4500 m（图1），深度超过500 m。其走向为340°～350°，总体倾向北东东，倾角多在70°以上，沿走向和倾向都呈舒缓波状延展。例如，五里坡至茶山坳一段，620 m标高以上倾向北

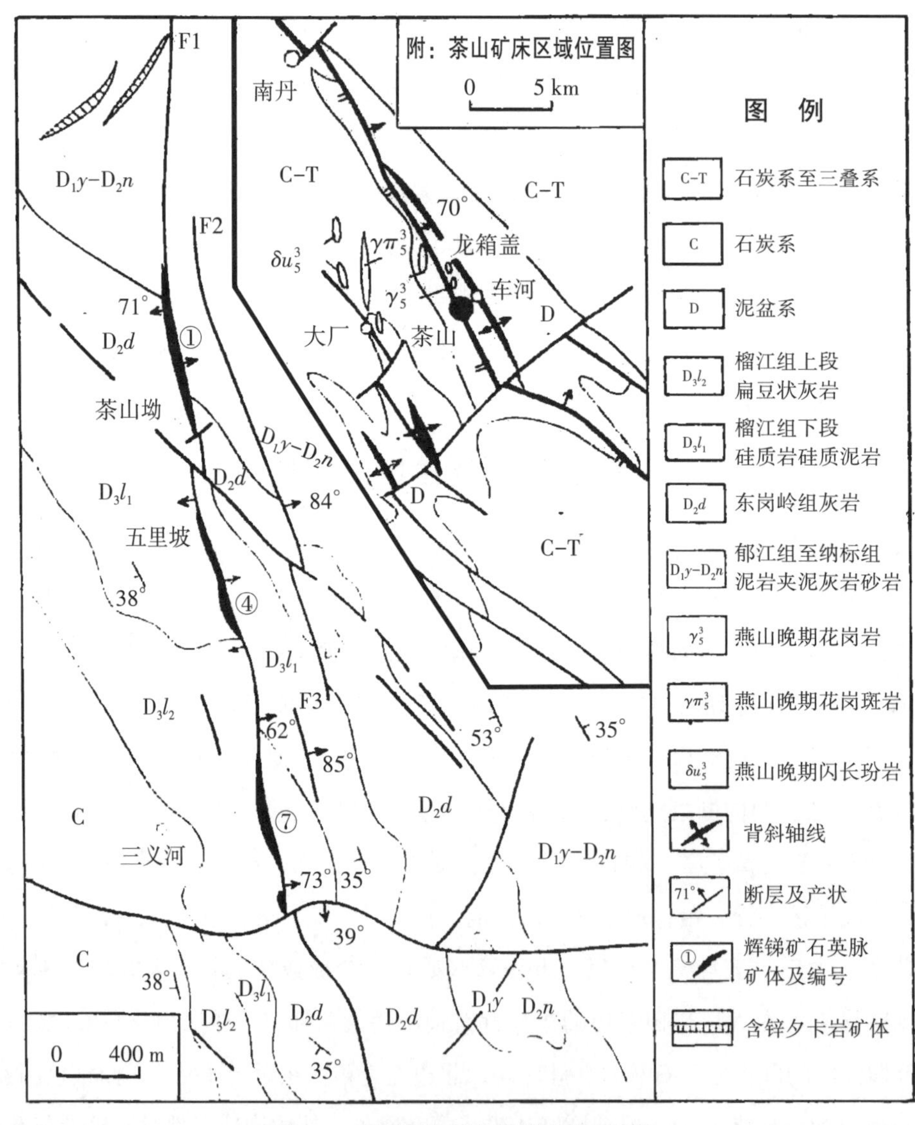

图1　广西南丹茶山锑矿床地质略图

东东，620～470 m倾向南西西，470 m以下又转向北东东。该含矿断裂带由主断层含矿带及旁侧的平行和分支断层、裂隙中的矿脉和矿化组成。除主要的锑矿化之外，尚伴有钨、铅、锌、铜、银等矿化。热液蚀变有硅化、萤石化、黄铁矿化和碳酸盐化等，以硅化和萤石化与锑矿关系比较密切。据部分钻孔资料，比较明显的矿化蚀变范围可达几十米至200 m。主断层含矿带宽0.3～5.0 m，一般为0.8～1.9 m，辉锑矿及铅锌矿矿体呈脉状、透镜状产于其中。目前初步圈定的几个矿体，长度20～630 m不等。例如，1号矿体长约620 m，仅至1980年开采坑道所控制的富矿段的长度已达270 m以上，斜深超过120 m，厚度0.33～2.75 m，平均1.30 m；4号矿体长630 m，厚0.38～2.69 m，平均0.84 m。矿体贫富变化较大，由块状、条带状矿石组成的富锑矿透镜体，短的几米，最长的38 m，呈断续或雁行排列，富矿透镜体之间，间隔2～25 m的浸染状贫矿体或无矿段。由于控矿主断层的走向和倾向都呈波状弯曲，因此产在其中的矿体变化较大。一般品位较高、规模较大的矿体，都出现在断层倾向拐弯、倾角较陡的部位，例如F1矿脉带的2个大矿体，1号矿体产在470 m标高上下、产状由上部西倾向下拐向东倾的部位，4号矿体产在600 m标高上下、由上部倾向北东东向下拐向南西西的部位。

此外，在矿区北段的下—中泥盆统内，常见含锌夕卡岩矿体呈层状顺岩层面产出，厚度0.5～3.0 m，一般含锌1.5%～5.0%，有的含少量铜，与夕卡岩化、角岩化关系较密切。

（二）矿体的穿插关系与矿床形成阶段

据野外观察，该矿床起码有4种含矿地质体，即含锌夕卡岩、铅锌（石英）菱锰矿脉、辉锑矿（黑钨矿）萤石石英脉和微含辉锑矿的碳酸盐脉，而且彼此穿插、先后关系清楚。例如，在矿床北段，常见F1断层带的锑矿脉穿插含锌夕卡岩矿层（图2）；常见辉锑矿（黑钨矿）萤石石英脉穿插铅锌（石英）菱锰矿脉，前者占据脉体一侧或者穿插、分割、捕掳后者，界线分明（图3）；在矿床的各个地段，都有碳酸盐脉穿插上述一种矿脉或者同时切割上述3种矿脉的现象。根据各种矿体（含矿体）的穿插关系，结合其矿物组合、元素含量、气液包裹体以及硫同位素特征（后面还要探讨），可以将该矿床划分为先后4个成矿阶段：0—含锌夕卡岩阶段，1—铅锌菱锰矿阶段，2—辉锑矿萤石石英阶段，3—碳酸盐阶段。0阶段的产物与1、2、3阶段的产物，实际上属于两个不同的成因类型，即前者属沉积-接触变质改造型矿床，后三者属岩浆热液充填型矿床。

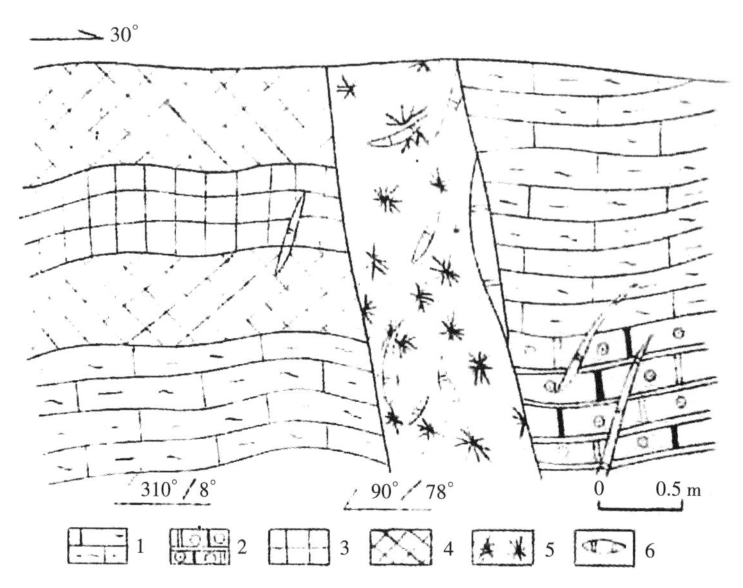

图2　茶山锑矿民窿素描图（辉锑矿石英脉切割含锌夕卡岩矿层）

1. 蚀变钙质泥岩；2. 石榴石夕卡岩；3. 闪锌矿夕卡岩矿层；
4. 菱锰矿闪锌矿夕卡岩矿层；5. 辉锑矿萤石石英脉；6. 碳酸盐脉

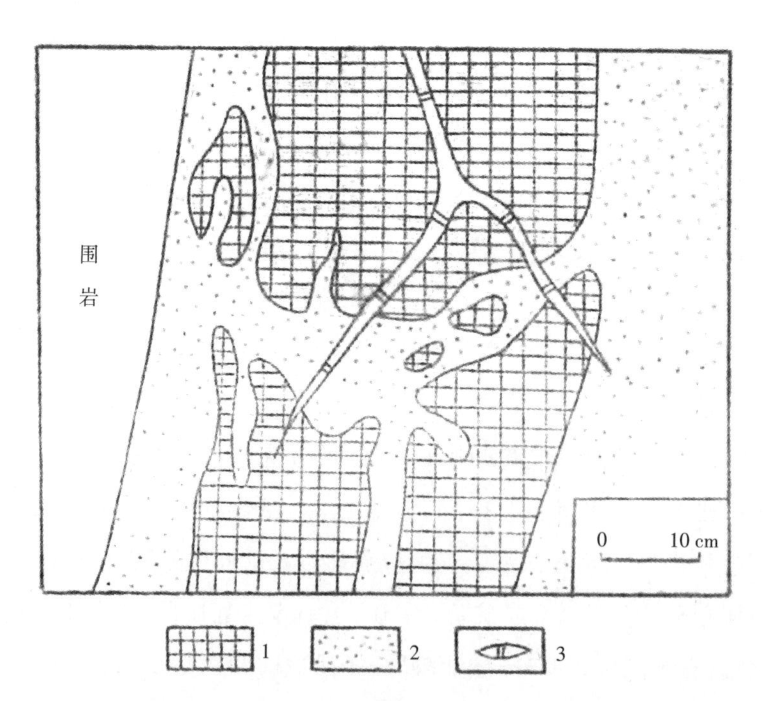

图3　茶山锑矿415中段北沿脉素描图（各成矿阶段矿脉的穿插关系）

1. 1阶段铅锌菱锰矿脉；2. 2阶段辉锑矿黑钨矿萤石石英脉；3. 3阶段碳酸盐细脉

（三）矿石的矿物组合与结构构造特征

图4和表1按照4个成矿阶段相应划分为4个矿物组合：0阶段矿体以夕卡岩矿物石榴石、透辉石、阳起石等为主，它们与同时形成的黄铁矿、闪锌矿、黄铜矿均呈自形—半自形粒状结构，并且分别相对聚集相间排列呈现条带状构造。受后来的岩浆热液影响，常见石英交代包裹石榴石、透辉石、阳起石，白铁矿交代黄铁矿，方解石交代包裹石榴石、绿泥石等现象。1阶段为多金属硫化物组合，主要金属矿物是黄铁矿、闪锌矿、黄铜矿、毒砂、方铅矿等，呈自形—半自形晶结构、固溶分解结构。脉石矿物以肉红色卷曲条带状菱锰矿为主，其与金属硫化物条带相间，构成美丽的花纹条带构造。2阶段是该矿床最重要的成矿阶段，其产物分布于矿脉带的各个部位，金属矿物以辉锑矿（有时出现辉铁锑矿）为主，伴有少量黑钨矿、白钨矿、自然铋，不含铜铅锌硫化物。辉锑矿呈柱状、针状、叶片状自形晶或他形半自形晶结构，组成不规则状或放射晶簇状集合体，有的嵌布于黑钨矿中，有的包裹自然铋；白钨矿以交代黑钨矿的方式出现，脉石矿物主要是石英和萤石，矿石呈块状、浸染状、条带状构造。在一些地段本阶段矿石还可以细分为黑钨矿-自然铋、辉锑矿-块状石英、粗晶萤石-石英、梳状糖晶状石英4个结晶小阶段。3阶段主要是碳酸盐矿物，包括方解石、白云石、菱铁矿等，呈粗晶块状和细晶块状构造，偶见呈针状结构的辉锑矿。

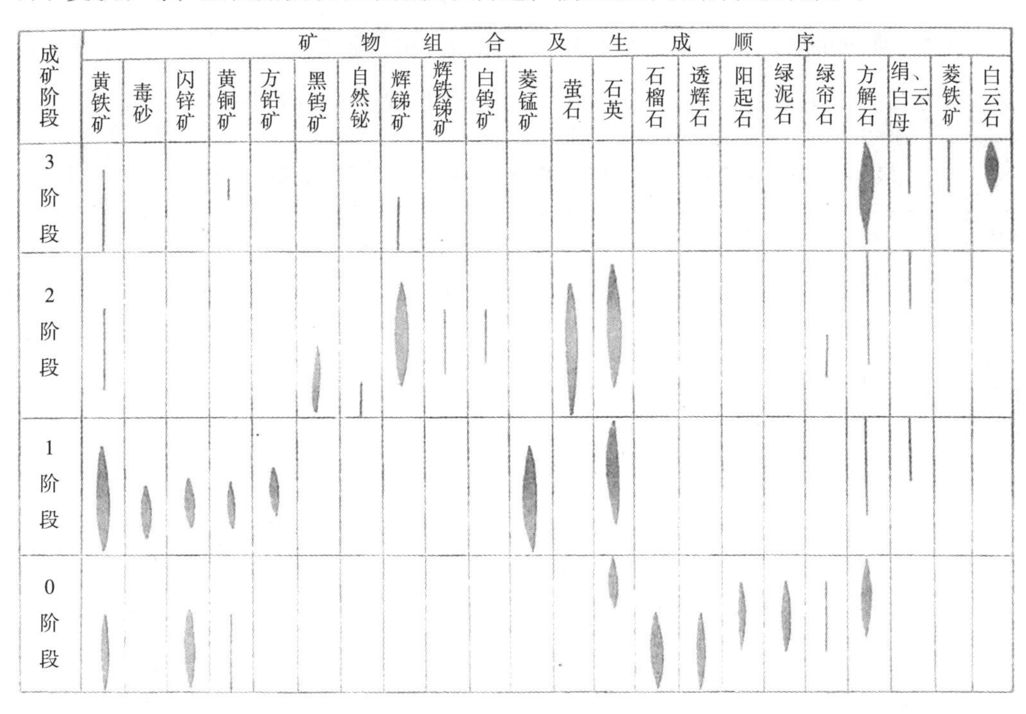

图4　茶山锑矿床各阶段矿物组合及生成顺序对比图

表1　茶山锑矿床各成矿阶段矿物含量对比表　　单位：%

成矿阶段	矿物平均含量																		
	黄铁矿	毒砂	闪锌矿	黄铜矿	方铅矿	黑钨矿	自然铋	辉锑矿	辉铁锑矿	白钨矿	菱锰矿	萤石	石英	石榴石	透辉石	阳起石	绿泥石	绿帘石	方解石	绢、白云母
0	7		14	<1								<1	20	20	8	7	8	2	13	
1	24	5	13	2	9						30		14						1	2
2	1					2	<1	21	5	<1		13	50					1	1	5

（四）矿石的化学成分和特征元素含量

该矿床的主要有用组分为锑。据不完全统计，各矿体的矿石平均含锑4.38%～9.05%，其中1号矿体含锑0.95%～28.4%，平均6.70%，4号矿体含锑0.39%～26.96%，平均9.05%，均较富。根据广西地质局第九地质队的组合分析资料，1、4号矿体含三氧化钨0.112%～0.180%、铅0.118%～0.368%、银22.50～83.15g/t，钨、铅、银分布极不均匀，局部较富。

从表2所列的各阶段矿石之特征元素含量看：0阶段矿石，锌及铁、锰、镁含量高，银含量低，不含钨、钼，一般锌可达工业品位要求；1阶段矿石，锌、铅、铜、

表2　茶山锑矿床矿体与围岩的特征元素含量对比表（光谱半定量分析）　　单位：%

地质体类别	As	Sb	Mg	Pb	Sn	Fe	Mn	W	Mo	Cd	Cu	Zn	Ag
泥盆系角岩	0.01	<0.01	2	0.01	0.001	3	0.1	—	—	—	0.002	0.01	—
0阶段矿石	0.02	0.025	1	0.0035	0.0024	7.5	2	—	—	0.004	0.025	>1.5	<0.0003
1阶段矿石	3	0.2	0.14	3	0.003	7	>10	—	<0.001	0.045	0.25	4	0.0135
2阶段矿石	0.264	10	0.0540	0.091	<0.001	3.60	0.85	0.642	<0.001	0.001	0.008	0.17	0.0032
笼箱盖花岗岩	0.02	0.01		0.003	0.003			<0.01	<0.001		0.004	—	<0.003

银、镉、砷及铁、锰含量较高，锑含量低，微含钼，不含钨，由其构成的矿体，锌、铅可达工业品位要求，铜、银可以综合利用；2阶段矿石，锑、钨含量高，含少量铅、锌、砷、银，微含钼，本阶段矿石是矿床主体，除主要有用组分锑之外，钨可以综合利用。

（五）矿石硫同位素特征

图5所示的10个硫同位素样品，分布于0、1、2三个成矿阶段的矿石及围岩。1阶段的闪锌矿、黄铁矿、黄铜矿 $\delta^{34}S$ 为1.5‰～2.4‰；2阶段的辉锑矿 $\delta^{34}S$ 为0.4‰～1.8‰。1、2两阶段矿物的硫同位素都比较接近陨石硫，离差小，呈正态分布，反映岩浆硫特征。0阶段矿层中的黄铁矿和闪锌矿 $\delta^{34}S$ 为-4.1‰～-5.4‰，介于上述1、2两阶段岩浆硫与地层中沉积黄铁矿硫（$\delta^{34}S$ 为-12.7‰）之间，范围也很窄，反映生物地层硫经热变质轻硫亏损并且均一化的特点。

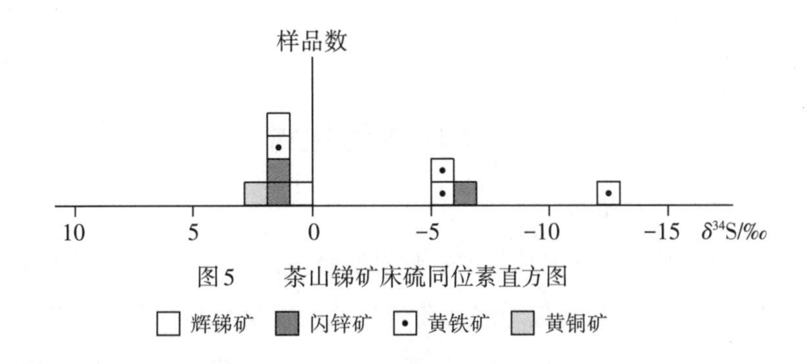

图5　茶山锑矿床硫同位素直方图

（六）矿物气液包裹体特征

根据取自不同成矿阶段的12个矿物139个气液包裹体的测定结果（表3），0阶段含锌夕卡岩中热液交代形成的石英和方解石，以气相包裹体为主（占60%），液相包裹体为次，包裹体较大，均一温度介于265～440 ℃之间（中国科学院贵阳地球化学研究所，1975），属气成—高温阶段的产物。1、2、3阶段矿物中的包裹体，均属液相包裹体。其中，1阶段矿物的包裹体很少，特别是构成卷曲条带的菱锰矿，很难找到能测温的包裹体，这可能是由于本阶段矿物结晶时，容矿构造受到两侧强压应力作用（其不同种类矿物层的卷曲花纹条带构造十分明显，菱锰矿等呈现波状消光），以致其气液包裹体多被破坏、压出，所以仅在其间的石英保存少量较小的包裹体，所存的包裹体均一温度达208～262 ℃，属中—高温；2阶段的各种矿物结晶时，由于氟等挥发分较高，因此气液包裹体较多，大小不等，部分达到35～48 μm，均一温度140～

264 ℃，基本属中温；3阶段的方解石、石英，包裹体较少，气液比最低，一般为2%～9%，个别10%～25%，均一温度98～220 ℃，是在中—低温条件下形成的。

表3　广西茶山锑矿床各阶段矿物包裹体特征对比表

成矿阶段	测定矿物及个数	包裹体占矿物比例/%	目估气液体积比/%	包裹体大小/μm	测定包裹体数/个	均一温度/℃	
						范　围	平　均
0	石英1个、方解石1个	较少	8～10	12～18	20	265～440	315
1	石英1个	<1	8～20	<6～10	5	208～262	246
2	萤石4个、石英1个、方解石1个	≤1～5	3～20 个别40	<6～48	75	140～264	199
3	方解石2个、石英1个	≤1	2～14 一个25	<6～30	39	98～220	154

注：0阶段数据引自中国科学院贵阳地球化学研究所（1975），其余为广西地质研究所取样、广西地质中心实验室黎希明测定。

三、矿床成因探讨

（一）0阶段的含锌夕卡岩

一方面具有沉积特点——矿体呈层状顺岩层面整合产出，元素组合比较简单，不含钨、钼，银含量很低，与附近地层（角岩）的元素组合相似而不同于花岗岩（表2），硫及锌、铜、铁等金属物质主要是沉积的。另一方面其又有接触变质特点——矿体产于花岗岩体的外接蚀带（一般不与花岗岩直接接触），近花岗岩地段多见，远离花岗岩地段少见；矿物成分属夕卡岩组合，其中的闪锌矿、黄铁矿、黄铜矿是在热变质过程中与夕卡岩矿物同时形成的；含锌夕卡岩形成之后，虽然也受到岩浆期后热液影响，发生了气成—高温阶段（265～440 ℃）的含硅酸-碳酸溶液的交代作用（石英、方解石交代夕卡岩矿物），但基本没有金属矿物质的叠加。根据这些特点，初步认为这些含锌夕卡岩属于沉积-接触变质改造型矿床，其中的矿物质基本上是同生沉积的，在花岗岩侵入发生接触变质时改造成矿。

（二）1、2、3阶段形成的含多金属硫化物的辉锑矿石英脉

与前者有截然不同的特点：①矿体呈脉状，产于切割含锌夕卡岩矿层的断裂内，成矿以充填方式为主；②元素组合较复杂，既有锑、铜、铅、锌、硫，亦含钨、钼、银，与附近笼箱盖花岗岩体的元素组合相似，硫及金属物质都主要是岩浆来源的；

③成矿温度介于98～264 ℃之间，其中构成矿床主体的2阶段产物平均190 ℃，基本属中温范畴。这些特点表明，该区含多金属硫化物的辉锑矿石英脉属于中温岩浆热液充填型矿床。从该区地层与岩浆岩的物质成分对比（表2）可知，其2阶段的硫和金属物质是岩浆来源的，1阶段也以岩浆来源为主，但可能混入了少部分地层中的铅、锌等金属物质。在F1含矿带内（尤其规模较大的1号矿体），除了普遍存在的2阶段矿化之外，1阶段矿化以北段较强，3阶段的充脉现象则以南段比较明显；矿脉总体或者某一阶段的矿物，都是北段形成温度较高、南段较低（表4）。另外，同2阶段辉锑矿共生的黑钨矿也以矿带北段比较常见，在笼箱盖花岗岩体周围还出现了较多的钨矿体。这些现象表明，成矿溶液是由北向南运移的，北边出露的笼箱盖花岗岩体是本矿床的成矿母岩。这个母岩体侵入于泥盆系，同位素年龄为91～107 Ma，可见该矿床是在燕山晚期形成的。

表4　　茶山F1含矿带各矿段矿物形成温度对比表　　单位：℃

矿　段	均一温度及成矿阶段	
	石　英	方解石
北段（笼箱盖）	353（0）	305（0）
中段（茶山坳）	241～246（1、2）	181～264（2、3）
南段（三叉河）	147（3）	147（3）

四、结　语

茶山锑矿床地质特征及成因的初步分析，可综合归纳于图6。

该矿床是在燕山晚期笼箱盖花岗岩体附近由泥盆系组成的车河背斜轴部的北西向断裂带这一特定地质条件下形成的。该区从岩浆侵入引起含锌夕卡岩（0阶段）变质改造，进而出现气成—高温热液交代以来，沿北西向断裂带断续充填了铅锌菱锰矿脉（1阶段）、辉锑矿萤石石英脉（2阶段）和碳酸盐脉（3阶段）。随着岩浆的分异演化，含矿溶液逐次更新，成矿温度也逐渐降低，构成了两个矿床类型并存、四个成矿阶段各具特色，从夕卡岩到气成—高温、中温、低温演变的岩浆热液脉动成矿的完整系列。在这里，工业矿化以2阶段（中温阶段）形成的锑矿规模最大，钨矿以及其他各阶段形成的铅、锌、铜、银矿等含量变化大，一般可以综合回收利用。

矿床类型	成矿特征综合剖面图	成矿阶段	矿体形态	主要矿石矿物	主要脉石矿物	成矿元素	主要蚀变	平均成矿温度/℃	成矿物质来源
中温热液充填型含多金属硫化物辉锑矿石英脉矿床		3	脉状、网脉状	辉锑矿（微）	方解石、白云石、菱铁石		碳酸盐化	154	岩浆来源为主
		2	脉状	辉锑矿（辉铁锑矿）黑钨矿	石英、萤石	Sb（W）	硅化、萤石化	199	
		1	脉状	黄铁矿、闪锌矿、方铅矿、毒砂、黄铜矿	菱锰矿、石英	Pb、Zn（Cu、Ag）	硅化、黄铁矿化	246	
沉积–接触变质改造型含锌夕卡岩矿床		0	层状	闪锌矿、黄铁矿（黄铜矿）	柘榴石、透辉石、阳起石、石英、方解石	Zn（Cu）	夕卡岩化、硅化	315	沉积来源为主

图6　广西茶山锑矿床成矿地质特征综合图

1. 0阶段含锌夕卡岩矿层；2. 1阶段铅锌菱锰矿脉；3. 2阶段辉锑矿萤石石英脉；4. 3阶段碳酸盐脉；5. 花岗岩；6. 泥岩；7. 石灰岩；8. 扁豆状灰岩；9. 硅质岩；10. 砂岩；11. 蚀变钙质泥岩；12. 夕卡岩；13. 角岩

参考文献

[1] 广西区调队，1968. 1：20万南丹幅区域地质测量报告书 [R].

[2] 广西地质局第九地质队，1972. 广西南丹县车河茶山坳–三叉河锑矿普查报告书 [R].

[3] 中国科学院贵阳地球化学研究所，1975. 广西大厂矿田气液包裹体测温研究报告 [R].

【注】本文于1982年8月编写留存，未发表。

广西菱铁矿层位及其分布特征

广西壮族自治区境内含菱铁矿的地层层位较多，自老至新有上寒武统、上奥陶统、下志留统、下—中泥盆统、上石炭统、上二叠统、下三叠统、下侏罗统、新近系等。其中，桂东南地区上奥陶统的大牛岭式和灵山式铁矿、桂南地区下志留统的浦灵式铁矿、桂北地区下—中泥盆统的宁乡式铁矿以及桂西南地区上二叠统的渠香式铁矿，比较重要。

一、古生代各层位菱铁矿的分布特征

（一）上寒武统菱铁矿

目前，仅见于武鸣县两江象头山一带。菱铁矿分布在长约4 km、宽0.5 km范围内，分东西两段，西段见矿3层，东段见矿1层。据岩性对比，层位属上寒武统上部。共有矿体4个，长度100～720 m，宽度100～320 m，厚度1～9 m。矿石由含锰菱铁矿及少量石英、绿泥石、铁白云石等组成，常夹条带状碳质物。地表一些已氧化的矿体露头含矿较富，含TFe 30%～45%、Mn 3.48%～5.94%、S 0.316%、P 0.3%、SiO_2 11.13%。深部含矿较贫，TFe含量多在11%～27%之间，微含铜。

菱铁矿形成于晚寒武世晚期，沉积时经受了频繁的升降过程。菱铁矿多产于小沉积旋回顶部，底板为页岩，顶板为砂岩，也有顶底板都是砂岩或碳酸盐岩的。该区远离古陆，铁质来源不丰富，又缺乏有利的沉积环境，因此形成的矿体规模小、变化大。

（二）上奥陶统菱铁矿

分布于桂东南的容县、北流县、博白县等地，包括沉积型含锰菱铁矿和沉积–改造型菱铁矿磁铁矿两类，两者属同一层位（图1）。矿层上下围岩产正形贝、正脊贝等化石，产出层位属上奥陶统上组（O_3^b）。

1. 沉积型含锰菱铁矿矿床（大牛岭式）

有北流县大牛岭、容县六轴坪等处，博白县大康一带的含锰褐铁矿可能也属含锰菱铁矿岩之氧化产物。共见矿2～4层，厚度一般1～5 m，局部厚度11～16 m。矿石矿

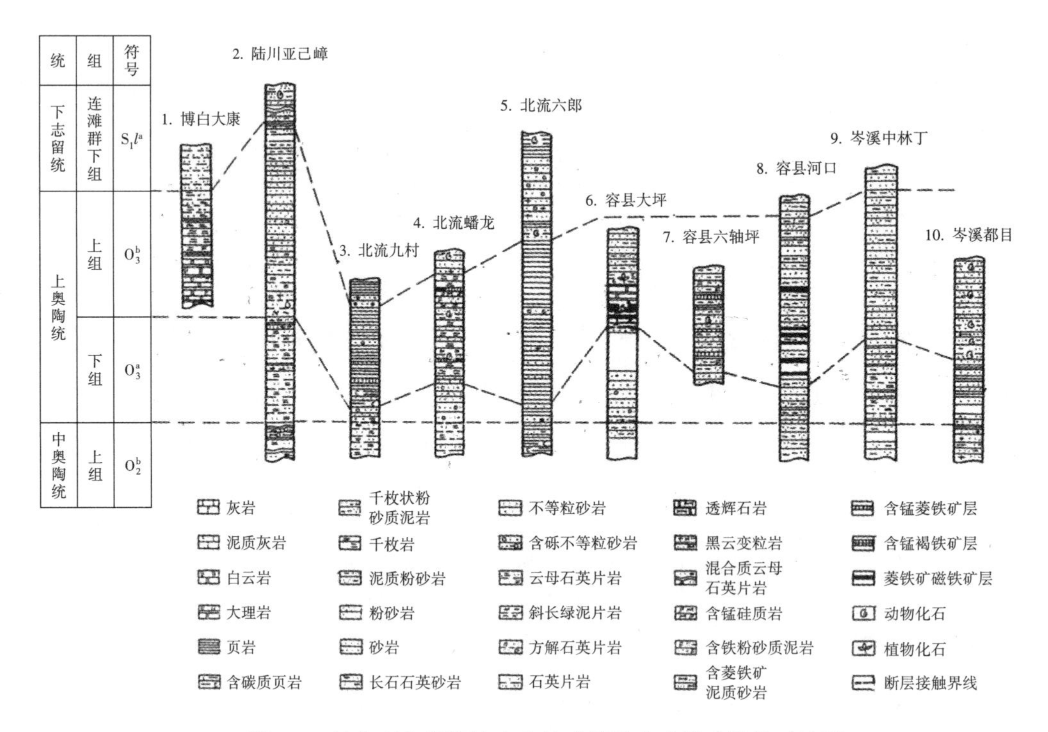

图1　桂东南上奥陶统大牛岭式及灵山式铁矿柱状对比图

垂直比例尺1∶30000

物成分简单，主要由含锰菱铁矿及石英、绢云母、细晶磷灰石等组成，还常含有1%～3%的碳质及黄铁矿。矿石含TFe 14.88%～26.55%（其中，碳酸铁占3/4，硅酸铁和氧化铁等占1/4），Mn 2.25%～11.75%、S 0.022%～1.648%、P 0.158%～1.960%。在地表氧化带，常形成一定规模的锰铁帽。同原生矿相比，这种锰铁帽中的硫、磷已部分淋失，而铁加锰一般提高8%，具一定的工业意义。

2. 沉积-改造型菱铁矿磁铁矿矿床（灵山式）

包括容县灵山、罗屋、沙曹和北流县大牛头等矿床（矿点），是沉积菱铁矿经受后来地质作用，尤其燕山晚期岩浆岩侵入时的热接触变质以及由岩浆热促使含矿层自生热液变质改造所成，既具有沉积特征，又普遍有热液蚀变，矿物成分及化学成分比较复杂。矿石由含锰菱铁矿、磁铁矿、黄铁矿和微量黄铜矿、磁黄铁矿、闪锌矿等组成；脉石矿物有透闪石、阳起石、石榴石、铁白云石、石英、绿泥石、绢云母、方解石等，还常含1%～4%的磷灰石或胶磷矿。菱铁矿有一部分保留沉积特征，呈他形粒状，与其他矿物聚集成微薄层状条带；另一部分则系变质自生热液交代透闪石、阳起石等矿物生成，常保留这些矿物的柱板状假晶。各矿床（矿点）平均含TFe 22.76%～

26.11%、Mn 0.5%～4%、P 0.3%～1%、S 0.05%～2%（个别12%）、SiO_2 22.00%～39.15%。S和SO_2含量变化较大，热液交代较强地段，其含量显著增高。由于矿石含铁较贫，杂质含量高，磁铁矿中的铁仅占全铁的35%～54%，可选性较差，以致目前初步探明的灵山、罗屋两处铁矿石储量尚难利用。

3. 铁矿形成与分布特点

（1）含矿岩系属地槽浅海相碎屑岩-泥质岩-碳酸盐岩系，厚度200～600 m，具清楚的沉积韵律，铁矿产于有碳酸盐岩夹层地段的粉砂质泥岩中，或者粉砂岩与泥岩、钙镁质泥岩、石灰岩递变处。沿走向或倾向岩性变成较纯粹的石灰岩或页岩，或者变成厚度较大的砂岩时，矿层便消失。含矿岩系厚度较大的地段，往往矿层较多，矿层厚度较大；当含矿岩系出现大量碳质时，铁矿则逐渐消失，而代之出现较多黄铁矿、磁黄铁矿等。

（2）本区早古生代处于广阔浅海，菱铁矿大致分布于灵山、蟠龙、黄凌等处水下隆起的边坡。铁质部分来自远处的古陆，部分由海底风化、海底火山喷发提供。菱铁矿沉积成岩之后，经受了长期的地质作用，其中一部分受到燕山期岩浆侵入影响，使接触带附近的含矿层遭受变质自生热液改造，形成了菱铁矿-磁铁矿矿床。当菱铁矿-磁铁矿矿床出现在岩层“S”形拐弯处，或者较大规模断层上盘的“入”字形断裂附近时，常被改造增厚，并且相对较富。改造作用主要是通过地下热水活化含矿层及近矿围岩矿物质的方式进行，除硫、铜、铅、锌稍有增加之外，基本上没有铁质加入。加上热液贫碱富硅，改造过程中不但不能去硅，硅质反而增高。

（3）由于沉积环境的更迭，铁矿层之上或同一层位常出现黄铁矿或铜、铅、锌等硫化物，形成菱铁矿-多金属硫化物共生矿层。

（三）下志留统菱铁矿

主要产于桂南、桂东南地区的钦州、合浦、灵山、浦北一带，称浦灵式铁矿（包括原生菱铁矿及其风化产物——层状褐铁矿、堆积褐铁矿）。主要矿床（矿点）有灵山县兴安、兴平、横山、谷埠，以及浦北县到耽、横流水等（图2）。博白县古油田、容县龙潭与六豪等地，也见相当层位的含铁岩以及由其淋滤富集形成的褐铁矿。铁矿产于下志留统连滩群中组的中下部，含矿岩系厚度25～600 m不等，变化大，岩性以泥岩、粉砂质泥岩为主，夹细砂岩、粉砂岩、含碳泥岩、泥灰岩，产一至数层菱铁矿或含铁泥岩、铁质砂岩。其中产格雷斯顿单栅笔石、单笔石、卷笔石、锯笔石等化石。

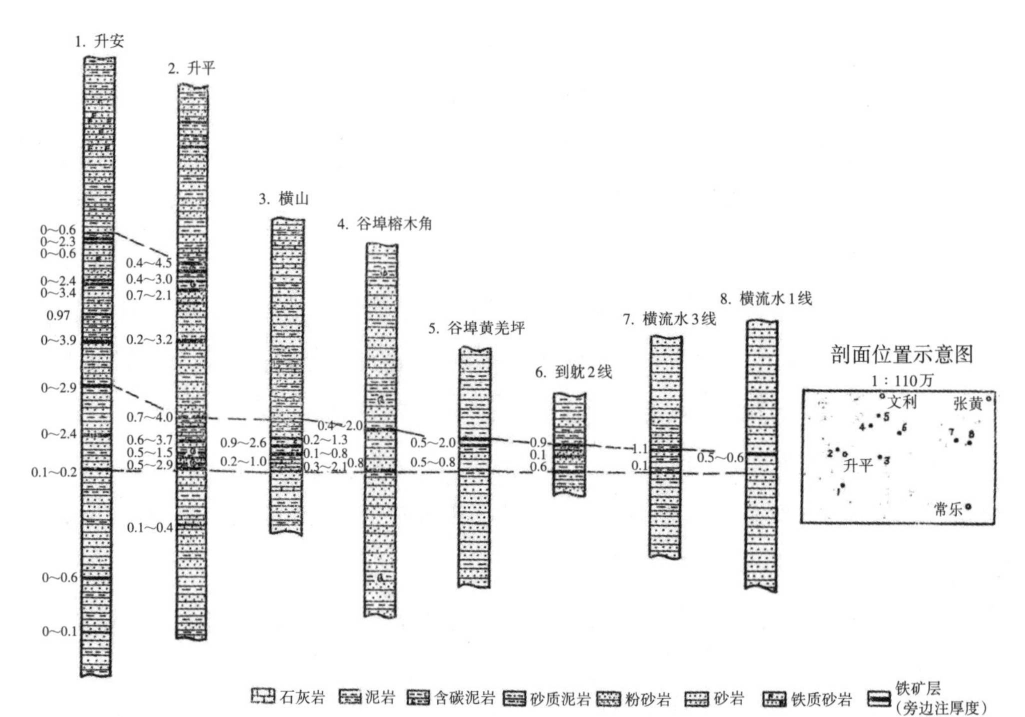

图2　桂南下志留统连滩群中组浦灵式铁矿柱状对比图

垂直比例尺1：6700

浦北、灵山一带，地表见褐铁矿1～18层，单层厚度0.1～2.5 m，个别厚度3～4.5 m，以中下部的第1～3层稍稳定。地表氧化矿含TFe 20%～53%、P 0.1%～0.8%，已证明一部分是由菱铁矿氧化而成。菱铁矿矿石由菱铁矿和少量石英、绢云母、绿泥石、磷灰石以及微量碳质、黄铁矿组成，一般含TFe 24%～28%、Mn 0.4%～0.6%、S 0.4%～1.1%、P 0.3%～1.0%。含矿岩系和含矿层有如下变化特点：

（1）含矿岩系由砂岩、泥岩、含碳泥岩组成。当沉积小韵律较发育时，矿层较多。沿走向向东，随着岩性由泥岩夹砂岩变为以砂岩为主，含矿岩系变薄，矿层也随之减少。从升安向西，含矿岩系有加厚之势，但含矿层分散、变薄，矿石质量变差。

（2）从北东向南西方向，含矿层位渐次升高。即由北东边的横流水一带的下志留统连滩群中组下部，变至升平、升安的连滩群中组下中部，到南西边的土地田、犀牛脚则变为连滩群上组至中志留统的文头山群。

（3）含矿岩系自地表向深部，随着钙泥质岩的含量增加，菱铁矿也渐变为含铁泥岩、含碳含铁石灰岩及石灰岩。沿走向也有类似变化。该层位的含铁层与石灰岩似有互为消长的关系。

（四）下—中泥盆统菱铁矿

分布于桂北地区，属于宁乡式铁矿的一个亚类。根据初步对比（图3），自下至上有三个层位含菱铁矿。

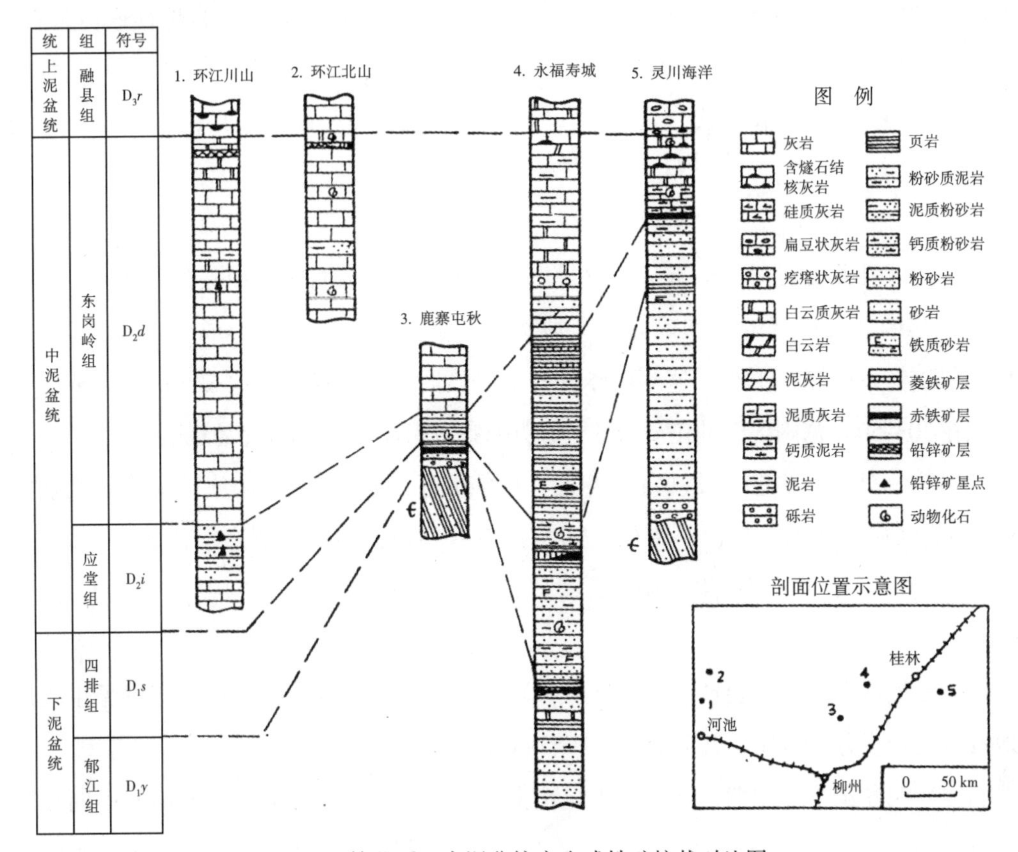

图3　桂北下—中泥盆统宁乡式铁矿柱状对比图

1. 四排组顶部

见于永福县寿城地区，有鲕状菱铁矿、鲕绿泥石菱铁矿及鲕状赤铁矿1～6层。围岩是深灰色砂岩、粉砂质泥岩、含白云质页岩及薄层白云岩、泥质灰岩，产舒家坪奇形阔石燕、朱氏雕石燕等化石。从龙江镇七渡河至和平镇江口，含矿层断续延伸50 km左右，矿体呈薄层状、透镜状，厚度一般0.4～1.2 m，局部厚度2.74 m。菱铁矿与鲕绿泥石、赤铁矿交替出现。赤铁矿矿石含TFe 30%～42%，平均36%；鲕绿泥石矿石含TFe 20%～25%，平均23.87%；菱铁矿矿石含TFe 17.8%～29.8%，最高33.4%，平均23.36%，含S 0.295%，含P 0.458%。向北东至灵川县海洋一带，在大致相当的层位上，夹有豆砾状赤铁矿粉砂岩数层；向南西至屯秋相当层位处，产一层质量较好、厚度0.15～8.25 m的赤铁矿。

2. 应堂组顶部

在永福县寿城地区，于页岩、砂岩中夹1～5层薄层状、透镜状含菱铁矿岩，厚度0.01～0.32 m，含TFe 5%～15%。向北东至灵川县海洋，层位相当的自熔性铁白云石-鲕状赤铁矿层中局部含菱铁矿；向南西至融安县沙坑寮，在赤铁矿层之上的泥岩中，见1～5层透镜状、结核状含菱铁矿岩，厚度0.01～0.08 m，含TFe 5%～15%，变化大。

3. 东岗岭组顶部

在环江县北山至川山一带，于白云岩、白云质灰岩或石灰岩中夹3层铅-锌-黄铁矿层，其中北山矿区的个别矿体或矿段为菱锌矿-菱铁矿，厚度0.3～8.0 m，含TFe 18%～42%、Zn 1%～12%。这些矿体具有某些热液矿床特点，变化大，沿走向或倾向往往在30～50 m范围内，即由菱锌矿-菱铁矿变为闪锌矿-黄铁矿；但是它又产于一个固定层位，具层状构造，反映沉积特征，可能属于沉积-改造型矿床。融安县泗顶的铅锌-菱铁矿与北山至川山一带的矿床特征有些相似，亦产于这个层位的白云岩中。鹿寨县屯秋，该层位泥岩夹4层菱铁矿，含TFe 15%～28%，但厚度小，仅0.2～0.5 m。

桂北地区泥盆系的菱铁矿，在区域上环绕江南古陆边缘分布，但矿层仅见于局部地段。经初步分析对比，其形成与分布特点大致如下：

（1）泥盆纪早—中期，随着海水自南向北推进，宁乡式铁矿层位亦由桂中向桂东北方向逐渐升高。屯秋—寿城一带，主矿层产于下泥盆统四排组上部；而到海洋一带，主矿层则升高至中泥盆统应堂组顶部。到中泥盆世东岗岭期，随着海侵规模加大，海水加深，江南古陆西南边缘的驯乐一带变成比较宁静的海湾，故东岗岭组在东南边怀群地区底部只夹一层不稳定的赤铁矿，而到西北边的北山—川山一带，则在顶部沉积了菱铁矿-铅锌黄铁矿层。

（2）下—中泥盆统各层位的沉积菱铁矿，均形成于当时靠近古陆边缘而且沉降幅度较大的海湾或海盆。如四排组顶部寿城一带的菱铁矿、应堂组顶部海洋的铁白云石-赤铁矿，以及东岗岭组顶部的北山菱铁矿-铅锌矿，都分别形成于四排期的寿城—江口海湾、应堂期的灵川海盘和东岗岭期的驯乐凹陷。这些海盆除北侧有古陆包围之外，其东南面均有海脊、海台等水下隆起作为环堤，构成半封闭的环境，为菱铁矿或铁白云石的沉积创造了颇为有利的条件。成矿主要靠陆源铁质，因此各海盆又以靠近古陆一侧成矿条件较好。

（3）该区宁乡式铁矿的三个不同类型，反映三种不同的沉积条件：鲕状赤铁矿产于杂色砂岩或砂页岩间，是在滨海氧化环境中沉积的；鲕状菱铁矿或铁白云石-赤铁矿，以深灰色微含有机质的页岩、泥质粉砂岩、钙质泥岩、白云质灰岩、泥质白云岩为围岩，反映近岸浅海相的半还原环境；菱铁矿-铅锌黄铁矿产于白云质灰岩、白云岩夹泥质灰岩的岩相中，属浅海还原环境。前两者的含矿岩系岩性变化较大，沉积韵律发育，是在潮汐或波浪作用较频繁的水动力条件下形成的，从古陆边缘向海盆中心，有时可见由鲕状赤铁矿渐变为鲕状菱铁矿的现象；后者含矿岩系较单纯，成矿是在海水深度较大、比较开阔的浅海条件下进行的，波浪作用影响极微弱。

（五）下石炭统菱铁矿

分布于桂北柳城至罗城、环江、河池一带，产于下石炭统岩关阶上段和大塘阶中段两个含煤岩系中，呈结核状或透镜状，含矿率及品位均低，不具工业意义。

产于岩关阶上段的菱铁矿，在宜山德胜一带可见两层。下部一层长300 m，厚约7 m，含矿率250 kg / m^3，含TFe 15%左右；上部一层厚1～3 m，含矿率300 kg / m^3，含TFe 17.95%，两层均产于黑色泥岩中。环江北山至跑马滩一带，在20 m厚度范围内，有8层厚0.2～1.0 m的碳质页岩夹透镜状、结核状菱铁矿，含矿率小于250 kg / m^3。

大塘阶中段（即寺门段）的菱铁矿，产于罗城、宜山、柳城一带，呈包体状、透镜状、薄层状产于粉砂质泥岩、碳质泥岩中。含矿层厚度0～50 m不等，呈薄层状产出者，单层厚度1～5 cm，个别厚度10 cm，在含矿层密集地段，10 m内可见32个薄层，压缩厚度1.9 m；呈透镜状、结核状产出者，小者厚度1～3 cm，最大者厚达5.46 m、长15 m，含矿率261～1300 kg / m^3，含TFe 3.1%～23.85%。

（六）上二叠统菱铁矿

上二叠统合山组中的菱铁矿称渠香式铁矿，产出于桂西南地区，遍及宁明、崇左、扶绥、邕宁等县。由该层位中的层状、似层状菱铁矿、含铁岩、褐铁矿以及合山组出露处附近广布的堆积褐铁矿组成。目前已探明了渠香、岜陇、亭亮等一批中小型褐铁矿矿床，尚有一定远景。

该含铁岩系相当于整个合山组含煤岩系，厚度43～138 m，变化较大（图4）。岩性以泥岩、石灰岩为主，夹页岩、碳质页岩、含碳泥岩、硅质岩等，底部普遍有一层厚度4～15 m的铁铝岩或铝土矿，崇左岜板、咘哝及扶绥弄刀等地尚见凝灰岩。崇左渠香以西的地段夹有5～28层菱铁矿或含菱铁矿泥岩，以含矿岩系厚度较大的渠香一带含矿层较多。扶绥崇罗以东地段仅局部见菱铁矿之小透镜体。矿体呈似层状、透镜状，而且往往一个小矿体本身也是由多个菱铁矿薄层或“鱼群状”菱铁矿小扁豆体聚合而成。

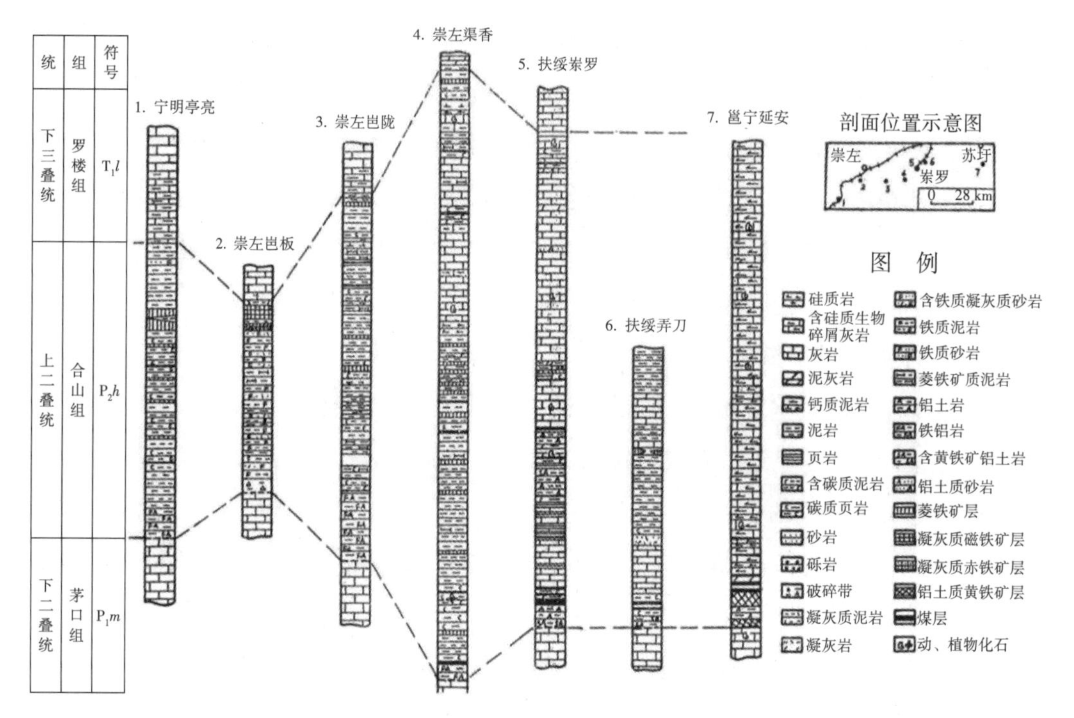

图4　桂西南二叠系合山组渠香式菱铁矿柱状对比图

垂直比例尺1∶1800

菱铁矿及含菱铁矿泥岩，单层厚度一般0.1～1.0 m，大于1 m者仅1～3层。矿石由菱铁矿、绿泥石、水云母、多水高岭石等组成，偶见少量火山碎屑。原生矿石含TFe 13.77%～35.70%，仅少数薄层—透镜状菱铁矿达工业要求，大多数为含菱铁矿钙质泥岩，达不到工业要求。矿石含硅、铝较高，平均含SiO_2 21.68%、Al_2O_3 19.14%；硫、磷低，平均含S 0.075%、P 0.08%；钙、镁含量极少。矿层经氧化后变成褐铁矿，TFe含量约提高10%，而SiO_2+Al_2O_3含量约减少3.5%，质量变优，形成可利用的工业矿体。其中伴生的镓含量一般为0.0012%～0.0042%，与铁呈反比消长关系。

崇左岜板整个合山组含矿岩系为一套火山碎屑岩，近顶部有一层厚4.89 m的凝灰质磁铁矿及铁绿泥石赤铁矿层，含TFe 25%～30%，延伸650～900 m。

该区菱铁矿的分布，受晚二叠世的古地理环境制约，大致有如下特点：

（1）含矿带呈北东东方向展布，与该区晚二叠世的上思海槽延伸方向一致。东吴运动之后，该区下沉，接受沉积。崇罗以东地区总趋势是稳定地沉降，而渠香以西地区则保持较大幅度的频繁升降，形成东深西浅、东边相对稳定而西边动荡的沉积环境，导致合山组含矿岩系东厚西薄，东西两段的岩相与含矿特征显著不同。崇罗以东地区，晚二叠世早期曾经是滨海沼泽环境，形成一些工业煤层及铝土质黄铁矿层；中晚期海水较深，沉积了厚度较大的石灰岩、含硅质灰岩，岩性较单纯，几乎不含煤及菱铁矿，向西与渠香一带含菱铁矿的泥岩相过渡。渠香以西，合山组是一套向西逐渐变薄的滨海相或海陆交互相的含菱铁矿及薄煤层的泥岩，岩性较复杂，除底部普遍有铁铝岩之外，中上部夹有多层菱铁矿、含菱铁矿泥岩及薄煤层，某些地段尚夹较厚的火山沉积物及与火山有关的凝灰质赤铁矿、磁铁矿。

（2）本区铁矿和煤矿产于同一层位，两者互为消长。崇罗以东，下部产可采煤层，极少见菱铁矿；渠香以西，仅见薄煤层或煤线，但夹较多菱铁矿薄层，而且向西、向上，随着煤层减少，菱铁矿层略有增厚或变富之势。

（3）渠香附近含矿岩系厚度大，夹菱铁矿层最多。这是由于该处处在浅海环境与滨海环境的过渡带，有形成菱铁矿古地理条件；但由于该地段火山物质少，主要依赖陆源的铁质还不足以形成厚大矿层，加上海底升降过于频繁，利于铁质聚集沉积的时间太短，以致铁质分散沉积成许多小的透镜体或者含菱铁矿泥岩。

二、中生代和新生代菱铁矿的分布概况

（一）下三叠统

菱铁矿分布于桂西地区隆林县安然背斜西端，自坝尾至祥播、新寨一带，断续长8～12 km。矿层赋存于下三叠统顶部的碳酸盐岩与碎屑岩过渡处（一般底板为含铁泥灰岩夹钙质泥岩，顶部为薄层状含铁粉砂质泥岩、泥岩），分上下两层：下矿层厚0.65～1.60 m，含 TFe 17.75%～27.10%（平均 21.26%）、SiO_2 31.75%、S 0.043%、P 0.844%；上矿层厚0.5～1.2 m，含TFe 16.10%～36.85%（平均23.25%）、SiO_2 27.67%、S 0.218%、P 0.328%。其间夹含铁灰岩，厚度0.3～1.0 m。含矿层在走向上比较稳定，但多数地段全铁含量在20%左右，符合工业要求的矿段不连续。

（二）下侏罗统

灵山县陆屋下侏罗统下段中部的泥岩、粉砂岩中，夹含菱铁矿泥岩及菱铁矿1～4层。含矿层断续出露长度5 km，连夹层共厚2.73～18.27 m，其中含矿层单层厚0.04～

1.78 m，一般厚0.5 m左右，含TFe多在2%～17%之间，局部见厚0.04～0.61 m（最厚1.42 m）含TFe 18%～38%的菱铁矿层或透镜体，沿走向及倾向变化大，难以对比。此外，在钟山县西湾的下侏罗统煤系地层中，亦偶见夹菱铁矿小结核。

（三）新近系

在合浦县白沙一带，于新近系与下伏地层的不整合面上，常有断续团块状、透镜状菱铁矿分布，含矿层厚0.1～1.0 m，最厚3 m。矿石平均含TFe 32.25%、SiO_2 27.67%、S 0.18%、P 0.16%。这些分散的小矿体以含砾含碳泥岩或含碳粉砂质泥岩为围岩，变化大。此外，南宁、宁明盆地也在新近系中上部偶见菱铁矿结核或薄层。

三、几点初步认识

（1）广西各层位的菱铁矿，大致可以划分为三类：①浅海相层状菱铁矿矿床，包括上寒武统、上奥陶统、下志留统、中泥盆统、下三叠统等层位的菱铁矿，含矿岩系属碎屑岩-泥质岩-碳酸盐岩建造；矿层产于砂页岩与钙镁质泥岩、石灰岩、白云岩递变处，少数夹于白云岩、白云质灰岩中；矿石一般含TFe 15%～28%，锰、硫、磷含量较高，具一定规模，稍稳定；上奥陶统、中泥盆统等层位，在菱铁矿层之上或铁矿层部位，往往出现锰、磷含量较低的黄铁矿或多金属硫化物矿层，两者互呈消长关系。②滨海-浅海相鲕状菱铁矿-赤铁矿或者铁白云石-赤铁矿矿床，产于下—中泥盆统，含矿岩系亦为碎屑岩-泥质岩-碳酸盐岩建造，但以碎屑岩为主，碳酸盐岩夹层较少；矿石含TFe 17%～30%，磷含量高，锰、硫含量较低。③海陆交互相或湖泊相菱铁矿矿床，包括下石炭统、上二叠统、下侏罗统、新近系等层位，含矿岩系属碎屑岩-泥质岩-有机岩建造；菱铁矿常与煤矿伴生，成煤与成铁相互制约；矿石含TFe 10%～36%不等，比较富铝，磷、锰含量较低，变化大。

（2）菱铁矿形成的古地理条件：早古生代地槽区的菱铁矿，形成于水下隆起边坡或由水下隆起作环堤构成的半封闭海盆；晚古生代地台区的菱铁矿，形成于靠近古陆边缘的半封闭海湾，或由海脊、海台隔挡构成的海盆。从菱铁矿形成区向海岸方向渐变为鲕状赤铁矿，向海盆深处变为白云岩或者鲕绿泥石白云岩。

（3）菱铁矿多产于碳酸盐岩相与碎屑岩相的过渡带，以砂泥质岩石为主、岩性比较复杂的含矿岩系内。这种岩系沉积小韵律发育，反映当时的沉积环境不稳定，铁质在沉积过程中因机械渗合作用较强，以致形成的菱铁矿具有层次多、厚度薄、成分杂、质量差等特点。

（4）从寒武纪到志留纪，含铁层位自北向南升高；而泥盆纪时，含铁层位则自南向北升高。这与下古生代地槽区海水逐渐向南西方向退缩，以及泥盆纪重新发生海侵时海水自南向北推进的方向一致。

（5）广西菱铁矿层位较多，分布也广，但目前所发现的矿床、矿点，矿层薄而不稳定，矿石含铁普遍较贫。究其原因，往往是成矿的几个主要因素不能同时起作用。如晚二叠世崇左一带铁质来源较为丰富，但缺乏相对稳定、封闭性较好的海盆及有利的水介质沉积环境；晚奥陶世容县杨梅至北流蟠龙一带，虽具备一定的沉积环境，但铁质贫乏，不具备形成富厚矿层的物质条件。

根据广西地质构造特点，结合以往对菱铁矿的研究程度，今后拟着重研究地台区浅海相或浅海—滨海相的菱铁矿，可先选择桂北和桂西南两个地区深入进行岩相古地理分析。桂北地区围绕灵川至环江早—中泥盆世江南古陆边缘的海湾，区分可能有利的成矿地段；桂西南地区注重在崇左火山岩发育地带，结合物探异常，寻找晚二叠世相对宁静的聚铁海盆。

【注】本文与颜锦生合署，本人执笔，载于《菱铁矿矿床学术会议论文集》，由科学出版社于1983年出版。

试论广西锡矿的成矿条件及分布规律

广西锡矿资源丰富，已查明的资源储量位居全国各省（区）之首，矿床类型多，成矿条件比较复杂。笔者认为，除一小部分岩浆矿床和岩浆期后热液矿床之外，许多重要的锡矿床都受一定层位控制，是一些多物质来源、多种成矿方式、多期次形成的复成矿床。

一、矿床分类及特征概述

按照成因，广西锡矿床可以划分为三大类五亚类共十二个型（式）。各类型矿床的主要特征见表1。

表中的锡石硫化物矿床是广西最重要的锡矿床类型，已探明的储量约占全自治区探明的锡矿储量的3/4。这些矿床成因比较复杂，有的是同岩浆热液有关的矿床（沙坪式），有的是矿源层经地下热水改造而形成的矿床（北香式），也有的是矿源层经岩浆热液叠加改造而形成的矿床。后者根据产出层位和成矿元素组合，又可分为九毛式（四堡群中的锡铜矿床）、钦甲式（寒武系中的铜锡铁矿床）和长坡式（泥盆系中的锡-多金属矿床）。

广西的锡矿主要分布在泥盆系、寒武系和元古界四堡群三个层位中（表2）。其中，泥盆系中的锡矿床（长坡式和北香式），分布于丹池、富贺钟及桂平等地区。赋矿层位多，矿石品位较高，组合复杂，除锡外，常伴有锌、铅、锑、银、砷、铜、钨等多种元素，工业价值很大。

寒武系中的锡矿床（钦甲式），在桂西南（钦甲），以产黄铜矿、锡石为主，含磁铁矿；在桂东北（东坡），以锡、铜为主，伴生铅、锌、钨。

环绕元宝山岩体东南接触带分布的锡铜矿床（九毛式），含矿层位属四堡群顶部。九毛一带矿体较多，以锡为主；向东北至加龙，随着含矿岩系砂岩增多，渐变至以铜为主。

这些锡矿床往往同时具有层状、似层状矿体和脉状、细脉带状矿体。前者顺层面或层间断裂分布，规模较大；后者受切穿岩层的小断裂控制，产于前者附近或者离开前者不远的上部层位（图1）。同一个矿床的矿层和矿脉，其矿物组合、元素种类、同

表1　广西锡矿床类型及特征简表

矿床成因类型				控矿层位	有关花岗岩	围岩岩性	矿体产状形态	主要矿物组合			围岩蚀变	主要矿例
类	亚类	型	矿种					主要有用矿物	其他金属矿物	脉石矿物		
岩控类	岩浆晚期分异-交代矿床	花岗岩型	铌、钽、锡、钨		γ_5^2	花岗岩	呈皮壳状、似层状产于岩株上凸部位的顶部	铌钽酸盐，锡石	富铪锆石、黑钨矿	石英、长石、锂白云母	钠长石化、云英岩化	老虎头等
岩控类	岩浆晚期分异-交代矿床	伟晶岩型	铌、钽、锡、钨		γ_5^2	花岗岩、灰岩、砂岩、页岩	呈脉状，其根部常与花岗岩体相连	铌钽酸盐、锡石	富铪锆石、绿柱石、黑钨矿	长石、石英、黄玉、云母	钠长石化、白云母化、电气石化	水溪庙（外接触带）
岩控类	岩浆期后热液矿床	云英岩型	锡		γ_5^{2-3} γ_3、γ_2^2	花岗岩、砂岩、页岩、混合岩	呈脉状、不规则状产于岩体内部或正接触带断裂	锡石	毒砂、绿柱石、黄铜矿、黑钨矿	石英、电气石、白云母	云英岩化、电英岩化	花山等
岩控类	岩浆期后热液矿床	电英脉型	锡		γ_2^2	砂岩、中—基性岩、花岗岩	呈脉状产于靠近岩体的外接触带断裂	锡石	黄铜矿、黝锡矿毒砂、黄铁矿	石英、电气石、绿泥石、萤石	电气石化、硅化	一洞
岩控类	岩浆期后热液矿床	石英脉型	钨、锡		γ_5^{2-3}为主	砂岩、页岩、灰岩、花岗岩	呈大脉或细脉带产于岩体内、外接触带断裂	黑钨矿、锡石	黄铁矿、毒砂、黄铜矿	石英、萤石、白云母	硅化、云英岩化、叶腊石化	珊瑚等
岩控类	岩浆期后热液矿床	硫化物型 沙坪式	锡、铜		γ_2^2	中—基性岩、砂岩、凝灰岩、花岗岩	呈脉状产于离岩体较远的外接触带断裂	锡石、黄铜矿	黄铁矿、毒砂、闪锌矿、方铅矿	绿泥石、绢云母、石英	硅化、绿泥石化	沙坪等

续表

<table>
<tr><th colspan="5">矿床成因类型</th><th rowspan="2">控矿层位</th><th rowspan="2">有关花岗岩</th><th rowspan="2">围岩岩性</th><th rowspan="2">矿体产状形态</th><th colspan="3">主要矿物组合</th><th rowspan="2">围岩蚀变</th><th rowspan="2">主要矿例</th></tr>
<tr><th>类</th><th>亚类</th><th colspan="2">型</th><th>矿种</th><th>主要有用矿物</th><th>其他金属矿物</th><th>脉石矿物</th></tr>
<tr><td rowspan="5">层控类</td><td rowspan="3">沉积-岩浆热液叠加矿床</td><td rowspan="4">硫化物型</td><td>九毛式</td><td>锡、铜</td><td>Pts 顶部</td><td>γ_2^2、γ_3</td><td>片岩</td><td>于岩体外接触带，呈层状、似层状顺层面或层间断裂分布</td><td>锡石、黄铜矿</td><td>黄铁矿、毒砂</td><td>石英、白云母、绿泥石</td><td>白云母化、硅化、黄铁矿化</td><td>九毛等</td></tr>
<tr><td>钦甲式</td><td>铜、锡、铁</td><td>ϵ_{2-3}</td><td>γ_3</td><td>角岩、大理岩、砂岩、页岩、夕卡岩</td><td>于岩体外接触带，多呈层状顺层产出，偶见脉状矿体</td><td>黄铜矿、锡石</td><td>磁铁矿、黄铁矿、（白钨矿）</td><td>石榴石、阳起石、透辉石</td><td>夕卡岩化、绿泥石化</td><td>钦甲等</td></tr>
<tr><td>长坡式</td><td>锡-多金属</td><td>D_1—D_3</td><td>γ_5^{2-3}</td><td>灰岩、硅质岩、砂岩、页岩</td><td>于岩体外接触带，层状、似层状矿体与脉状、细脉带状矿体并存</td><td>锡石、铁闪锌矿、脆硫锑铅矿</td><td>磁黄铁矿、黄铁矿、毒砂、方铅矿、黄铜矿等</td><td>石英、方解石、萤石、透闪石、石榴石</td><td>硅化、绢云母化、电气石化、夕卡岩化</td><td>长坡、龙头山等</td></tr>
<tr><td rowspan="2">沉积-地下热水改造矿床</td><td>北香式</td><td>锡-多金属</td><td>D_2—D_3</td><td>无</td><td>泥质灰岩、泥灰岩、页岩</td><td>顺层的层状、似层状矿体与断裂中的脉状矿体并存</td><td>铁闪锌矿、锡石、方铅矿</td><td>脆硫锑铅矿、黄铁矿、黄铜矿</td><td>方解石、铁白云石、菱锰矿、石英</td><td>硅化、绢云母化</td><td>北香</td></tr>
<tr><td colspan="2">变质砂岩型</td><td>锡</td><td>P_2</td><td>未明</td><td>变质砂岩</td><td>呈层状顺岩层产出，其上伴有不规则脉状矿体</td><td>锡石</td><td>黄铁矿、毒砂</td><td>石英、电气石</td><td>绿泥石化、高岭石化、白云母化</td><td>下横水</td></tr>
<tr><td>表生类</td><td>堆积矿床</td><td colspan="2">残积、坡积、冲积砂矿型</td><td>锡</td><td></td><td></td><td></td><td>呈似层状、不规则状，分布于原生锡矿床周围的残、坡、冲积层</td><td>锡石</td><td>铅锌矿、独居石、钛铁矿</td><td></td><td></td><td>大厂等</td></tr>
</table>

表2　广西原生锡矿分布情况表

层　位	元古界四堡群	寒武系	泥盆系	其　他
矿产地比例 / %	9.2	11.2	32.7	46.9
探明储量比例 / %	7.0	5.2	84.6	3.2

位素组成等都基本相同，但以脉状矿体含矿较富。长坡式、钦甲式和九毛式锡矿床，产于花岗岩体外接触带0～5 km范围内，与花岗岩关系较密切；北香式锡矿床，分布在花岗岩体的20 km以外，可能同岩浆活动无关。

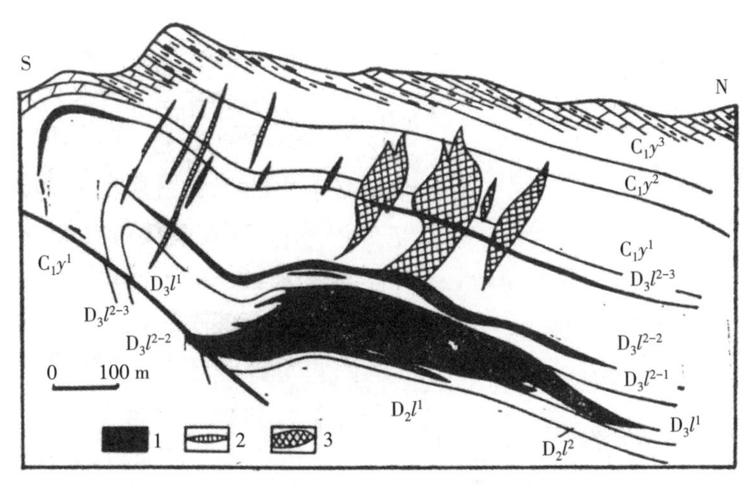

图1　长坡锡石多金属硫化物矿床各类矿体关系图
（根据广西有色215地质队203剖面资料修编）

D_2l^1. 中泥盆统罗富组下段；D_2l^2. 中泥盆统罗富组上段；D_3l^1. 上泥盆统榴江组下段；D_3l^{2-1}. 上泥盆统榴江组上段第一岩性段；D_3l^{2-2}. 上泥盆统榴江组上段第二岩性段；D_3l^{2-3}. 上泥盆统榴江组上段第三岩性段；C_1y^1. 下石炭统岩关阶第一岩性段；C_1y^2. 下石炭统岩关阶第二岩性段；C_1y^3. 下石炭统岩关阶第三岩性段；1. 似层状矿体；2. 脉状矿体；3. 细脉带矿体

岩浆期后热液充填交代形成的锡石云英岩型、锡石电英脉型、钨锡石英脉型、锡铜硫化物型矿床，均呈大脉或者细脉带，产于花岗岩体的正接触带或者外接触带0～2 km（少数2～4 km）之内，矿脉受断裂控制，沿走向及倾向厚度、品位变化均较大。其中，具工业价值的石英脉型锡矿床几乎均与钨共生，而且WO_3含量大于Sn。

岩浆晚期分异-交代矿床，包括铌钽锡钨花岗岩型和伟晶岩型矿床（据冶金部南岭钨矿专题组，1979；南岭花岗岩型铌钽矿床总结小组，1979），产于岩体内至正接触带，锡常与铌、钽共生，含微量黑钨矿。锡石呈浸染状散布，含矿贫，一般被视作铌钽矿床的副产品，供综合利用。

二、地层及沉积相对成矿的控制

九毛式、钦甲式、长坡式、北香式锡石硫化物矿床和下横水的锡石变质砂岩矿床，受四堡群、寒武系、泥盆系、二叠系的一定层位控制，锡矿的形成同沉积作用密切相关。主要根据如下：

（1）**这些控矿地层在沉积阶段就有锡的初步富集。**据一部分分析资料统计，大厂锡-多金属矿床邻区的中—上泥盆统含锡多在30 μg/g以上，其中硅质岩含锡38 μg/g、泥灰岩及生物灰岩含锡65 μg/g（谭启恒，1980，为光谱分析，灵敏度10 μg/g，以下锡的光谱分析灵敏度相同），靠近笼箱盖花岗岩体的茶山一带，中泥盆统含铅、锌或微含黄铁矿的岩层含锡8～40 μg/g（据广西地质研究所的光谱分析资料），离开笼箱盖岩体34 km的罗富至益兰路口一带，没有矿化和蚀变的下泥盆统塘丁组（D_1t）黑色页岩含锡3～20 μg/g（据广西区调队的光谱分析资料），中泥盆统罗富组（D_2l）黑色泥质粉砂岩含锡10～101 μg/g；隆林县马雄下泥盆统郁江组（D_1y）至中泥盆统东岗岭组（D_2d）砂泥岩、石灰岩含锡10 μg/g，上泥盆统榴江组（D_3l）硅质岩含锡10～20 μg/g（据广西地质研究所，极化极谱法分析，精度10 μg/g）；富贺钟地区的泥盆系普遍含锡7～12 μg/g，其中中泥盆统应堂组（D_2i）顶部15 m泥质灰岩和砂页岩、磁黄铁矿层含锡较多；钟山县珊瑚地区4个泥质灰岩样品平均含锡41.4 μg/g（据广西有色204地质队，分析精度1 μg/g）；富川县黄塘坳一带的石灰岩、砂岩含锡90～400 μg/g（据广西地质矿产局第一地质队的化学分析资料）；贺县白面山未受到热液影响的地段，磁黄铁矿层及所夹的钙长石角岩、泥质粉砂岩含锡100～300 μg/g，最高790 μg/g（据广西地质研究所资料，分析精度10 μg/g）；邕宁县良庆至吴圩一带，从下泥盆统郁江组（D_1y）至上泥盆统榴江组（D_3l）的一套硅质岩、石灰岩、砂泥岩，普遍含锡10～40 μg/g，最高达70～400 μg/g（据广西地质研究所的光谱分析资料）；罗城县龙岸峒坎的下泥盆统底砾岩含锡10 μg/g，上泥盆统石灰岩、泥灰岩含锡10～50 μg/g（据广西石油地质大队的光谱分析资料）。上述地区，除了富贺钟和南丹县大厂、茶山靠近岩体之外，其他均远离花岗岩，锡是在地层沉积过程中富集的，多同花岗岩无关系。四堡群、寒武系的含矿性正在研究。据广西地质矿产局第二地质队采样分析，钦甲铜锡矿床外围未经变质及蚀变的中—上寒武统含矿层位的石灰岩和白云质灰岩含锡10～40 μg/g，6个样品平均含锡25 μg/g，高于其上部非含矿层位的砂页岩（19个样品平均含锡小于10 μg/g），也高于钦甲花岗岩16个样品的平均含锡值19 μg/g（杨翼民和颜成贤，

1982)，证明该区寒武系存在锡矿源层，而且地层中含锡比岩体中含锡更多。

(2) 锡矿的分布同一定的沉积岩相有关。以研究较详的泥盆系为例。从早泥盆世晚期开始，由于整个广西泥盆纪海盆发育许多北东向和北西向深断裂，因而出现了台地、台沟两种不同的沉积环境，形成了两套不同特征的沉积物（图2）。台地型沉积物以富含底栖生物的碳酸盐岩和浅色砂泥岩为主，元素组合简单，其中铅、锌、铜、锑在一些地段较为富集。台沟型深水沉积物以产漂游生物的硅质岩、扁豆状灰岩和深色砂泥岩为主，有些地段夹有基性—酸性熔岩、凝灰岩；浅水沉积物以产底栖生物为主，混生有漂游生物，岩性主要为砂泥岩，夹有泥灰岩、硅质岩或菱铁矿岩。台沟型深水及浅水沉积物，元素组合都较复杂，有硅、铝、铁、锰、钾、钠、钡、锶、钒、钛、锆、铬、磷、锡、铜、锑、汞、铅、锌、钼、镍、钴、银、镓、钪、镧、硫、硼、钇、镱等。在夹有硅质岩的相区，下列元素往往有一种或几种高出克拉克值2~40倍，少数达80~436倍，例如锡可达1~400 μg/g，按地层组平均5~30 μg/g，锰、磷局部构成矿体，铅5~160 μg/g，锌6~138 μg/g，锑6~49 μg/g，汞5~35 μg/g，钼3~64 μg/g，

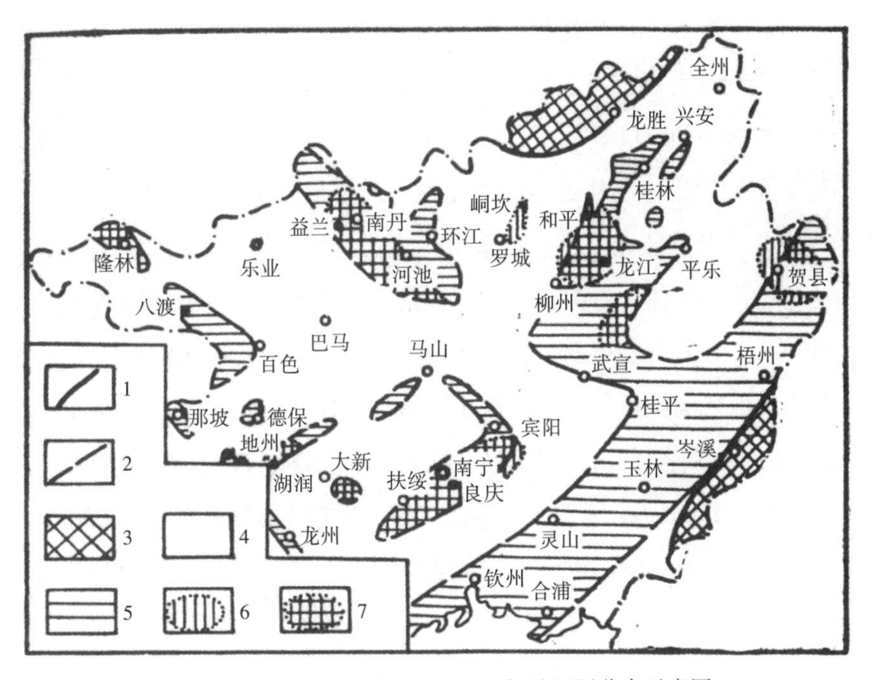

图2　广西晚泥盆世的沉积相与锡矿源层分布示意图

（参考广西区域地质调查队、石油地质大队、有关资料编绘地质研究所和贵州第八普查大队及）

1. 古陆边界线；2. 岩相分界线；3. 古陆；4. 台地型灰岩-白云岩相；5. 台沟型硅质岩扁豆状灰岩相；6. 台地相中的锡矿源层分布区；7. 台沟相中的锡矿源层分布区

注：本图截取自《地质学报》1984年第1期第53页。

银1~6 μg/g。泥盆系中的锡矿源层，几乎都分布在这种具有复杂元素组合的、呈狭长条带状的台沟相沉积物中。例如，丹池成矿带就正好与该区泥盆纪富含锡–多金属矿物质的台沟型即南丹型沉积相分布区吻合（鲜思远等，1980）。该区（在远离岩体的罗富至益兰路口一带）泥盆系中出现相对富集的锡、锌、铅、铜、锑、汞、砷、钼、银、铬、钒等元素（其含量相当于克拉克值的2~134倍），除铬、钒之外，其余都已探明了工业储量。该成矿带这种十分明显的层控和相控特征，是丹池同沉积活动深断裂控制沉积环境和沉积矿物质富集的结果。

据不完全统计，大厂矿田已探明的矿产储量，除铜、钨主要围绕笼箱盖岩体分布之外，其他矿产储量大部分分布在龙头山生物礁及其附近，如铅、锑约占全矿田原生矿储量的一半，锡、锌超过四分之一。礁核相内的矿体规模大，含矿很富。这说明大厂矿田的锡–多金属矿产同龙头山生物礁的关系是很密切的。经广西有色215地质队和贵州第八普查大队、成都地质学院等单位研究，这个生物礁的分布范围约10 km^2，最厚处达900多米，堆积了大量的层孔虫、珊瑚、腕足类和藻类等底栖生物（生物含量为40%～60%）。生物在成矿过程中所起的作用是多方面的，因为生物肌体或器官能够通过吸收、吸附或者形成有机络合物等形式聚集成矿元素（吴延之，1979）；生物还能把海水硫酸盐中的SO_4^{2-}还原为S^{2-}，而S^{2-}是大多数亲铜元素（包括锡）的沉淀剂，能促使锡等亲铜元素迅速生成难溶的硫化物（武汉地质学院，1979）。而生物死亡之后，这些成矿元素及其硫化物又反过来交代生物遗体，使成矿物质保存下来。所以，在龙头山生物礁内的矿体，许多硫化物和硫盐矿物都保留有生物碎屑结构，诸如珊瑚化石磁黄铁矿化、锡石化，层孔虫化石磁黄铁矿化，铁闪锌矿充填层孔虫体腔，锡石呈细圆状集合体取代鲕粒等（严云秀和叶绪孙，1981）。笔者从巴力矿床605中段采集几乎不含硫化物的礁灰岩样品，也含锡6～21 μg/g、铅420～600 μg/g、锌260～340 μg/g、铜10 μg/g、锑50～250 μg/g、汞10～75 μg/g（广西地质中心实验室分析，锡、锑采用极化极谱法，精度1 μg/g；铅、锌分别用盐酸底液和氨底液示波极谱法，精度10 μg/g；汞用打萨宗比色法，精度5 μg/g；铜用光谱半定量分析，灵敏度10 μg/g；其他元素未做分析）。说明在富含生物、硫及沥青的整个礁组合中，能够聚积大量的成矿元素。由此可见，在具有充分矿物质来源的台沟深水环境中，由于海底本身高低不平，或者在沉积过程中由两组断裂交叉形成地垒式隆起地块，因此能在其中局部高点发育起来的生物礁，是锡等矿物质在沉积阶段初步富集的最有利的沉积相条件。

(3) 矿体多呈层状、似层状顺岩层面分布，而且往往同其他岩层构成韵律，多层出现。矿石普遍具有条带状构造，变质或改造较轻微者具微层理构造。例如钦甲矿床的一些铜锡黄铁矿体，常呈厚0.2～5.0 cm的微层—薄层状（其中夹有富含锡石的微层），与厚0.2～1.0 cm的角岩化泥质岩层相间，层理构造清晰（图3）。

图3　钦甲矿床铜锡黄铁矿体的层理构造（标本）

灰色层为含黄铜矿锡石的黄铁矿层，黑色层为角岩化泥质岩

(4) 矿石的硫、铅同位素等资料表明，许多成矿物质来自矿床所处的地层。据中国科学院贵阳地球化学研究所及广西有色215地质队等单位，在长坡矿床采集的83个硫同位素样品，除4个样品$\delta^{34}S$为+0.19‰～+1.10‰以外，其余79个均介于−0.08‰～−8.49‰之间，$\delta^{34}S$值不呈正态分布，而且随地层层位升高^{32}S有富集之趋势。结合该矿床的产状特征，并参考其他资料，例如热力学计算结果，硫的逸度不因温度下降而降低，巴力矿床黄铁矿的w（S）/w（Se）=24644（严云秀和叶绪孙，1981），都说明参加成矿的硫主要是地层中的沉积硫。铅同位素测定结果显示，长坡矿床含异常铅较多（中国科学院贵阳地球化学研究所，1979），也表明矿石中的铅大多数是沉积铅。九毛锡铜矿床，虽然位于元宝山花岗岩体的外接触带，但是矿体中的石英等矿物所含的气液包裹体极小，多数在5 μm以下，而且都是气液体积比小于0.1的液体包裹体（广西地质研究所取样，黎希明测定）；15个硫同位素样品，除2个$\delta^{34}S$为+7.0‰和+9.3‰之外，其余均介于−6.4‰～−12.4‰之间（广西地质研究所取样，冶金工业部地质研究所测定），同样表明矿床受岩浆气液的影响不大，其中的硫主要是沉积的。其他一些矿床，如白面山、石门、五圩等矿床的硫同位素资料，也反映出硫主要或者部分来自矿床所处的地层。由于这些地层锡与铅、硫等含量较高，加上锡具有亲硫特

性，因此当后生地质作用促使铅、硫等聚迁成矿时，其中的锡能同时被活化。可见，这些锡石硫化物矿床产在锡、铅、锌、锑、硫等含量较高的地层不是偶然的。

（5）每一个控制锡矿的地层层位都有比较固定的矿物组合，而且同一个层位在不同地区的矿物组合也极其相似。例如，丹池、富贺钟和桂平西山地区泥盆系中锡矿床（矿点）的矿石，均属锡、铅、锌、锑共生类型，都是锡石-闪锌矿-脆硫锑铅矿-磁黄铁矿组合。

由此可见，广西许多锡矿床同地层和沉积相的密切关系，不只是选择就位的关系，而是同沉积作用联系在一起的。在这些控矿地层沉积过程中，在具备锡等物质来源和沉积环境有利的地段，锡得到了初步富集，为后来形成矿床提供了物质基础。这是形成广西许多大型、中型锡矿床的重要条件。

三、岩浆活动与成矿的关系

广西的大多数锡矿床和矿点产在花岗岩体外接触带0～5 km范围，少数在5 km甚至20 km以外，个别见于花岗岩体内。根据广西区调队的光谱分析资料统计，除海西期—印支期花岗岩锡含量较低之外，雪峰期、加里东期、燕山期花岗岩含锡均高出地壳克拉克值4～6倍、高出世界花岗岩2～3倍（表3）。这说明，广西锡矿同岩浆活动，尤其与燕山期及雪峰期花岗岩有着比较密切的关系。

表3　广西各时代花岗岩含锡丰度一览表

时　代	γ_2^2	γ_3	$\gamma_4—\gamma_5^1$	γ_5^2	γ_5^3	广西花岗岩	世界花岗岩	克拉克值
统计岩体数	3	17	30	18	20	88		
w（Sn）/（μg·g^{-1}）	14.0	11.0	7.3	11.4	13.4	9.6	3	2

注：海西期和印支期花岗岩，因各岩体锡含量变化不大，采用算术平均值，其余均按岩体出露面积加权平均计算求得；锡的克拉克值各家数据不一，本文采用Taylor1964年数值。

第一种情况，部分岩体作为锡的成矿母岩，直接为某些锡矿床、矿点提供成矿物质。例如，燕山期的栗木、盐田岭、都庞岭东、圆石山岩体，雪峰期的平英、田蓬等岩体，普遍含锡14～180 μg/g（其中栗木岩体局部含锡达1000 μg/g以上），并且富含其他矿化剂及挥发分。这些成矿物质在岩体上凸部位交代并聚集，或者以残浆、热液的形式充填在岩体（尤其上凸部位）内外接触带的断裂中。往往从岩体内部向外接触带依次出现花岗岩型、伟晶岩型、云英岩型、电英脉型（或石英脉型）、硫化物型锡矿床，构成一个比较完整的岩浆-热液矿床系列。这些锡矿床与花岗岩的成因联系是显而易见的。

第二种情况，锡矿的形成与岩浆活动间接有关。这种岩体空间上与锡矿关系密切，它是成矿过程必不可少的热源，但不是“成矿母岩”，因为其含锡量或含锡总量往往比围岩还低，在成矿过程中带进的锡不比围岩多。例如，从贺县新路至富川县可达的一连串锡矿床、矿点都沿姑婆山花岗岩体西南接触带分布，二者在空间上关系十分密切（图4）。但是，除了东岩体南部以及一些规模很小的次要侵入体之外，岩体其他部分含锡仅5～6 μg/g（表4），即低于外接触带泥盆纪岩层，也低于广西花岗岩平均值，而且无论是在东岩体、西岩体，在岩体内部或边缘，含锡量都变化不大。实际上，含矿地段仅限于岩体与中-上泥盆统含锡矿源层的接触带。岩体东南边与不含矿源层的地层接触则不成矿。东岩体在南部新路一带，有许多大块的中泥盆统含锡矿源

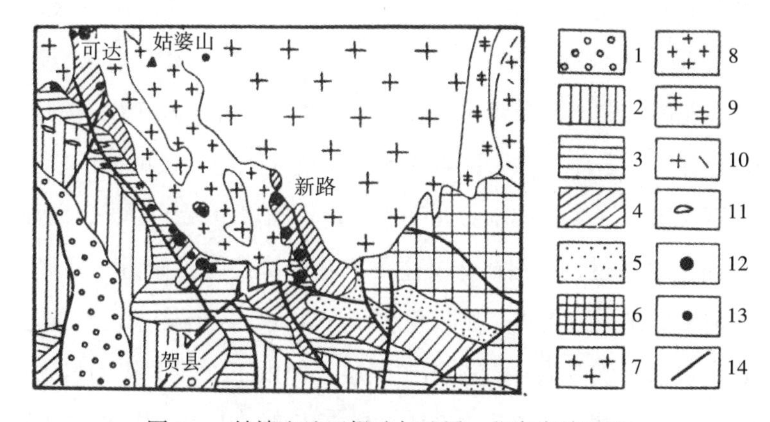

图4　姑婆山地区锡矿与地层、花岗岩关系图

1. 下侏罗统；2. 下石炭统；3. 上泥盆统；4. 中泥盆统；5. 下泥盆统；6. 寒武系；
7. 燕山二期一次花岗岩；8. 燕山二期二次花岗岩；9. 印支期花岗岩；
10. 加里东期花岗闪长岩；11. 石英斑岩脉；12. 锡矿床；13. 锡矿点；14. 断层

表4　广西姑婆山花岗岩体及其围岩含锡丰度对比表

采样位置	东岩体北部			东岩体南部	西岩体	次要侵入体	外接触带沉积岩		
	内部相	过渡相	边缘相				角岩化岩石	西边黄塘坳石灰岩、砂岩	南边白面山含矿层
样数	17	19	5	4	19	7	5		
w（Sn）/（μg·g^{-1}）	6	5	6	100～1000	6	14	8	90～400	100～790

注：岩体的数据引自湖南省地质局1975年1：20万江永幅区域地质调查报告上册。

层的捕虏体，因而局部含锡100～1000 μg/g。这些锡，包括岩体内接触带所见的零星锡矿化，可能是岩浆侵入时，熔化、摄取中泥盆统矿源层中的锡所致。又如加里东期钦甲花岗岩体含锡19 μg/g，低于围岩中—上寒武统锡矿源层（含锡25 μg/g），它侵入于龙光背斜轴部与中上寒武统不同组段接触，但只在具有锡矿源层的北翼钦甲、南翼的建屯—多隆成矿，其余地段岩体与无矿源层的组段接触则不成矿。成矿特征与姑婆山、钦甲岩体相似的，还有雪峰期元宝山岩体、加里东期越城岭岩体和燕山晚期笼箱盖岩体等。在这些岩体的内部和正接触带，没有出现同期的花岗岩型、伟晶岩型、云英岩型、电英脉型、石英脉型等典型的岩浆-热液矿床，只在外接触带形成层控的锡石硫化物型矿床。这些岩体，宏观上往往与围岩大致“整合”，但微观上接触面凹凸不平。在岩体顶面下凹部位，由于锡矿源层往往得以保留，并受改造、富集，对成矿比较有利；相反，在岩体上凸部位，往往因为岩体已经吞蚀掉矿源层，因而无矿体存在。

广西有许多花岗岩体，但与锡矿直接有关者很少。除了极个别富锡花岗岩体（如栗木岩体等）之外，在岩体接触带能否成矿，关键在于与其接触的围岩有无矿源层以及岩体本身是否含锡。许多岩体本身几乎不含锡，围岩也无矿源层，因而与锡的成矿无关。另一方面，规模较大的锡矿床又主要产在岩体接触带附近，而离开岩体太远，例如北香、下横水等矿床、矿点，则规模较小。在完全没有岩浆活动的地区，例如良庆、龙江等地，虽然在泥盆系中存在锡矿源层，但由于一无含锡的岩浆岩和岩浆热、二缺少构造摩擦热，所以也难于富集形成矿床。因此可以说，锡矿床的形成同岩浆岩有着十分密切的关系，即便是层控锡矿床，在具备矿源层的前提下，也大多要有岩浆活动提供足够的成矿营力，并且叠加一些成矿物质，才最后形成矿床。

根据初步统计分析，与锡成矿无关的花岗岩，铝钙比值较小，化学成分接近戴里值，含较多斜长石，暗色矿物含铁稍高，相对富含钠质；与锡成矿有关（包括直接有关及间接有关）的花岗岩，酸度高（SiO_2含量多数介于73.22%～75.52%之间，比前者高2%～7%），铝钙比值较大，含斜长石少，比较富含钾质，同时铁、镁、钙、钠、钛等元素的含量均较低。

四、构造对成矿的控制

如前所述，地槽活动带或地台中的同沉积深断裂带，控制着许多呈狭长条带状分布的地槽型或台沟型沉积物，锡往往富集于这些比较深水的沉积物中，在有利的地段构成矿源层，表明基底构造对锡的初始富集起了一定的控制作用。由于控制着地槽和台沟发展的一部分深断裂具有继承性活动的特点，因此可在其中许多层位出现组合相似的一些矿物质，形成纵贯几个世甚至几个纪地层的一套矿源层。例如，华南早古生代地槽区的越城岭—猫儿山至临桂黄沙一带，从晚震旦世至早奥陶世沉积的陡山沱组、老堡组、清溪组、边溪组、白洞组，是一套深色砂泥岩、硅质岩、扁豆状灰岩、条带状灰岩，比较富含钒、钼、铀、磷、铜、锡、钨、铅、锌等，构成一套多组段、多元素的矿源层。又如丹池断裂带所控制的一套台沟型沉积物，不仅泥盆系塘丁组至榴江组富集锡等矿物质（如前述），下石炭统岩关阶也含锡2～30 μg/g、铅8～44 μg/g、锌10～85 μg/g、锑10～110 μg/g、汞5～35 μg/g，具有与下伏泥盆系相似的元素组合。

沉积成岩之后发生的褶皱、断裂是控制锡矿床最终形成的重要因素。背斜，尤其是翼部有泥质碳质岩石作为封闭层的背斜，比较有利于封存岩浆、岩浆期后热液及地下热水，因而既控制着岩体和脉状矿体的分布，也有利于对富含矿物质的岩层改造和矿物质进一步富集。例如，一洞、沙坪、红岗山锡矿床的矿脉，几乎都产于五地、红岗山两个背斜中；长坡矿床的矿体产在长坡倒转背斜内，包括似层状、裂隙脉状和网脉状矿体，几乎都在下石炭统岩关阶第二段（C_1y^2）含碳泥质岩层之下（图1）。断裂是热液的通道，也是重要的容矿场所。工业矿体最常见于岩体外接触带的断裂中，尤其是在较大断层上盘的断裂组内（如珊瑚、长坡矿床），少数充填在岩体边缘几十米范围内的原生节理中（例如栗木香檀岭矿床）。具有矿源层同时褶皱剧烈（乃至发生倒转褶皱），层间剥离构造及羽状、网状裂隙发育的地段，特别有利于含矿热液的运移、沉淀，形成较富、较厚的矿体。例如，在长坡倒转背斜内，整个上泥盆统的各岩性段以及岩层之间，剥离断裂十分发育，切割岩层的北东向和北西向陡倾斜断裂也非常发育，因而形成了规模很大的缓倾斜层内网脉带、层面脉和陡倾斜大脉、细脉带矿体（图1），构成规模很大的矿床。在元宝山东南接触带，从加龙、九毛至小东江，产于四堡群顶部的锡铜矿床，按褶皱、断裂发育程度可分三等（图5）：小东江地段为单斜层，岩层没有明显起伏，层间断裂不发育，矿很贫，多数达不到工业要求；加龙地段基本是单斜层，但沿走向和倾向呈波状起伏，局部出现小褶曲，有层间剥离构造，因而形成一些工业矿体，但规模很小；九毛地段，由于褶皱和层间断裂很发育，非常有利于含矿热液的长期的、多阶段的活动，所以形成密集的较富、较厚的矿体带，构成较大的矿床。

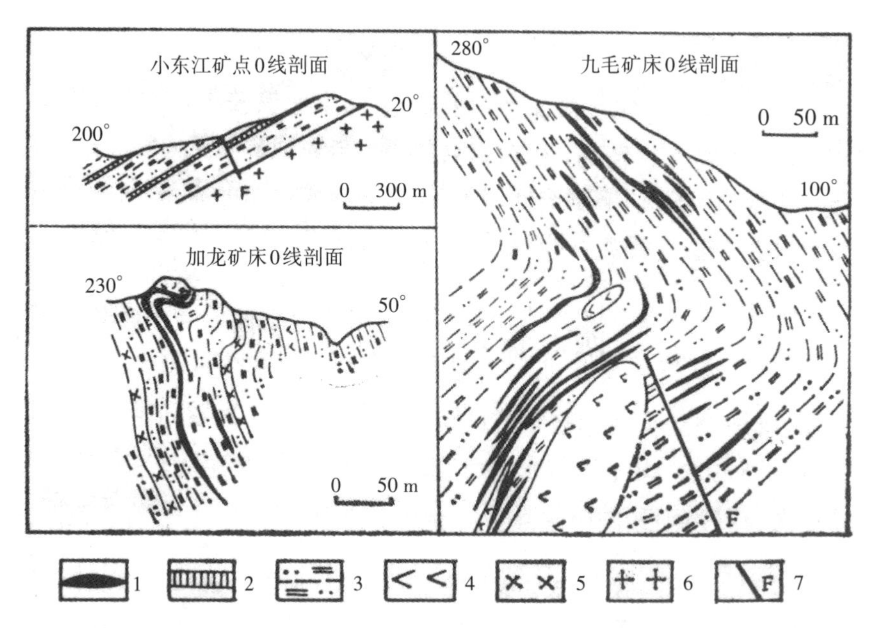

图5　元宝山东坡四堡群顶部锡铜矿体与褶皱、层间断裂发育程度关系图
（据广西地质局第七、第九地质队资料编）
1. 矿体；2. 含矿体；3. 片岩；4. 角闪岩；5. 阳起石岩；6. 花岗岩；7. 断层

五、成矿作用与物质来源探讨

广西的锡矿主要有五种成矿作用——岩浆、岩浆期后热液、沉积、地下热水或地下热水与岩浆热液组成的混合热液、风化成矿作用所形成。岩浆晚期分异-交代矿床、岩浆期后热液矿床、残坡积冲积砂矿床基本上是由一种成矿作用形成的，物质来源比较单一，前二者主要由花岗岩浆带出，后者来自附近的原生锡矿床。但是，沉积-地下热水改造矿床和沉积-岩浆热液叠加矿床比较复杂，由两种或两种以上成矿作用形成，成矿物质也是多来源的。

首先，从层控锡矿床所占的比例看，沉积阶段初步富集的锡不应被忽视。初步分析，这些锡主要包括三个方面的来源：

第一，陆源碎屑机械沉积。元宝山、丹池、富贺钟地区的四堡群及泥盆系所控制的各矿床，都距离当时的剥蚀区不远，古陆经过风化剥蚀，能够给矿源层提供部分锡。元宝山地区四堡群顶部的锡铜矿体，尤其北、南两端的加龙、小东江地段以铜为主的含矿层，都产于页岩（已变成片岩）所夹的砂岩（变粒岩）或砂质较高的岩层中，具有滨海古砂矿的某些特点，可能是由西边三防—宝坛地区层位较老并且含锡的老地块上升剥蚀，提供近源碎屑物质所形成。宝坛—龙岸一带泥盆系底砾岩中的锡矿源层和锡石，就是由其西北侧宝坛—元宝山古陆中的元古代锡矿风化剥蚀所带来。富川县捞溪下泥盆统底部的石英砾岩、石英砂岩夹页岩，含锡高达0.233%，尚未查清锡矿物，很可能是来自当时富贺钟风化剥蚀区的尘土状锡石。

第二，海底火山喷溢沉积。上述泥盆纪台沟型沉积物中，有些夹有基性—酸性熔岩、凝灰岩。许多在玄武岩浆产物中相对富集的元素，例如铁、锰、铬、钒、钛、磷、钪、铜、镍、钴、汞、银等，也在台沟型沉积物中出现不同程度的富集。1980年，笔者在南丹县益兰路口发现上泥盆统榴江组上部15 m岩层内有7层凝灰熔岩，单层厚0.2～0.6 m，夹于泥岩、硅质岩层间。经广西地质中心实验室分析，这些凝灰熔岩含锡3 μg/g、锌10 μg/g、铅38.8 μg/g、锑12 μg/g、汞35 μg/g、铜70 μg/g、钼30 μg/g、钒300 μg/g、银3 μg/g，覆于其上的碳质泥岩含锡10～16 μg/g、锌10～85 μg/g、铅16～44.4 μg/g、锑30～110 μg/g、汞5～30 μg/g、铜100 μg/g、钼10 μg/g、钒1000 μg/g（锡、铅、锌、锑采用极化极谱法分析，精度1 μg/g；汞用打萨宗比色法分析，精度5 μg/g；其他为光谱分析，灵敏度3～10 μg/g），证明丹池地区泥盆纪海盆确有火山活动，并且带出比较丰富的矿物质。又从钦甲铜锡矿床的产出特征看，矿体呈层状（层理构造清晰）产于中—上寒武统富含钾质（K_2O 2%～14%）的岩系，岩石全分析样有一半投影在尼格里图解的“火成岩区域”；矿体顶底板的一些角岩、夕卡岩层，夹有显示淬火边结构类似“火山弹”的同心环状“砾块”；矿层及其围岩硫化矿物（包括“砾块”中心环富集的硫化矿物）的$\delta^{34}S$多在−1.5‰～+1.5‰之间，矿层中7个磁铁矿样品的$\delta^{18}O$为2.7‰～6.1‰（据广西地质矿产局第二地质队及广西地质研究所资料），具有深源岩浆产物的同位素组成特点，等等，说明该矿床与硅铝地壳重熔形成的$\delta^{18}O$为13.9‰～14.9‰（杨翼民和颜成贤，1982）的钦甲花岗岩没有从属关系，这些既有深源岩浆物质又具沉积特征的矿层和岩层，可能与寒武纪海底火山喷溢所带来的铜、锡、铁等矿物质有关。

第三，化学沉积。根据斯特拉霍夫的研究，在溶解碳酸盐存在的情况下，锡可以呈络阴离子或螯合络阴离子形式搬运（南京大学地质系，1979）。广西中—晚寒武世及泥盆纪海盆，都有大量溶解碳酸盐，因此部分锡也可能呈溶解状态，在离开物质来源地的远处发生沉积。

上述这些锡都同沉积作用有关。这是形成广西锡矿的一个重要的物质来源。

锡的另一个重要来源是由岩浆侵入所带来的。广西有花岗岩15000余平方千米，约占全自治区面积的7%。据88个岩体的光谱分析资料，按岩体出露面积加权平均，含锡约为9.6 μg/g，接近地壳克拉克值的5倍，表明花岗岩能够带出许多锡参与成矿作用。显然，岩浆矿床和岩浆期后热液矿床中的锡，绝大部分是由岩浆带来的。岩体接触带附近的层控锡矿床，也有一部分锡是由岩浆带出的，或者岩浆从围岩中熔融、摄取经过初步富集再带出的。

此外，广西的锡矿还具有多期次形成的特点。根据大厂锡-多金属矿田4个方铅矿样品的铅同位素年龄测定结果（陈毓蔚等，1980），Pb^{206}/Pb^{204}拉塞尔-斯坦顿-法夸尔法年龄值分别为351、339、224、140 Ma，结合该区地质矿产情况，前两者与矿体所处层位——中—上泥盆统的时代一致，代表矿物质的同生沉积时间，后两者反映矿床形成所经历的两次后生富集作用，一次是中三叠世末期印支运动引起的地下热水改造，一次是燕山晚期笼箱盖花岗岩侵入时引起的岩浆热液叠加。元宝山地区的九毛锡铜矿床，成矿过程也比较复杂。根据该矿床产在雪峰期花岗岩体外接触带四堡群的一定层位，具有变质改造的古砂矿的一些特点，雪峰期主岩体内有加里东期小花岗岩体，锡铜矿体中的黑云母钾-氩年龄为433 Ma、方铅矿铀-铅年龄为391～398Ma（均为地质部宜昌地质矿产研究所测定），表明它除了经历了四堡晚期的沉积、雪峰期花岗岩引起的变质改造和热液叠加之外，还在加里东期发生了热液再造。

六、小　结

（1）广西是一个富锡地球化学区，涉及中元古代至第四纪的许多层位。主要可以划分为四堡晚期、寒武纪、泥盆纪三个矿源层形成期和雪峰期、加里东期、燕山期三个岩浆作用成矿期。

（2）广西的内生锡矿床包括岩控、层控两大类。岩控类的岩浆分异-交代矿床和岩浆期后热液矿床，与雪峰期、燕山期含锡花岗岩直接有关，往往从岩体内部至外接触带，形成花岗岩型、伟晶岩型、云英岩型、电英脉（或石英脉）型、硫化物型等一套岩浆-热液矿床。层控类的沉积-岩浆热液叠加矿床和沉积-地下热水改造矿床，受四堡群、寒武系、泥盆系、二叠系的一定层位控制，与雪峰期、加里东期、燕山期花岗岩间接有关，呈单独的锡石硫化物矿床或锡石变质砂岩矿床产于岩体外接触带，直至20 km以外。

（3）广西锡矿的分布，明显地受到不同的构造单元和不同方向的褶皱、断裂控制。雪峰期和加里东期形成的锡矿，受扬子准地台和华南褶皱系（任纪舜等，1980）的主要构造线控制，无论是控矿的沉积岩相、岩浆岩以及矿床、矿点，都主要呈北北东向和北东向带状分布。泥盆纪以后，广西作为中国南部地台的一部分，并处于滨太平洋与特提斯-喜马拉雅两个构造域的复合部位（任纪舜等，1980），北东向和北西向的褶皱、断裂都很发育，因而控制了有利于锡富集的沉积岩相及岩浆岩，形成许多北东走向和北西走向的矿床、矿田、矿带。一些长期活动的构造带（例如北西走向的丹池带），往往控制了锡成矿作用的全过程。总的来说，锡矿主要分布于具有锡矿源层，并且褶皱、断裂、岩浆岩发育的地区。

（4）根据锡矿床的时空分布规律，初步编绘了广西锡矿的成矿综合模式，如图6。

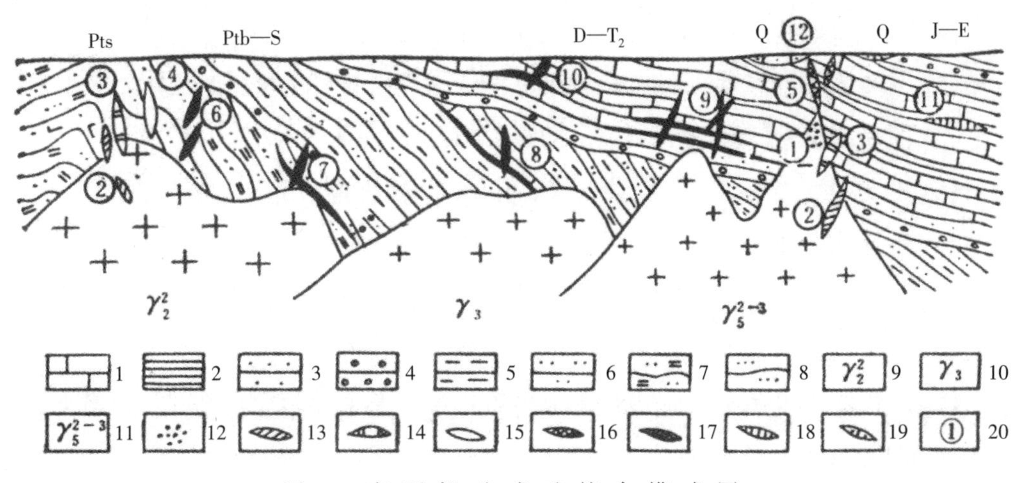

图6　广西锡矿成矿综合模式图

1. 石灰岩、白云岩、硅质岩；2. 页岩、泥岩；3. 砂岩；4. 砾岩；5. 轻变质泥岩、页岩；6. 轻变质砂岩；7. 片岩、千枚岩；8. 变粒岩、变质砂岩；9. 雪峰期花岗岩；10. 加里东期花岗岩；11. 燕山期花岗岩；12. 铌钽锡钨花岗岩矿体；13. 锡石伟晶岩矿体；14. 锡石云英岩矿体；15. 锡石电英脉矿体；16. 钨锡石英脉矿体；17. 锡石硫化物矿体；18. 锡石变质砂岩矿体；19. 砂锡矿体；20. 主要锡矿床型式。Ⅰ. 岩浆晚期分异-交代矿床：①铌钽锡钨花岗岩型；②锡石伟晶岩型。Ⅱ. 岩浆期后热液矿床：③锡石云英岩型；④锡石电英脉型；⑤钨锡石英脉型；⑥锡铜硫化物型（沙坪式）。Ⅲ. 沉积-岩浆热液叠加矿床：⑦锡铜硫化物型（九毛式）；⑧铜锡铁硫化物型（钦甲式）；⑨锡-多金属硫化物型（长坡式）。Ⅳ. 沉积-地下热水改造矿床：⑩锡-多金属硫化物型（北香式）；⑪锡石变质砂岩型。Ⅴ. 堆积矿床：⑫残、坡、冲积锡石砂矿型。Pts 为元古代四堡群；Ptb—S 为元古代板溪群至志留系；D—T_2为泥盆系至中三叠统；J—E 为侏罗系至新近系；Q 为第四系

此文写作过程中，参阅和利用了广西地质局和广西冶金地质勘探公司所属有关单位以及中国科学院贵阳地球化学研究所的部分资料；同时得到了广西地质局刘元镇总工程师的指导，茹廷锵、吴诒、杭长松、王春惠、石斯器同志提出宝贵意见，郑功

博、张志刚、郭玉儒、黎希明等同志给予帮助，莫斯霖同志收集资料，唐佩芝同志清绘插图，在此一并表示感谢。

参考文献

[1] 鲜思远，王守德，周希云，等，1980. 华南泥盆纪南丹型地层及古生物[M]. 贵阳：贵州人民出版社.

[2] 武汉地质学院，1979，地球化学 [M]. 北京：地质出版社.

[3] 中国科学院贵阳地球化学研究所，1979，华南花岗岩类的地球化学 [M]. 北京：科学出版社.

[4] 南京大学地质系，1979. 地球化学 [M]. 北京：科学出版社.

[5] 陈毓蔚，毛存孝，朱炳泉，1980. 我国显生代金属矿床铅同位素组成特征及其成因探讨 [J]. 地球化学（3）.

[6] 任纪舜，姜春发，张正坤，等，1980. 中国大地构造及其演化 [M]. 北京：科学出版社.

【注】本文1980年初稿，1984年由中国地质学会主办的学术期刊《地质学报》第58卷第1期发表。

广 西 钼 矿 化 类 型

广西境内有几十处钼矿产地。笔者依据截至1984年的资料，将广西钼矿化类型划分为三类六型。

一、岩浆分异-交代矿床

这类矿床是由岩浆分异出来的钼等成矿物质，在岩体上部及其顶盖围岩中聚集形成，包括斑岩-夕卡岩型和云英岩型。

Ⅰ. **钼钨铜斑岩-夕卡岩型：**在桂东南和桂东地区广泛分布，如油麻坡、三叉甬、安洞、泥冲、车较、合面狮、岩鹰咀、三莲等矿床（矿点）。其主要特点如下。

（1）从斑岩体至外接触带，产出一套与斑岩有成因联系的矿化，包括岩体内部的细脉浸染状钼（铜）矿化，近外接触带的似层状夕卡岩钨钼铜矿化，远外接触带的脉状铜铅锌黄铁矿化，以及岩体内外的钼钨石英脉、钨钼角砾岩等。如合面狮矿点的2号斑岩体，内部以细脉浸染状钼矿化为主，铜矿化次之，伴随钾长石化，叠加硅化、绢云母化，而叠加强硅化时则形成网状石英脉，矿化较好；内接触带以细脉带状钨-钼矿化为主，也见铜矿化，伴随黄铁矿化、硅化、绢云母化；近外接触带为网脉和脉群铜-钼矿化，发育硅化、绢云母化；远外接触带（距离岩体300～500 m）普遍出现铜-铅-锌矿化，含少量银，伴随硅化、黄铁矿化和绿泥石化。

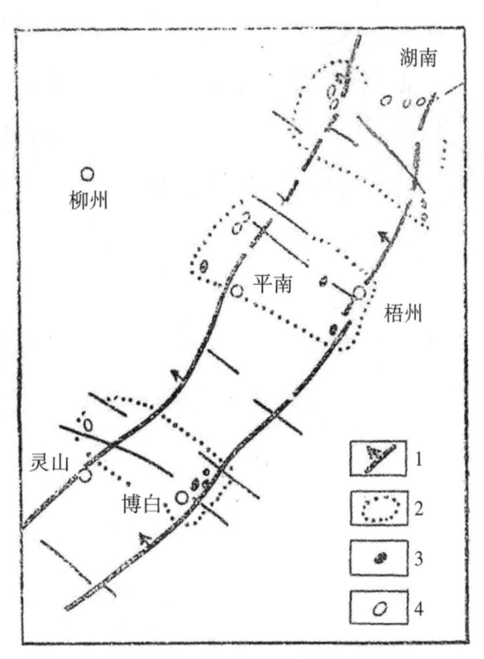

图1　广西东南部含钼斑岩分布示意图

1. 断裂带；2. 含钼斑岩的相对集中地段；3. 含钼钨铜斑岩体；4. 未见矿或未工作的花岗闪长斑岩

（2）该类型矿床（矿点）分布在博白-梧州、灵山-平南两条深大断裂带及其旁侧（图1）。这两条断裂带从古生代以来就控制沉积岩相（如两条断裂带之间的钦州海西残余地槽），到中生代控制中基性岩和超基性岩，晚近时期有地震记录等，说明这两条断裂带长期活动，深度很大。

同钼矿化有关的小岩体主要分布在这两条断裂带及其之间的三个区段，即图1所示的灵山—博白、平南—梧州、广西与湖南交界处。其间的北西向断裂或者北西向与北东向断裂交叉部位控制斑岩体。例如，安洞地段的十几个斑岩体，都产于中间洞-三叉甬、陆尾-牛角岗两条北西向断裂带与北东向博白-梧州深大断裂带（含旁侧平行断裂）的交叉处；合面狮地段的13个斑岩体均呈北西走向。

（3）含矿岩体为黑云母花岗闪长斑岩、黑云母斜长花岗斑岩、石英闪长斑岩和少量的花岗闪长岩、爆破角砾岩等，主要是燕山期的产物，个别属加里东晚期（?）。岩体规模小，出露面积多为0.003～0.035 km^2，个别达0.7～1.5 km^2。岩体钾长石化较强烈，同时叠加热液期的硅化、绢云母化。

（4）含矿斑岩体的围岩多为寒武系—奥陶系，少数为泥盆系。当围岩是纯粹的砂页岩时（如合面狮、车较），矿化在岩体内部至正接触带，以细脉浸染状钼、钨、铜矿化为主，钨多为黑钨矿；若围岩是砂页岩夹石灰岩（如泥冲、岩鹰咀），主要为外接触带的夕卡岩型似层状钨、钼、铜矿化，钨为白钨矿。

（5）矿石品位较贫，一般含钼0.02%～0.09%、三氧化钨0.02%～0.6%、铜0.01%～0.3%，其规模可达小至中型。

Ⅱ. 钼钨锡白云母花岗岩（花岗斑岩）-云英岩型：分布于桂东地区，产于古生代和中生代的花岗岩、花岗闪长岩体内较晚期（燕山晚期）的白云母花岗岩、花岗斑岩脉或小岩株中。有用矿物是辉钼矿、黑钨矿、白钨矿、锡石和少量的铌、钽矿物。矿化体及近邻围岩具云英岩化、黄玉化、黄铁绢英岩化。岩体富含SiO_2（大于75%），$w(Al_2O_3)/[w(CaO)+w(Na_2O)+w(K_2O)]=1.23$，属于硅铝地壳熔融产物。矿化岩体含钼0.02%左右，钨、锡含量较低。叠加的云英岩化越强，含矿就越富，局部最富者含钼可达0.04%～0.26%、三氧化钨0.08%～0.4%、锡0.7%，如锅盖岭、六妙、大水塘等矿点。

二、岩浆期后热液充填-交代矿床

Ⅲ. 钨钼（铋铜）-石英脉型：产于燕山期花岗岩体内，少数至近外接触带。如桂南地区的高田、马岭、大明山、六于冲等矿床（矿点）。矿体呈大脉或细脉带，成群出现。金属矿物有黑钨矿、辉钼矿、辉铋矿、黄铜矿、黄铁矿、方铅矿等；近矿围岩具有白云母化、云英岩化、钠长石化、硅化、电气石化、黄铁矿化、绿泥石化、叶蜡石化等蚀变。有用组分以钨为主，一般含三氧化钨0.1%～0.9%，同时含钼0.01%～0.44%、铋0.03%～0.32%、铜0.01%～0.46%，形成小型至中型矿床。与成矿有关的花岗岩常可分出早、晚两个侵入阶段：早阶段为黑云母花岗岩，SiO_2 含量72.18%，含较多角闪石、绿帘石，克分子量$w(Al_2O_3)$ / ［$w(CaO)$ + $w(Na_2O)$ + $w(K_2O)$］= 1.1；副矿物磁铁矿、锆石和榍石含量较多；钨（17.1 μg/g）、钼（2.4 μg/g）、铋（3.2 μg/g）、铜（35.2 μg/g）出现了初步富集，但未成矿，具有S型和I型花岗岩的过渡特点。晚阶段为白云母花岗岩，规模较小，SiO_2 含量75.22%，$w(Al_2O_3)$ / ［$w(CaO)$ + $w(Na_2O)$ + $w(K_2O)$］= 1.7；副矿物中缺少磁铁矿和榍石，出现了独居石和电气石，相当于S型花岗岩。该花岗岩为早阶段花岗岩的重熔产物，它侵入于早阶段花岗岩内或者侵位高于早阶段花岗岩，钨（394 μg/g）、钼（13.3 μg/g）、铋（13 μg/g）、铜（51.2 μg/g）已进一步富集，是成矿的直接母岩。

Ⅳ. 钼多金属-夕卡岩型：桂东地区的黄宝矿床和塘脑、陆地平、大岭等矿点属此型。矿体产于燕山期花岗岩与碳酸盐岩呈交错接触地段。如黄宝矿床，矿体产于花山岩体与中泥盆统的接触带，花山斑状黑云母花岗岩含较多钨、锡、钼和硼等，中泥盆统砂页岩夹白云质灰岩含铁和多种有色金属元素，二者接触形成含矿夕卡岩（即矿体）；矿物多达40余种，其中金属矿物有磁铁矿、硼镁铁矿、钨钼钙矿、辉钼矿、锡石、白钨矿和少量黑钨矿、黄铜矿、赤铁矿等；近矿围岩具夕卡岩化、大理岩化、蛇纹石化、绿泥石化、金云母化、碳酸盐化；矿体形态、厚度、品位变化大，一般含钼0.03%～0.15%，钨、锡、铋、铁、铜等含量亦较高，可形成小型矿床。

这些夕卡岩矿床与前述斑岩型夕卡岩矿床不同。前者属斑岩型矿床的配套型式，是由富含矿物质的斑岩对碳酸盐围岩的单交代作用形成的，矿物组合较简单；后者是岩浆期后热液矿床的独立类型，为花岗岩含矿热液与富含成矿物质的碳酸盐围岩双交代的结果，带有层控（或复控）矿床的色彩，矿物组合相当复杂。

三、沉积-改造矿床

这类矿床的成矿物质基本上都是沉积的，其原始富集受古地理条件和一定的沉积岩相控制，成岩后通过多种多样的改造方式进一步富集成矿。

Ⅴ. 寒武系含钒钼铀-石煤型：分布于桂北地区，从全州大西江经龙胜、融安直至罗城怀群一带，呈北东向带状分布，长300 km以上。主要含矿层位为寒武系清溪组下部。含矿层厚度几米至几十米，最厚183 m，为一套发热量达800～2800 Cal/g的碳质板岩、碳质泥质硅质岩、碳质硅质绢云母板岩、碳质泥岩，常见星点状、线纹状黄铁矿和细星点状黄铜矿，有时尚见稀疏散布的含磷结核、含铜黄铁矿结核等。成矿元素含量较贫、变化较大：一般含五氧化二钒0.05%～0.98%（最高2.8%）、钼0.001%～0.03%（最高0.1%）、铀0.002%～0.03%（最高0.18%）、铜0.003%～0.97%、锌0.01%～0.8%、银2～30 g/t。有些地段尚含少量铅、镍、镉、镓、钇、硒。石煤及其中的钒、钼、铀等，是在寒武纪冒地槽中沉积的。在变质作用表现比较明显的地段，含钒、钼、铀等较富。主要矿产地有纳福、吴家、江底、和平、平寮、怀群、驯乐等。

Ⅵ. 泥盆系石炭系含钼多金属-硅质岩扁豆状灰岩型：分布于桂中和桂西地区，受晚泥盆世—早石炭世的台沟沉积环境控制。根据含矿岩系与改造方式的不同，可分为以下两个亚型。

Ⅵ-1. 风化淋滤含钼-硅质岩亚型：含矿岩系是上泥盆统榴江组的石英硅质岩、含燧石条带（或结核）的含泥石英硅质岩、硅质绢云母泥岩等。这些岩石含较多钼、铀和黄铁矿，出露地表经风化淋滤后，钼被残留下来相对富集而成矿。矿体呈透镜状或不规则状，与围岩界线不清，一般含钼0.04%～0.15%，最高0.4%；以原生黄铁矿（或次生褐铁矿染）较多的地段，含钼较富，微含铀。其规模很小，如洪江钼矿点。

Ⅵ-2. 构造与地下热水改造钼多金属-灰岩破碎带亚型：水落钼铅锌汞铀矿床属此亚型。含矿岩系为上泥盆统五指山组至下石炭统岩关阶的含燧石结核扁豆状灰岩、扁豆状泥灰岩和硅质灰岩。矿体受其层间断裂带控制，呈似层状、脉状、透镜状。有用矿物有钼钙矿、钼铅矿、辉钼矿、方铅矿、闪锌矿、辰砂、雄黄、沥青铀矿、铀黑、辉锑矿、锑赭石等。伴随有轻微的硅化、绢云母化、碳化、方解石化、黄铁矿化和高岭土化。一般含钼0.02%～0.11%（最高1.23%）、铅0.5%～2.5%、锌3%～4%、汞0.04%～0.46%、铀0.03%～0.04%，尚有铊、铼等可以综合利用。该类型矿床是在沉积阶段形成钼-多金属矿源层之后，沿矿源层发生层间断裂以及由构造运动引起的地下热水活动富集而成。桂西南地区那甲—内苗一带的泥盆系分布区，所见的钼、铅、锌、铜、镍、钴、钒、铀、锑、汞多元素组合异常，可能也属于此类型矿化引起。

基于上述广西各类型钼矿化特点，笔者提出以下几点初步认识。

（1）广西的钼矿化类型较多，仅Ⅰ、Ⅱ、Ⅳ、Ⅵ-2等型较好，能独立构成小型钼矿床，或者与钨、铜、铋、铅、锌、锡、汞、铀、铁、硼等构成中—小型多元素组合矿床，具有一定的工业价值。

（2）广西钼矿化在区域上的分布主要受“一隆一坳加深断裂”构造条件控制。如第Ⅰ类矿床和第Ⅱ类矿床均产于桂东南地区的隆起带，同博白-梧州、灵山-平南深大断裂带有密切的空间关系；第Ⅴ～Ⅵ类矿床则受控于寒武纪和泥盆纪沉积阶段活动深断裂所制约的坳槽（包括冒地槽和台沟）。

（3）Ⅰ、Ⅱ、Ⅲ、Ⅳ型钼矿床都与深源岩浆活动直接或间接有关。其中，Ⅰ型矿床是由上地幔至下地壳混熔安山岩浆分异及其岩浆气液交代而成；Ⅱ、Ⅲ、Ⅳ型矿床，则同S型与I型过渡特征的规模较大的花岗岩或花岗闪长岩重熔所生成的相当于S型的花岗岩有关。

【注】本文载于《全国钼矿学术讨论会论文集》，于1985年在河南省地质矿产局主办刊物《河南地质》增刊上发表。

广西钨锡石英脉矿床的地质特征及成矿条件分析

广西钨锡石英脉矿床分布很广，矿产地约占已知各类型钨锡矿产地总数的56%。目前已评价的一部分矿产地，初步探明了一批大型、中型、小型矿床。但就整类型矿床而言，地质工作程度仍低，许多矿产地尚待查勘。因此，深入研究该类型矿床的地质特征和成矿条件，对于今后的找矿勘探工作具有实际意义。

笔者在进行这一探讨之前，首先感谢广西有色金属地质勘探公司204、215、270、271、272地质队，广西地质矿产局区调队、物探队和第一、第七、第九地质队，广西有色金属地质研究所，广西地质研究所，中国有色金属工业总公司矿产地质研究院等单位的同志们，因为只有基于他们所做的大量地质调查成果以及较多方面的测试资料，才有可能作出如下的初步分析。同时，还要感谢广西地质矿产局技术顾问刘元镇高级工程师，他在百忙中给予笔者许多具体的指导。

一、矿床地质特征简述

广西的钨锡石英脉矿床，主要分布于花岗岩浆活动强烈的相对隆起区以及一些长期活动的褶断带（图1）。它包括一套矿床，可以划分为锡、钨、钨锡（锑）、钨钼（铋铜）四个矿组和七个亚型。各亚型的区别：一是矿物组合尤其是主要的矿石矿物不同，详见表1。二是成矿环境有异，第Ⅳ亚型，形成于花岗岩体内部至正接触带，属高温热液矿床（表2）；第Ⅰ1、Ⅰ2、Ⅱ1、Ⅲ1、Ⅲ2亚型，产于岩体的内、外接触带，矿床的形成温度较高（气成至中温），差异较大；第Ⅱ2亚型则远离岩体，形成于比较低温的环境。

在矿田范围内，有时可见围绕成矿花岗岩体的不太明显的水平分带。例如葫芦岭矿田，围绕盐田岭花岗岩体，内圈为锑钨石英脉（Ⅲ2亚型），外圈为钨锡或钨石英脉（Ⅲ1、Ⅱ1、Ⅱ2亚型）；在宝坛矿田，平英花岗岩体内接触带可见钨锡石英脉（Ⅲ1亚型），外接触带则为锡石电气石石英脉和锡石石英脉（Ⅰ1、Ⅰ2亚型）。在矿床范围内，往往可见由不同阶段矿物组合所反映的逆向分带。例如珊瑚矿床和大桂山矿床，

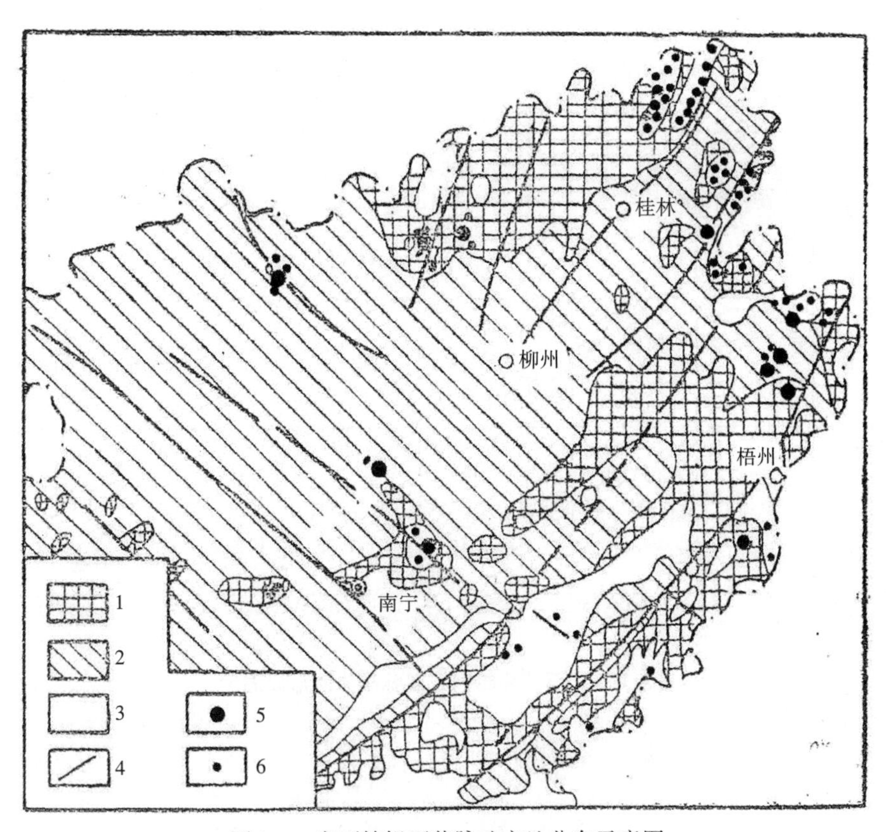

图1　广西钨锡石英脉矿产地分布示意图

1. 加里东褶皱基底；2. 后加里东盖层；3. 花岗岩；4. 主要断层；5. 矿床；6. 矿点及矿化点

注：本图截取自《广西地质》1985年6月第1期第27页。

表1　广西钨锡石英脉矿床各亚型的矿物组合及热液蚀变一览表

矿组	亚型编号	亚型名称	主要矿石矿物	主要伴生金属矿物	主要脉石矿物	次要脉石矿物	主要热液蚀变	主要矿例
锡	Ⅰ1	锡石电气石石英脉	锡石	黄铜矿、毒砂、黄铁矿	石英、电气石	绿泥石、黑云母、萤石	硅化、电气石化、云英岩化	一洞
	Ⅰ2	锡石石英脉	锡石	黄铁矿	石英	绿泥石	硅化、绿泥石化、云英岩化	
钨	Ⅱ1	钨锰铁矿石英脉	钨锰铁矿	毒砂、黄铁矿、闪锌矿、方铅矿、黄铜矿、白钨矿	石英、云母、萤石	黄玉、电气石、重晶石	硅化、叶蜡石化、云英岩化、黄铁矿化	烂头山
	Ⅱ2	钨锰矿或钨铁矿石英网脉	钨锰矿（或钨铁矿）	黄铁矿、毒砂、闪锌矿、方铅矿、赤铁矿	石英、萤石、重晶石、方解石	高岭土、绢云母、石膏	硅化、黄铁矿化、碳酸盐化	平垌岭

续表

矿组	亚型编号	亚型名称	主要矿石矿物	主要伴生金属矿物	主要脉石矿物	次要脉石矿物	主要热液蚀变	主要矿例
钨锡（锑）	Ⅲ1	钨锰铁矿锡石石英脉	钨锰铁矿、锡石	黄铁矿、黄铜矿、闪锌矿、毒砂、磁黄铁矿、白钨矿	石英、白云母、萤石、白云石	方解石、黄玉、绿泥石、叶蜡石	硅化、黄铁矿化、叶腊石化、云英岩化、退色	珊瑚
	Ⅲ2	辉锑矿钨锰铁矿石英脉	辉锑矿、钨锰铁矿	辉铁锑矿、黄铁矿、闪锌矿、方铅矿、毒砂	石英、萤石	绢云母、重晶石、菱锰矿	硅化、萤石化、黄铁矿化、退色	茶山
钨钼（铋铜）	Ⅳ	钨锰铁矿辉钼矿（辉铋矿黄铜矿）石英脉	钨锰铁矿、辉钼矿（或辉铋矿）	黄铜矿、毒砂、磁黄铁矿、黄铁矿	石英、白云母	电气石、锂云母、萤石	云英岩化、硅化、白（绢）云母化、电气石化	高田

表2　广西部分钨锡石英脉矿床的形成温度

单位：℃

矿床名称	高　田	大明山		一　洞	珊　瑚			牛栏坪			香檀岭			茶　山			杉木冲	
所属类型	Ⅳ			Ⅰ1	Ⅲ1									Ⅲ2				
测定方法	爆裂法			均一法	爆裂法										均一法			
测定矿物	石英	黑钨矿	石英	石英	锡石	黑钨矿	石英	锡石	黑钨矿	石英	锡石	黑钨矿	石英	黑钨矿	萤石	石英	萤石	石英
温度范围	295～329			144～292	295～445	255～365	245～345							200～305	140～264	184～272	162～278	182～210
平均温度	309	247	330	194	325～435	290	309	330～355	270	284	385～415	260	300		191	244	226	196
资料来源	广西有色270地质队	广西有色204地质队李青生		广西地质矿产局汪金榜	广西有色204地质队			广西有色204地质队李青生						广西地质研究所冼柏琪				

上部为早阶段钨锰铁矿-锡石-萤石-石英组合，向下以较晚阶段的多金属硫化物和石英为主；平垌岭矿床，上部有较早阶段的钨锰铁矿-石英组合，下部则全为较晚阶段的钨锰矿-石英组合。

矿体皆呈脉状。其中工业矿床多数是大脉组，例如珊瑚、一洞、大桂山、烂头山、牛栏坪、太平等矿床；少数是大脉与细脉带并存，例如平垌岭、高田矿床等。大脉长几米至1000 m，一般为50～400 m，厚度0.1～1 m，最厚4～6 m，常成群出现，构成长度几百米至2500 m、宽度20～800 m的大脉带。细脉带矿体系由许多厚度0.2～10 cm以下的密集细脉、网脉构成，含脉率1～4条 / 米，厚度几米至50 m，最厚150 m。受压性或剪切断裂组控制的矿脉，形态较规则，规模较大，常成组平行排列；沿张性裂隙或追踪断裂形成的矿脉，形态变化大，从剖面及平面上看，多呈折线状。产于砂岩和花岗岩中的矿脉，分枝、复合较频繁；在页岩中者，形态比较规整。

矿石普遍具有交代熔蚀结构，呈团块状、浸染状、条带状、晶洞及梳状构造。除了Ⅰ1、Ⅰ2亚型含锡不含钨之外，其他各亚型的有用组分多以钨为主，其中Ⅲ1亚型的矿脉同时含锡，Ⅳ亚型的矿脉同时含钼、铋、铜。一般锡石石英脉是在成矿作用比较复杂的矿床（例如宝坛地区的锡多金属矿床）中作为其中一个矿化阶段的产物，单独的锡石石英脉多数不具工业价值。

钨锡石英脉大多数产于花岗岩或砂页岩中，少数见于石灰岩中。钨多富集于花岗岩和砂页岩中的矿脉，而且从岩体到围岩，钨矿物往往比较有规律地变化：岩体内的矿脉是钨锰铁矿，有时与辉钼矿、辉锑矿、辉铁锑矿共生；岩体外接触带的矿脉，除了钨锰铁矿，尚有钨酸钙矿；远离岩体的矿脉主要是钨锰矿或钨铁矿。产于石灰岩中的钨锡石英脉，则往往相对富锡。各亚型矿脉的近矿围岩，普遍具有较强的硅化和云英岩化（表1）；电气石化、叶蜡石化、绿泥石化、萤石化、黄玉化、绢云母化、黄铁矿化、碳酸盐化等，也可以分别出现在不同亚型的近矿围岩中。一些矿田或矿床，尚见围绕成矿母岩体或矿带呈现环状或带状的热液蚀变分带。例如，一洞等电气石石英脉、锡石石英脉矿床的母岩——平英花岗岩体，内接触带发育电气石云英岩化，近外接触带发育电气石化、硅化、绿泥石化，远外接触带则发育绿泥石化和碳酸盐化；高田钨钼铋铜石英脉矿床，从脉壁向两侧围岩，往往依次出现白云母化、云英岩化→钠长石化、硅化→绿泥石化、叶腊石化→高岭土化。

二、关于成矿母岩

该类矿床，除了平垌岭、鱼累等几个矿床、矿点未见岩浆岩之外，绝大部分矿床和矿点都产在各时代花岗岩体的内、外接触带5 km范围内，其中约有85%的矿产地同燕山期花岗岩有关（表3）。钨锡石英脉矿床同各时代花岗岩存在如此密切的空间关系，是由于这些花岗岩在成矿过程中以“母岩”身份出现，提供大部分成矿物质，并且放出热能作为钨锡石英脉矿床形成的营力。

表3　广西钨锡石英脉矿产地与各时代花岗岩的关系

花岗岩时代	γ_2^2	γ_3	γ_4—γ_5^1	γ_5^2	γ_5^3	未明时代的γ	未见γ的
矿产地比例 / %	5	1	5	59	17	9	4
探明矿床比例 / %	9			27	55		9

注：未明时代的花岗岩，指γ_3与γ_5^2未能区分者，可能多是γ_5^2。

初步分析，广西钨锡石英脉矿床的成矿母岩具有如下主要特点：

（1）酸度高，碱度偏低。按4个矿组平均，SiO_2的分子数高达1227～1255（质量分数为73.70%～75.37%），较中国花岗岩平均值高41～69；而Na_2O+K_2O分子数则较其低4～27（表4）。这些花岗岩，酸度与碱度之间存在明显的线性关系（图2）。与中国花岗岩平均值比较，成锡与成钨的花岗岩构成一个分支；成钨锡（锑）与钨钼（铋铜）的花岗岩构成另一个分支。也就是说，这些超酸、弱碱的花岗岩，酸碱度总体较高时，利于形成锡石石英脉或黑钨矿石英脉矿床；酸碱度总体较低时，利于形成钨锡（锑）石英脉和钨钼（铋铜）石英脉矿床。这些花岗岩酸碱度畸变越明显，即酸度越高、碱度越低，成矿作用就越强烈。例如大明山—昆仑关地区燕山晚期早阶段侵入的昆仑关主岩体和

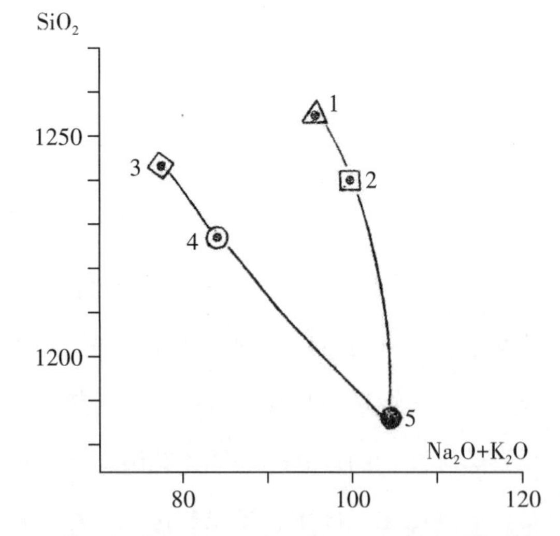

图2　广西钨锡石英脉矿床成矿母岩的酸碱度（分子数）相关图

1. 成锡花岗岩；2. 成钨花岗岩；3. 成钨锡（锑）花岗岩；4. 成钨钼（铋铜）花岗岩；5. 中国花岗岩平均值

表4　广西钨锡石英脉矿床各矿组成矿母岩的平均化学成分

矿组	岩体名称	质量分数/%											分子数		
		SiO_2	TiO_2	Al_2O_3	Fe_2O_3	FeO	MnO	MgO	CaO	Na_2O	K_2O	P_2O_5	SiO_2	Na_2O+K_2O	$\frac{Al_2O_3}{Na_2O+K_2O+CaO}$
锡	平英、清明山、田蓬	75.37	0.05	12.62	0.79	1.10	0.029	0.56	0.35	2.63	5.02	0.145	1255	96	1.3
钨	园石山、都庞岭东、豆榨山、油榨坪、猫儿山岩株群、越城岭岩株群	74.52	0.10	13.26	0.52	1.27	0.079	0.35	0.72	2.99	4.93	0.117	1240	100	1.2
钨锡锑	栗木、盐田岭、笼箱盖	74.71	0.09	14.56	0.62	0.98	0.071	0.24	0.67	1.87	4.42	0.170	1244	77	1.7
钨钼铋铜	橄榄河、昆仑关、大明山、昆仑关补充侵入体	73.70	0.22	13.81	1.07	1.42	0.053	0.51	0.98	2.50	4.09	0.152	1227	84	1.3
中国花岗岩平均值		71.27	0.25	14.25	1.24	1.62	0.080	0.80	1.62	3.79	4.03	0.160	1186	104	1.1

橄榄河岩体，平均含SiO_2 72.18%，含Na_2O和K_2O 7.39%，比较接近中国花岗岩平均值，虽然含有较多成矿物质（表5），但未能成矿；晚阶段的昆仑关补充侵入体和大明岩体，Na_2O和K_2O含量减少到5.78%，SiO_2含量相应增为75.22%，其中的矿物质更多，便富集形成了钨钼铋铜石英脉。钨锡石英脉矿床的成矿母岩比正常花岗岩低碱（主要是低氧化钠）、高硅的原因，是岩浆期热液自交代作用发育，使条纹长石、斜长石转变成白云母和石英，析出碱和成矿物质，组成矿物质更加富集的岩浆期后热液，并迁出参与成矿作用的结果。这个变化就是成矿母岩的硅化和白云母化（或者云英岩化）。例如成矿作用很明显的盐田岭岩体和大明岩体，硅化和白云母化都很强，因而，SiO_2含量高达74.45%～76.63%，Na_2O含量仅0.10%～0.40%。

（2）含有比较丰富的钨、锡等矿物质（表5），而且其元素组合及含量高低，在一定程度上决定着有关矿床的矿化类型和工业价值。例如，平英等花岗岩体含锡较高，因而形成一洞等锡石电气石石英脉矿床；盐田岭岩体富含钨、锡，形成珊瑚、八步岭等钨锡石英脉矿床；笼箱盖岩体富含锑、钨、锡等，因而形成茶山、杉木冲、金盆地等锑钨石英脉矿床和矿点；昆仑关补充侵入体和大明岩体富含钨、钼、铋、铜、锡，因而形成高田、大明山等以钨为主且含钼、铋、铜、锡的矿床。

表5　广西钨锡石英脉矿床部分成矿母岩的主要成矿元素含量　　单位：μg/g

矿组	岩体名称	样品数/个	W	Sn	Mo	Bi	Cu	Pb	Zn	Sb
锡	平英	5	5.6	16		0.4	38	11.1	51.4	8
	田蓬	2		15			32			
	清明山	3		13			40			
钨	园石山	2	28	8.7	2.2		11	30	72	
	猫儿山小岩株	1	79	22	0.8		10	13	20	
钨锡（锑）	栗木（牛栏坪）	519	72	179						
	盐田岭	5	39.7	104						280
	笼箱盖（早）	3	20.4	18.3	1.7		29.1	34.3	52.4	
	笼箱盖（晚）	2	78.9	14	1		31.4	34.7	38.5	100
钨钼（铋铜）	橄榄河	29	13.0	25.9	2.0	1.4	26.3	29.3	20.1	
	昆仑关主体	50	20.7	34	2.8	4.9	43.3	17.0	36.3	
	昆仑关补体	30	15.0	21.8	3.5	5.4	80.5	24.4	26.7	
	大明	37	773	10.4	2.9	20.5	21.3	23.0	13.8	

注：根据广西地质研究所、广西有色金属地质研究所、中国有色金属工业总公司矿产地质研究院、广西有色204地质队和271地质队的化学分析资料统计。

（3）常呈复式岩体产出，成矿物质更趋富集的晚期侵入体是钨锡石英脉矿床直接的成矿母岩。例如，产钨锡石英脉的栗木、昆仑关、大明、笼箱盖、猫儿山、越城岭、都庞岭等岩体，都是复式岩体。大明山—昆仑关地区燕山晚期早阶段侵入的橄榄河岩体（它可能是大明山隐伏大花岗岩体的露头）和昆仑关主岩体，平均含钨17 μg/g、钼2.4 μg/g、铋3.2 μg/g、铜35 μg/g；晚阶段侵入于上述岩体（或者侵位高于上述岩体）的昆仑关补充侵入体和大明岩体，平均含钨394 μg/g、钼3.2 μg/g、铋13 μg/g、铜51 μg/g（根据广西有色金属地质研究所的化学分析资料统计），均较前者高。茶山锑钨石英脉矿床的成矿母岩——燕山晚期的笼箱盖花岗岩，也可以划分为早、晚两个阶段：早阶段侵入的斑状黑云母花岗岩，Rb-Sr等时线年龄（115±8）Ma，含钨20.4 μg/g；晚阶段侵入的等粒黑云母花岗岩，Rb-Sr等时线年龄（99±6）Ma，含钨78.9 μg/g（蔡宏渊等，1984）。在这些与钨锡石英脉矿床有关的复式岩体中，晚期或晚阶段侵入的成矿物质更为富集的小花岗岩体，是钨锡石英脉矿床直接的成矿母岩；早期或早阶段侵入的大花岗岩体，同钨锡石英脉矿床只有间接的成因联系，可谓成矿祖母岩。同样，猫儿山、越城岭、都庞岭、海洋山等花岗岩体内星罗棋布的钨锡石英脉矿点，也是以其中燕山早期的黑云母（或白云母）花岗岩小岩体为母岩，加里东期大花岗岩体则是祖母岩。

（4）岩体多数剥蚀较浅，出露面积不大。由于钨锡石英脉矿床基本上都属于岩浆热液矿床，主要产在成矿花岗岩母体的上部及其上方外接触带，因此成矿母岩的剥蚀深浅，对于钨锡石英脉矿床的保存程度关系极大。据统计，广西钨锡石英脉矿床的成矿母岩，大多数的出露面积为0.01～7 km^2，仅少数达10～20 km^2或者更大，例如大明山岩体出露面积0.02 km^2，盐田岭岩体出露面积0.14 km^2，大桂山岩体出露面积不到0.1 km^2，等等，表明多数岩体的剥蚀深度都不大。当然，出露面积小不等于岩体都很小，例如笼箱盖岩体，地表（海拔标高+900 m左右）出露面积0.1 km^2，经广西有色215地质队勘探，到0 m标高岩体的面积已增大为22 km^2，表明该岩体具有一定规模，只是刚被剥露出来而已。一些剥露面积较大的岩体，如平英、田蓬、清明山岩体已出露10～20 km^2，但其顶面倾角仅8°～27°，且呈波状起伏，结合物化探异常推断，它们已出露部分大约只占岩体总面积的10%；牛栏坪岩体出露1.3 km^2，也只占整个栗木岩体钻孔已控制面积的20%。因此，产于这些岩体内、外接触带的钨锡石英脉，大部分都被保存下来。桂东南地区既是隆起区，又有两条长期活动的褶断带，各个时代的花岗岩分布很广，本来对钨锡石英脉矿床的形成是有利的，但由于岩体普遍剥蚀较深，多呈岩基出露，以致产于其顶部及外接触带的钨锡石英脉多数已遭剥蚀。个别地段尚能见到一些具有工业价值的钨锡石英脉，都同侵位较低的小岩体有关。

上述钨锡石英脉矿床的成矿母岩，SiO_2含量很高，Na_2O含量基本上都小于3.2%，多数岩体$w(Al_2O_3) / [w(Na_2O) + w(K_2O) + w(CaO)] > 1.1$（多在1.2～1.7之间）。经测定个别岩体，例如笼箱盖岩体的$w(^{87}Sr) / w(^{86}Sr)$的初始值为0.7150～0.7224（徐文炘和伍勤生，1986），岩体本身不具磁性，其特征相当于B.W.Chappell和

A.J.R.White所划分的S型花岗岩，属于地壳硅铝层的熔化产物，具有利于形成钨锡石英脉矿床的属性。但是，另有一些岩体，例如昆仑关主岩体和橄榄河岩体，SiO_2含量较低，并含角闪石和绿帘石，岩体本身反映不均匀磁性，$w(Al_2O_3)$ / [$w(Na_2O)$ + $w(K_2O)$ + $w(CaO)$] = 1.1，它的形成除主要由地壳硅铝层物质熔融之外，可能尚有上地幔的物质混熔，来自地幔的钼、铜等矿物质和地壳的钨、铋、锡等矿物质混熔于早阶段花岗岩中构成新的硅铝壳之后，再次熔融侵入的晚阶段花岗岩（如大明花岗岩、昆仑关补充期白云母花岗岩），集其中的各种矿物质于岩浆热液中，才最终形成钨钼铋铜石英脉矿床。

该类型的珊瑚矿床，在其分布范围内未出露岩浆岩，少数钻孔控至海拔-600 m（地表为+300～+500 m）亦未见岩体。但是，根据以下资料（广西有色204地质队和广西地质研究所资料，1982），推测更深部可能有隐伏岩体存在：第一，矿床西边4 km葫芦岭穹窿核部的盐田岭已出露一个面积0.04 km^2的白云母花岗岩体，而且珊瑚矿床的物质组分与盐田岭花岗岩的物质组分相似，即岩体含少量锡石、黑钨矿，5个化学样品和8个光谱样品分析结果，含锡34～120 μg/g、三氧化钨30～55 μg/g、铜60 μg/g、铅210 μg/g、锌163 μg/g、锑143～280 μg/g，同该矿床富含钨、锡并且伴生较多铜、铅、锌等的特征相对应；第二，矿床内岩浆热液活动表现强烈，至少可以分出锡石-萤石-黄玉、钨锰铁矿-锡石-石英、硫化物-石英、钨酸钙矿-碳酸盐矿物4个成矿阶段，硅化、萤石化、黄玉化、电气石化、夕卡岩化、绢云母化、绿泥石化、黄铁矿化、碳酸盐化等热液蚀变发育，其中夕卡岩化有向下增强的趋势；第三，矿床具有分带现象，即在水平方向，从中心向外围，由石英大脉带→云母石英细脉带→云母细脉带，在垂直方向，上部锡石、萤石、黄玉、云母较多，中部钨锰铁矿、锡石富集，向下黄铜矿、闪锌矿等硫化物增多，反映各阶段热液活动向下收缩，在矿床中央石英大脉带的深部有一个成矿热液活动中心；第四，矿床的各种矿物含有较多的气液包裹体，其大小1～5 μm，少数达10～45 μm，气液比0.02～0.10，最高0.15～0.60，除较晚阶段的闪锌矿之外，其他矿物的爆裂温度都在245～445 ℃之间，平均达290～435 ℃，说明该矿床是在气成至中温热液条件下形成的；第五，硫同位素反映岩浆硫特点，28个样品的硫同位素测定结果，除1个毒砂样品$\delta^{34}S$为-6.3‰，其余均介于-1.5‰～+1.3‰之间，离差较小，近似正态分布，峰值趋向零，表明硫基本上来自岩浆，或者在岩浆热力作用下各种来源的硫多已均一化，而且矿床内共生的硫化物，其$\delta^{34}S$按黄铁矿→毒砂→黄铜矿→闪锌矿的顺序减小，说明整个成矿过程热液活动和矿物结晶的时间持续较长，因而硫同位素的平衡交换反应进行得比较彻底。这些资料表明，珊瑚钨锡石英脉矿床具有岩浆热液矿床的许多特征，矿床深部的热液活动中心可能对应一个隐伏花岗岩体。根据笔者从第一成矿阶段矿体所采的两个新鲜白云母样品，经宜昌地质矿产研究所测定，其K-Ar年龄为104～105.5 Ma，因此推断深部与成矿作用有关的隐伏岩体与西边已出露的盐田岭岩体的特征相似，同属于燕山晚期。

三、控矿构造

广西的钨锡石英脉矿床，主要产于由四堡构造层至加里东构造层组成基底的相对隆起区及其边缘，例如桂北叠隆起、大瑶山-大桂山隆起、云开隆起、大明山-昆仑关隆起和西大明山隆起都有分布；其次是长期活动的褶断带，例如茶山、牛栏坪、太平等矿床，就分别产于南丹-河池、灌阳-平乐、岑溪-博白褶断带内。矿脉常成群产于这些隆起区或褶断带的背斜（个别在向斜）和各类型断裂中，其中以印支期—燕山期形成的背斜和断裂最重要。

具有工业价值的钨锡石英脉，主要产于成矿花岗岩体外接触带的断裂，尤以切割背斜、穹窿构造的大断层上盘的断层裂隙带最有利。例如珊瑚矿床，就是位于将军岭鼻状背斜的“鼻尖”——葫芦岭穹窿，与回龙-珊瑚-公会弧形向斜邻接、岩层急剧变陡、次级褶皱和断裂十分发育的地段（图3）。矿脉带夹于该地段笔架山（F1）、石灰山（F2）二条北东向逆冲断层之间，西边的笔架山断层长9 km，向南东陡倾斜，是良好的导矿构造（广西有色204地质队，1967）。其上盘（即矿床范围）发育5个轴向65°～35°的次级小背斜，伴生一系列北北东走向的剪切断裂。这些断裂主要有两组，即倾向南东组［（105°～130°）∠（60°～85°）］和倾向北西组［（260°～300°）∠（25°～

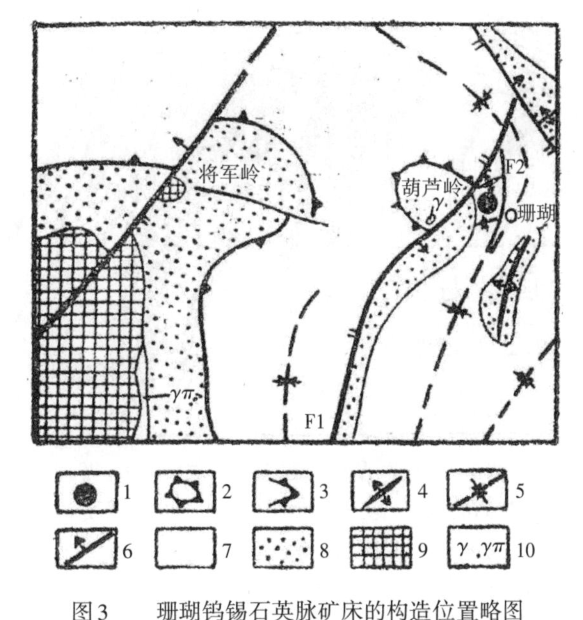

图3　珊瑚钨锡石英脉矿床的构造位置略图

1. 珊瑚矿床位置；2. 穹隆构造；3. 鼻状背斜；4. 背斜；5. 向斜；6. 断层；7. 中上泥盆统；8. 下泥盆统；9. 寒武系；10. 燕山晚期花岗岩和花岗斑岩

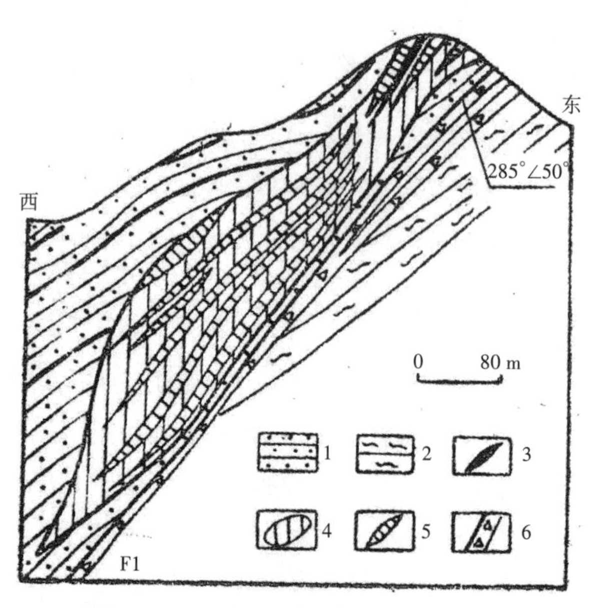

图4 平垌岭钨矿床的控矿构造剖面图

1. 震旦系砂岩夹板岩；2. 板溪群千枚岩；3. 小断层控制的钨锰铁矿石英大脉；4. 由裂隙带控制的钨锰矿石英细脉带；5. 钨锰矿石英细脉带矿体；6. 导矿大断层

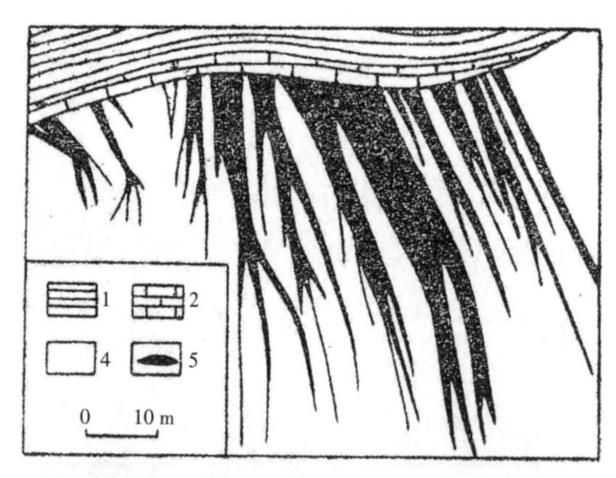

图5 栗木香檀岭受花岗岩体边缘原生节理控制的钨锡石英脉剖面图（据广西栗木矿资料）

1. 下石炭统页岩；2. 下石炭统灰岩；3. 燕山早期花岗岩；4. 钨锡石英脉

50°）]，延展深长，是良好的容矿构造。平垌岭矿床，包括早阶段的钨锰铁矿-石英大脉矿体和晚阶段的钨锰矿-石英细脉带矿体，均产于北北东走向的龙岸-元宝山大断层（F1，导矿构造）的上盘（图4）。该断层上盘分布着震旦系长石石英砂岩夹板岩，它比下盘的板溪群千枚岩易于破裂，因而形成了北北东向和北东向两组小断层及密集的裂隙带，为黑钨矿石英脉的形成提供了良好的容矿空间：个别小断层控制大脉，密集的裂隙控制细脉带，在两组裂隙交叉地段细脉带厚度最大、含钨最富。此外，也有一部分矿床的矿脉，产于花岗岩体的断裂系统。例如，高田钨钼铋铜石英脉矿床，所有的大脉和细脉带矿体都产于昆仑关花岗岩体内，受其中的北西西向、北北东向、北北西向和北东东向四组断裂控制；栗木香檀岭矿床的钨锡石英脉，受岩体顶部发育的原生节理控制（图5），近岩体边缘较密较厚，向岩体内很快变稀变薄，一般在几十米范围内就尖灭。

四、围岩因素

广西的钨锡石英脉矿床产于不同的围岩，包括各时代花岗岩以及震旦纪至石炭纪的砂页岩和石灰岩。据统计，全区的钨锡石英脉矿产地65%产于花岗岩、30%产于砂页岩、5%产于砂页岩夹石灰岩中；产于砂页岩夹石灰岩中者，主要是一部分钨锡石英脉和锑钨石英脉矿床（矿点），其他各亚型矿床（矿点）几乎都产于花岗岩体内或砂页岩中。这说明，锡石石英脉、黑钨矿石英脉、钨钼铋铜石英脉都要求酸性的围岩条件；钨锡石英脉和锑钨石英脉可产于各种不同的围岩，但以酸性偏钙碱性的围岩条件较优。这是围岩岩性控矿的一个方面。

另一方面，围岩也常作为钨锡石英脉矿床成矿物质的补充者，提供其本身的一部分矿物质，参与成矿作用。例如，猫儿山、越城岭等加里东期花岗岩体内广泛分布的钨锡石英脉矿点，虽然都以燕山期花岗岩为母岩，但是多数以加里东期花岗岩为围岩。根据光谱分析资料（广西地质研究所、广西地质矿产局第一地质队，1982），加里东期的越城岭花岗岩含锡1～50 μg/g（平均30 μg/g）、钨1～10 μg/g（最高100 μg/g），猫儿山花岗岩含锡1～100 μg/g（平均19 μg/g）、钨1～10 μg/g（最高100 μg/g），都高出克拉克值许多倍。这些花岗岩，除其中燕山期再熔部分的钨、锡等聚集迁出成矿之外，其本身作为富含钨、锡的围岩，受燕山期岩浆热体摄取，或者被围绕燕山期岩浆体环流的地下热水洗刷，都有可能将其一部分钨、锡矿物质迁入容矿断裂，因而起了矿源体的作用。珊瑚钨锡石英脉矿床，产于泥盆纪砂页岩夹泥质灰岩、白云质灰岩中，据统计，锡多富集于以钙质岩层作为围岩的矿脉，而钨则以页岩中的矿脉最富，砂岩中者次之。根据广西有色204地质队108个样品的化学分析资料，该区泥盆系各个层位的不同岩性，含钨4.7～176.7 μg/g，平均80.1 μg/g，含锡1.5～41 μg/g，平均10.2 μg/g。其中，下泥盆统莲花山组、郁江组至中泥盆统应堂组含量最高，含钨分别达到127.0 μg/g、90.1 μg/g，含锡分别为7.9 μg/g、12.5 μg/g，尤以应堂组上部的泥质灰岩富锡（4个样品含锡平均41.4 μg/g）、莲花山组页岩及含砾砂岩富钨（7个页岩样品含钨平均176.7 μg/g、4个含砾砂岩样品含钨平均150.2 μg/g）。这说明该区泥盆系沉积时，钨、锡等元素的含量已较高，构成了矿源层；钨锡石英脉密集于莲花山组至应堂组各层，除隐伏的成矿母岩体和有利的构造条件之外，还同地层本身富含锡、钨提供一部分成矿物质有关；而且矿脉中钨、锡分别富集的围岩条件，正好同页岩和砂岩最富钨、泥质灰岩最富锡这种客观条件相一致，表明围岩的矿物质有时甚至起着相当重要的调节作用。同样，大明山的矿床中，产于寒武系及下泥盆统砂泥岩的黑钨矿石英脉，也同该区地层含钨（据广西有色272地质队的化学分析资料，寒武系59个样品含钨平均6.1 μg/g，下泥盆统178个样品含钨平均16.6 μg/g）有一定的关系。并且，由于珊瑚矿床的围岩同时富含钨、锡，形成的石英脉钨、锡均富；大明山矿床的围岩含钨贫锡（含锡2.9~5.9 μg/g，接近克拉克值），以致形成的石英脉钨含量中等，含锡甚微。这些事实说明，产在钨或者钨锡矿源层中的钨锡石英脉矿床，其矿石的矿物组合及含量多寡，在一定程度上受到矿源层的元素组合及含量高低的制约；矿床的形成，除主要由岩浆提供钨、锡及硫等成矿物质之外，也可能通过岩浆热力作用，聚集一部分围岩矿源层的钨、锡等矿物质。

总之，广西的钨锡石英脉矿床，包括锡、钨、钨锡（锑）、钨钼（铋铜）四个矿组，共七个亚型。除了Ⅱ2亚型（即钨锰矿或钨铁矿石英网脉）的部分矿床、矿点与岩浆岩的关系不清之外，其余各亚型的大多数矿床、矿点，均同燕山期（少数其他时代）花岗岩直接有关，属于岩浆期后热液矿床。它们受到岩体内部直至远离接触带的断裂系统控制，常呈比较密集的脉带产出。同时，一部分产在钨锡矿源层或矿源体的矿床、矿点，其矿石的物质组分和含量高低，在一定程度上又受到这些矿源岩的制约。因此初步得出结论，本类型矿床最佳的成矿条件组合是：燕山期富含成矿物质的浅剥蚀花岗岩体 + 富含钨、锡的围岩（矿源层或矿源体）+ 背斜构造内的断层裂隙发育带。

参考文献

［1］南京大学地质系，1979. 地球化学［M］. 北京：科学出版社.

［2］武汉地质学院，1979. 地球化学［M］. 北京：地质出版社.

【注】本文由广西地质矿产局主办刊物《广西地质》，1985年第1期发表。

广西南丹-河池锡-多金属成矿带的特征

南丹-河池锡-多金属成矿带（以下简称丹池成矿带），分布于广西西北部南丹至河池一带，呈北西走向的弯月形，长170 km，宽20～35 km。带内蕴藏着非常丰富的金属矿产资源（图1），无论从有用矿产的种类，还是从矿产的储藏量而言，它都是一个难得的“聚宝盆”。

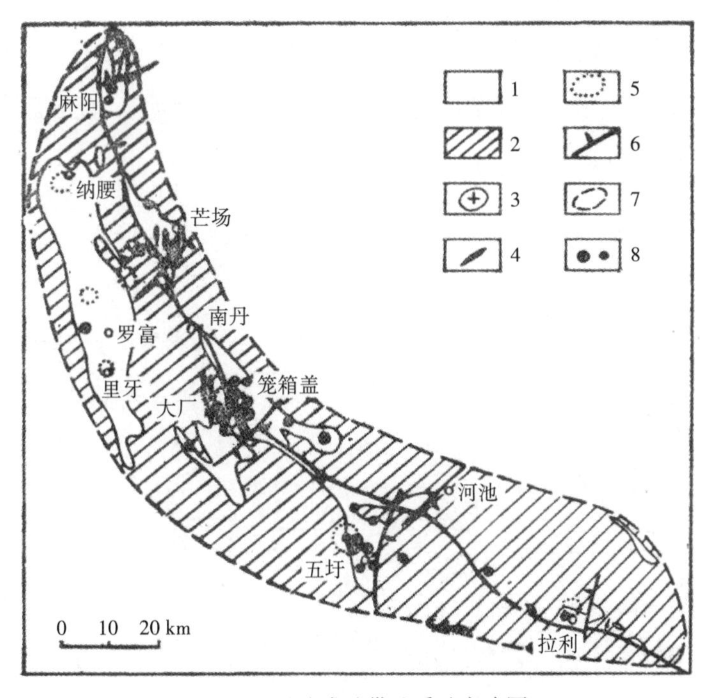

图1　丹池成矿带地质矿产略图

1. 泥盆系；2. 石炭系—中三叠统；3. 燕山晚期花岗岩株；4. 燕山晚期花岗斑岩脉和闪长玢岩脉；5. 根据物化探异常推断的隐伏花岗岩岩株；6. 主要断层；7. 丹池成矿带范围；8. 矿床及矿点

一

成矿带的分布范围，原是一条受基底断裂控制的狭长海沟。在晚古生代沉积过程中，这一有利的古地理条件，促使丰富的成矿物质初步得到富集，形成了锡-多金属矿源层或含矿层。

本成矿带内各矿床的围岩，主要是泥盆系，少数是下石炭统的泥质岩、硅质岩和碳酸盐岩。它是在加里东褶皱基底经过充分剥蚀之后，自早泥盆世发生海侵，接受陆源和海源的沉积物而形成的。整个晚古生代，该区呈北西走向的基底深断裂（即丹池断裂带）时强时弱地活动（注：根据广西区调队的南丹幅、东兰幅、宜山幅区域地质调查资料，该断裂带的活动始于早泥盆世，一直延续到晚二叠世。从其间以产漂游生物化石的深水硅质岩、暗色泥质岩为主，夹多层含底栖生物化石的浅水灰岩、白云岩；显示动荡沉积环境的扁豆状灰岩与水平层理很发育的泥质灰岩、薄层硅质岩相间；一些硅质岩、泥岩和石灰岩，还夹有海底火山喷发物质等，足以看出该断裂带的深度较大，其活动是时强时弱的），因而沿断裂带方向形成了一条狭长的海沟（图2），控制沉积了一套与两侧碳酸盐台地显著不同的深水沉积物——南丹型沉积相（鲜思远等，1981），其岩性以暗色泥质岩、硅质岩、扁豆状灰岩为主，元素组合复杂（冼柏琪，1984），成矿物质丰富。

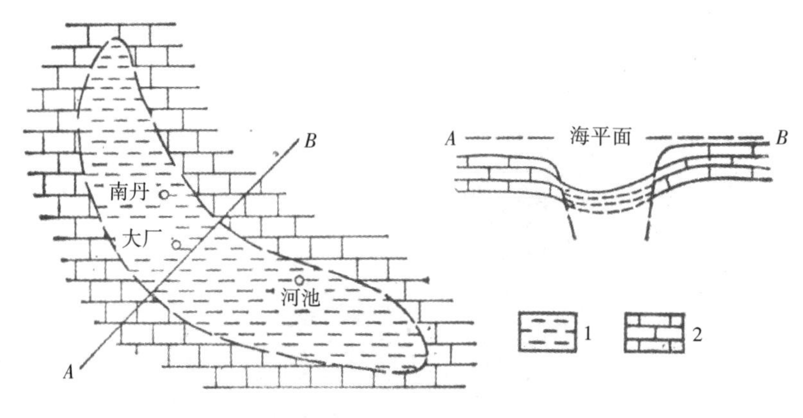

图2　丹池海沟及其附近的晚泥盆世沉积岩相示意图
（参考侯鸿飞、鲜思远1979年资料修编）
1. 台沟型（南丹型）泥岩-硅质岩-扁豆状灰岩相；2. 台地型（象州型）石灰岩-白云岩相

根据大厂矿田和芒场矿田外围20～34 km的南丹-天峨公路剖面的化学分析及部分光谱分析资料（表1），下泥盆统塘丁组至下石炭统岩关阶各层所含的主要成矿元素，同涂里千-费德波深海沉积物（武汉地质学院，1979）比较，锡、铅、锌一般高出1～15倍，锑、汞高出100～230倍，钼、镍、铬、钒也高出几倍至30多倍，表明海沟内的泥盆系—石炭系是一套含矿岩系，从下泥盆统至下石炭统普遍存在锡-多金属矿源层。据研究，在该成矿带的一定范围内，比较稳定地分布于特定层位的层状锡-多金

表1　丹池成矿带锡–多金属矿田外围地层的主要成矿元素丰度

地层名称		塘丁组	纳标组	罗富组	榴江组	五指山组	岩关阶	涂里千–费德波深海沉积物
地层符号		D_1t	D_2n	D_2l	D_3l	D_3w	D_1y	
样品数/个		7	38	25	10	9	9	
平均含量 / （μg·g^{-1}）	Sn	5	0～3	0～101	0～10	6	11	0.*n*
	Zn	129	68	3～310	39	30	28	35
	Pb	33	9	15	8	27	16	9
	Sb				8～30	16	29	0.15
	Hg				10	17	19	0.0*n*
	Cu	24	19	28	25	43	30～200	30
	Mo	20	0～20	0～80	0～10	9	0～10	3
	Cr	257	214	120	139	103	30～50	11
	Ni	64	48	27	20	19	10～30	30
	V	686	336	159	202	224	0～500	20

注：据广西区调队和广西地质研究所资料统计，空格表示未分析。

属矿体或矿化，不仅常保留沉积微层理构造，而且其矿物组合、化学成分、特征元素比值、硫同位素组成等，都具有沉积标型特征，与切割它的矿脉迥然不同。

例如，大厂矿田长坡矿床内产于上泥盆统榴江组的92号主矿体，就包含矿脉和矿层两个特征不同的部分：热液锡–多金属硫化物矿脉，含锡高达1%～5%，元素及矿物组合较复杂，其中与锡石共生的黄铁矿晶体多呈不规则状，*w*（S）/*w*（Se）=1159、*w*（Ni）/*w*（Co）=1、*w*（V）/*w*（Co）=0.12，含锡、铅、锌、锑、银分别达到22300、2593、11300、762、43.8 μg/g，并且含有铋（70 μg/g）；而沉积黄铁矿层，微层理清晰，含锡只有0.04%，基本代表沉积阶段的富集程度，其中的黄铁矿多呈细粒立方体晶形，*w*（S）/*w*（Se）=2050、*w*（Ni）/*w*（Co）=3.7、*w*（V）/*w*（Co）=2，含锡、铅、锌、锑、银等较低，分别为213、446、1298、108、5.9 μg/g，不含铋。

再如赋存于下中泥盆统中的茶山矿床，其岩浆热液型锑钨矿脉成分较复杂，有用矿物有辉锑矿、辉铁锑矿、黑钨矿、白钨矿、黄铁矿、闪锌矿、方铅矿、黄铜矿、自然铋等，并且富含萤石和菱锰矿，$\delta^{34}S$为+0.4‰～+2.4‰，主要是岩浆硫，铅同位素年龄（Φ）为181 Ma（广西地质研究所取样，宜昌地质矿产研究所分析），属燕山期产物；而被其切割的含锌黄铁矿夕卡岩矿层，有用矿物仅有闪锌矿、黄铁矿和黄铜矿，$\delta^{34}S$为−4.14‰～−12.7‰，属沉积硫，铅同位素年龄（Φ）为380 Ma（蔡宏渊等，1983），与所处地层——中泥盆统的年龄一致，表明矿层中的铅也是同生沉积的。此外，芒场、大福楼、坑马等地，中泥盆统纳标组也有含铅、锌、锡的矿层；北香、龙头山等地，中泥盆统罗富组中下部有锡-多金属矿层；益兰、东升、太平、红沙等地，上泥盆统榴江组和五指山组的一定层位均含汞；等等。这些矿体和含矿层，都可能是在沉积阶段成矿物质初步富集（即矿源层或含矿层）的基础上形成的。

据最近几年调查，丹池地区接连发现泥盆纪火山岩线索（赖来仁等，1983；蔡宏渊等，1983），其中益兰路口上泥盆统五指山组上部的酸性凝灰熔岩，含锑、汞、铅、锡、砷、钼、钒、铬等较富，尤其是锑和汞竟然高出涂里千-费德波深海沉积物丰度值的80～400倍。由此可见，该区泥盆系—石炭系及其中的火山岩所含的成矿物质是相当可观的。看来，整个海沟的泥盆系中同生沉积的锡以及其他成矿元素的总量，确是一个很大的数字。因此可以说，即使地层中一小部分成矿物质聚集起来参与成矿作用，也是举足轻重的。

此外，在泥盆纪丹池海沟的深水沉积区内，次级同沉积断裂比较发育，有个别断块呈地垒状隆起，因而创造了有利于层孔虫、珊瑚、腕足类和藻类等底栖生物繁殖的古地理环境，使得大量生物固着群生形成生物礁。在大量生物的作用（包括生物作用和生物化学作用）下，当时沉积于海沟中的比较丰富的成矿物质，在生物礁及其周围更趋富集。龙头山至长坡一带，有些富厚矿体的形成，就与沉积-成岩阶段龙头山生物礁所聚集的成矿物质密切相关。

二

本成矿带的基底是扬子地台区与华南加里东地槽区（再生亚区）的过渡地带，基底的各种成矿物质通过长期活动的丹池断裂带迁出，参与了成矿作用。

本成矿带的主要赋矿地层——泥盆系，最大厚度约3000 m，覆盖于新元古界至下古生界组成的加里东褶皱基底之上。基底未出露，但从区域地质资料（中国地质科学研究院，1973）分析，在寒武纪—奥陶纪，从湖南省沅陵经贵州省玉屏、三都，至广西南丹、百色、靖西一线（大致呈35°方向），是扬子地台区与华南加里东地槽区（杨森楠和杨巍然，1985）的过渡带。这个过渡带的西北侧，是以碳酸盐建造为主的沉积区，寒武系（某些地段包括奥陶系）盛产汞矿（贵州省地质矿产局汞锑区划组，1983）；过渡带的东南侧，不仅寒武系—奥陶系，连板溪群—震旦系，都属于由碎屑岩建造夹少量碳酸盐建造构成的沉积物，富含铅、锌、锑、钨、锡、钼、金、银、钒、铀等。

丹池成矿带正好处在与这个过渡带交切的部位（交切线约在南丹县城附近），因而使得该成矿带的矿产种类、组合及其空间分布等特点，都与基底过渡带两侧的含矿特点相符（图3）。这种不同构造层内成矿的空间联系和继承性，一方面是由于加里东

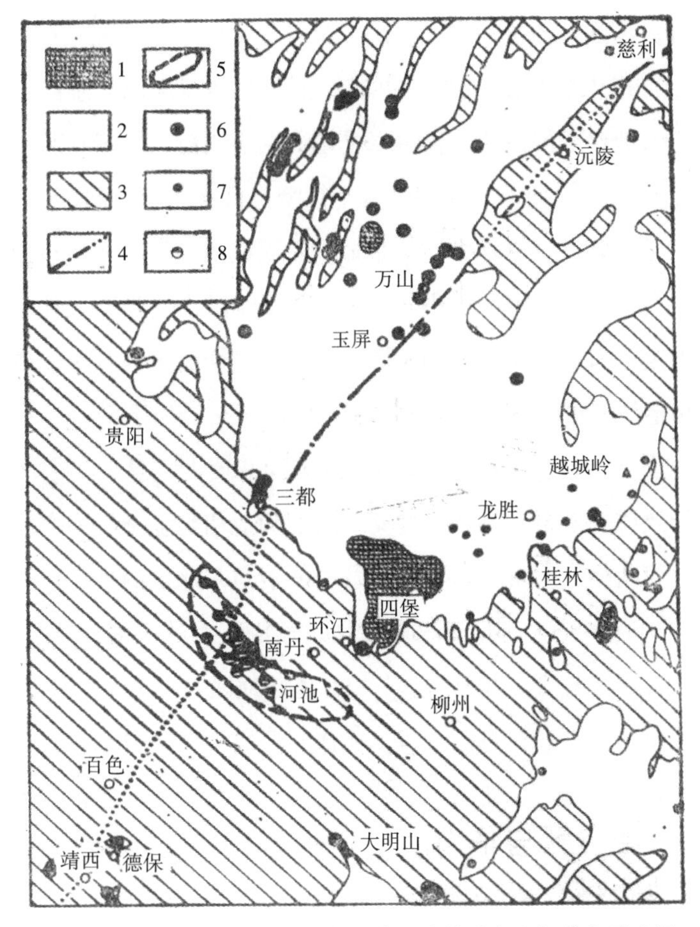

图3　丹池成矿带及其周围加里东基底的矿产空间分布示意图

1. 四堡（中元古代）构造层；2. 雪峰（新元古代）—加里东构造层；3. 海西—印支构造层；4. 寒武纪—奥陶纪的沉积区界线（西北边为扬子沉积区，东南边为华南加里东地槽区再生亚区）；5. 丹池成矿带范围；6. 雪峰—加里东构造层中的矿床；7. 雪峰—加里东构造层中的矿点；8. 丹池成矿带海西构造层中的矿床

基底内的成矿物质沿活动断裂带迁出，沉积富集在覆于其上的泥盆系—石炭系中；另一方面，在燕山期构造-岩浆-成矿作用过程中，沟通加里东基底与海西构造层的断裂，再次迁移出基底的成矿物质参与了成矿作用。再从大厂矿田的15个铅同位素测定结果（蔡宏渊等，1983）看，有4个样品的模式年龄高达440～720 Ma，亦证明确有加里东褶皱基底——包括奥陶系、寒武系和震旦系的成矿物质参与成矿。

三

该区处于特提斯-喜马拉雅构造域与滨太平洋构造域的复合部位（黄汲清和任纪舜，1980），**形成了复杂、有利的控矿构造型**。

就基底而言，该区是扬子地台区江南台背斜与华南地槽系湘桂加里东再生地槽褶皱带的交替地带（杨森楠和杨巍然，1982），褶皱和断裂都以北东向为主。加里东运动之后，该区进入地台发展阶段。但由于受基底断裂影响，本成矿带范围及其西南边右江一带，自早泥盆世晚期开始，相继发生微型海底扩张（陈维田，1982），形成了北西向海沟。到早三叠世，右江海沟扩张加剧发展成为地槽，处在该地槽边缘的丹池海沟，则受抵压而逐渐收敛退化。中三叠世末期发生的印支运动，使整个右江地槽褶皱回返，因而形成了本成矿带范围的北西向印支地槽褶皱系与其东北侧后加里东地台的（以太平洋构造域的应力为主形成的）北东向褶皱交接的格局。

这一格局，实际上也就是特提斯-喜马拉雅构造域占主导，与太平洋构造域复合的表现，因而导致该成矿带的构造，尤其盖层的构造相当复杂——主体构造是沿袭海沟方向形成的北西向拗褶断带，而其中的背斜分别与东北侧的独山、周覃、捞村、都川、怀群等北东向背斜交接，出现正向叠加，形成了大致等间距（35～40 km）分布的麻阳、芒场、大厂、五圩、拉利等5个相对隆起地段（图1）。这些隆起都是构造应力比较集中的部位，一方面在海西—印支构造层形成许多次级小背斜（多为不对称短轴背斜）和一系列的北西向、北东向、北北西向、北北东向、北东东向断裂及层间断裂，构成良好的导矿、容矿系统；同时，波及加里东基底，使其老断裂面复活，成为运出其中矿物质的通道。

这5个隆起地段，以处于成矿带中间部位、构造线从东南段295°向西北段335°转变的笼箱盖—大厂地段，受压力作用最强，以致西翼地层局部倒转、各组断裂十分发育，因此成岩、成矿条件最好；其两侧的五圩、芒场地段次之；处在成矿带两端（也是丹池海沟末端）的麻阳、拉利地段则较差。该成矿带的断裂，北西向（例如先张后压而以南西盘向北东盘俯冲为主要表现的丹池主断裂、大厂逆断层等，走向315°左右）和北东向（走向35°左右）两组断裂，分别属于两大构造域之一者的挤压面，并且大致相当于另一者的引张面，所以均以压性特征为主同时兼有张性表现，长度和深度都较大，是该区主要的导岩、导矿构造；北北西向（走向350°左右）断裂，属于太平洋构造域较早较弱的剪切面与特提斯-喜马拉雅构造域较晚较强的剪切面的复合构造，因而其剪切特征很明显，断面较平直、长度中等、深度较大，常成组出现，大厂、五圩、芒场等矿田的大脉状矿体，以及大厂、芒场等地的岩脉，多数是充填在这组断裂中；北北东向（走向15°左右）和北东东向（走向55°左右）断裂，是来自西南边较强的侧压力使地层褶皱较剧时产生的一对共轭裂隙，其规模较小，常成群出现，是长坡等矿床细脉带矿体的主要容矿构造（据广西有色215地质队统计，大厂细脉带矿体中的细脉，主要走向有15°、35°、55°三组）。

层间断裂多见于短轴背斜的两翼，当沿背斜走向发生更次一级的小褶皱或层内小挠曲时，断裂深度较大，剥离空间较宽，往往控制形成倾斜深度大于走向长度的矿体，例如益兰汞矿床的1号主矿体，就是一个顺层分布、深度大于长度12倍的楔状体（广西地质研究所，1982）；当侧向压力较强，背斜两翼不对称，甚至局部发生倒转时，层间断裂非常发育，如果被褶皱的岩层是硅质岩与泥质灰岩互层，切层断裂同时发育，就可以形成规模巨大的层内细脉带矿体，如长坡倒转背斜翼部的92号大矿体。

四

燕山期沿上述隆起地段侵入的富含成矿物质的花岗岩，导致该成矿带锡-多金属矿床的最终形成。

该区燕山期岩浆活动比较明显。在上述5个相对隆起地段，除已知燕山晚期笼箱盖花岗岩株，以及大厂、芒场等地的众多花岗斑岩、长石石英斑岩、闪长玢岩、辉绿玢岩脉之外，最近广西地质矿产局第七地质队又在芒场矿田深部揭露到花岗岩。根据物化探资料推断，纳腰、里牙、五圩、拉利等地，可能也有隐伏花岗岩株。

据中国有色金属工业总公司矿产地质研究院、广西有色215地质队、广西地质矿产局区调队等单位研究，笼箱盖黑云母花岗岩具有富硅（SiO_2 73.40%）、富钾（K_2O 4.46%）而贫钙、镁和钛的特点，铬、镍、钴、钒含量均小于3～13 μg/g，$w(Sr^{87})$ /

w（Sr^{86}）初始值为0.7159～0.7163（徐文炘和伍勤生，1986），是由硅铝地壳重熔形成的。由于该区的硅铝地壳——包括矿体的围岩及成矿带的基底岩石，都富含成矿物质，因此其较深部熔融以及花岗岩浆侵入时熔化被占领的空间都能富集许多成矿物质。

根据化学分析资料（表2），笼箱盖花岗岩（包括早阶段斑状黑云母花岗岩和晚阶段等粒黑云母花岗岩）中含钨、锡、铜、铅、锌、硼、氟、锂、铍等元素，分别高于涂里千-费德波酸性岩的1～32倍，是形成该成矿带中锡-多金属再次富集的又一个重要的物质来源。在岩浆侵入过程中，这些成矿物质主要以两种方式参加成矿。

表2　笼箱盖花岗岩的主要成矿元素　　单位：μg/g

元　素	W	Sn	Cu	Pb	Zn	B	F	Li	Be
早阶段斑状黑云母花岗岩	20.4	18.3	29.1	34.3	52.4	29.2	2100	158	14.4
晚阶段等粒黑云母花岗岩	78.9	14	31.4	34.7	38.5	331.1	5850	353	30.6
涂里千-费德波酸性岩	2.2	3	10	19	39	10	850	40	3

注：据蔡宏渊等（1983），未分析锑。

第一种方式，直接以岩浆气液的形式充填交代到围岩的断裂中，形成岩浆热液矿床，例如茶山锑钨石英脉矿床和拉么铜锌夕卡岩矿床。这些矿床都产在岩体的正接触带附近，多呈脉状，部分似层状；主要有用元素是锌、锑、钨、铜等，以钨、铜含量较高为其特征；16个样品的$\delta^{34}S$值均集中于-1.26‰至+2.84‰接近零的小区间（蔡宏渊等，1983）；矿物（铁闪锌矿）的气液包裹体含氟高达1.132%，w（F^-）/ w（Cl^-）= 1.715，CO_2较低，CH_4含量极少，不含铬（蔡宏渊等，1983），表明成矿物质主要是由壳源重熔型岩浆的高氟热液所带来。

第二种方式，由这些富含成矿物质的岩浆岩作为本区成矿作用的热源，能使其附近泥盆系—石炭系和加里东褶皱基底中的成矿物质受热活化再迁移，或者使地下水增温而提高溶解、萃取成矿物质能力，组成岩浆气液与含矿地下水的混合热液，叠加改造含矿层或矿源层而再度富集成矿，并在层状矿体附近及其上部层位，沿陡倾斜断裂形成大脉或细脉带矿体，构成“层中有脉”及“下层上脉”的模式，诸如长坡、大福楼、芒场、五圩等锡-多金属硫化物矿床的众多矿体。这些矿床，多数分布在岩体外接触带0～5 km范围，少数在5 km以外；有用组分多，主要是锡、锌、铅、锑，其次是砷、银，常有汞、镍、铀、钼、铋、钒、铟、镓、锗、镉等共生或伴生，以富锡和基本不含钨、铜为特征；矿物种类繁多，达94种（涂光炽，1984），仅硫盐矿物就有20多种；大厂矿田该类型矿床的113个硫同位素样品测定结果，$\delta^{34}S$值介于−7.97‰～+11.79‰之间，离差较大，以负值为主，直方图显示多峰（蔡宏渊等，1983）；矿物（锡石）的气液包裹体，含氟低，含氯很高（2.012%～4.636%），$w(F^-)/w(Cl^-)=0.05\sim0.09$，$CO_2$含量较高（1.96%～38.27%），并含少量$CH_4$（0.0215%～0.6812%）和铬（0.016%～0.530%），表明含有有机质的地层热卤水在成矿过程中起了重要作用，同贫铬的花岗岩和不含铬的岩浆热液矿床相比，它与富含铬的地层有着更为密切的关系。涂光炽教授曾对这些矿床的成矿作用做过高度概括，认为其成矿物质是多来源的，一部分属同生沉积，一部分由后生岩浆携带而来，成因属于沉积–岩浆热液叠加矿床。从上列资料（包括图3所示的现象）看，其沉积和叠加改造的特征都是明显的。

五

矿床产在拗褶断带的相对隆起区，比周围的隆起带具有剥蚀较浅、矿体易被保存的优越条件。

该成矿带几乎所有的锡–多金属矿体都产于丹池拗褶断带上述5个相对隆起地段的背斜中，且大多数在下石炭统岩关阶碳质泥质页岩遮挡层之下。由于赋矿背斜所处地势低，受剥蚀很浅，因此矿体大部分能被保存下来，而且许多矿体都处在埋藏不很深、易于勘探开采的深度之内。

作为该成矿带成矿作用中心的花岗岩体，除笼箱盖岩体之外，其余都隐伏于地下。笼箱盖岩体地表（海拔标高900 m左右）仅出露0.1 km^2，经广西有色215地质队勘探，到0 m标高面积约为22 km^2，围绕岩体产出的矿体保存较完整。芒场花岗岩体亦埋藏在400 m之下，因此围绕其分布的矿体也基本都能被保存。

综上所述，由于该成矿带处在早古生代扬子地台区与华南地槽区的过渡带、晚古生代浅海台地中的海沟、中生代特提斯–喜马拉雅构造域与滨太平洋构造域复合处、燕山期构造–岩浆活动带这个四位一体的特别有利于成矿的构造部位，因此在这个拗褶断带的各个相对隆起区形成了许多中型、大型至特大型的锡–多金属矿床。这些矿床是多物质来源、多成因的，其中深断裂、海底火山、生物礁、矿源层以及岩浆携带物，对于矿床的形成都起了重要的作用。

本文承广西地质矿产局技术顾问刘元镇、总工程师钟铿和李志才等高级工程师审阅，并得到郑功博工程师的帮助，在此致以深切谢意。

【注】本文1984年6月初稿，由中国科学院地质与地球物理研究所主办的学术期刊《地质科学》1986年第2期发表。

云开大山地区区域变质-混合岩化时代及形成机制讨论

粤桂交界的云开大山地区，区域变质、混合岩化非常发育。除罗定、信宜、陆川、化州一带占地17000 km^2的巨大的混合岩田之外，尚有岑溪三堡、云浮大绀山、广宁石涧镇等规模较小的混合岩带，其余广大地区也不同程度地遭受变质（图1）。

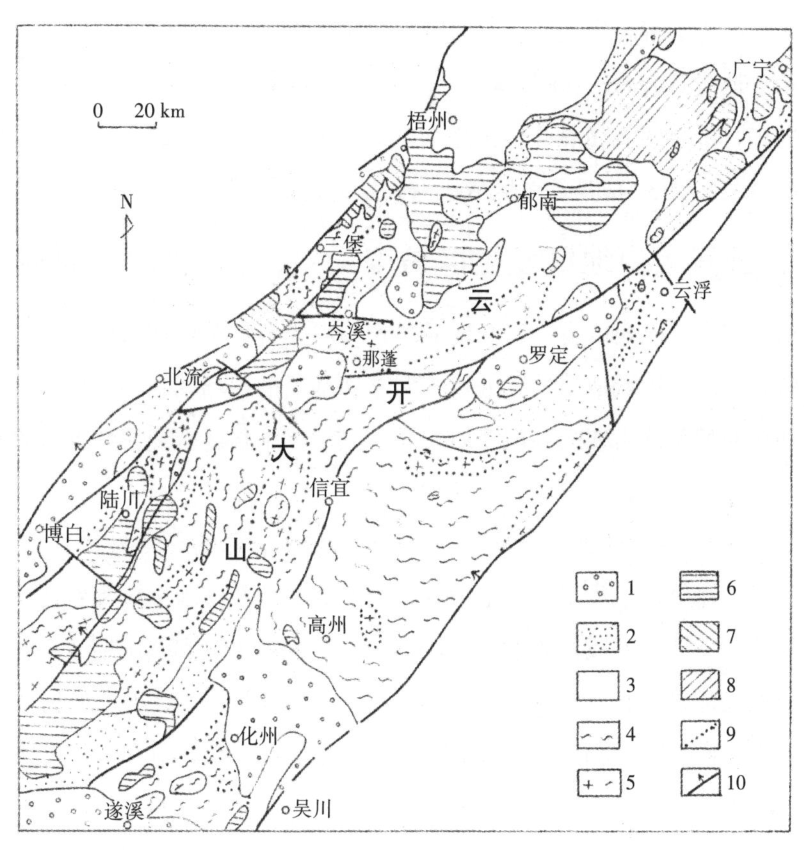

图1　云开大山地区变质岩、混合岩、花岗岩分布略图

1. 中生代—新生代内陆断陷盆地沉积（未变质）；2. 上古生界轻变质岩（部分未变质）；3. 下古生界轻变质岩（部分未变质）；4. 海西期—印支期混合岩；5. 海西期—印支期混合花岗岩；6. 燕山期花岗岩及少量中基性岩；7. 海西期—印支期花岗岩；8. 加里东期花岗岩；9. 变质带分界线；10. 断层

早在20世纪30年代，姚文光（1933）、蒋溶和徐瑞麟（1934）在本区工作时，已将区内的变质岩划分为天堂山片麻岩、灵山片岩和硅大理岩，分别归属太古界、元古界和震旦系。1963年莫柱孙把这套岩石称为云开大山变质杂岩，认为其是加里东期同构造运动的产物（莫柱孙，1963）。20世纪60年代以来，广东、广西两省（区）地质局的区调队，在本区全面开展了1∶20万区域地质调查，各个图幅都对变质岩、混合岩、混合花岗岩的特征和时代做了比较详细的论述，多数图幅认为区域变质-混合岩化的时代属加里东期，罗定幅确定小云雾山一带的区域变质发生于海西期—印支期，并认为最高峰附近的上三叠统—下侏罗统已经混合岩化（广东省区调队，1964），区域变质和混合岩化的时代持续到燕山早期。最近几年，广东、广西两省（区）地质矿产局有关单位系统综合整理资料，编制省级区域地质图和地质志，也都认为云开大山地区发生区域变质和混合岩化的主要时代是加里东期（广东省地质矿产局，1984；广西壮族自治区地质矿产局，1985）。

众所周知，区域变质和混合岩化是与区域大地构造背景相联系的。某个区域发生的区域变质-混合岩化，应是这个区域主要构造运动的产物。

一、云开大山地区发生区域变质-混合岩化的主要时代

依据近年广东、广西两省（区）地质矿产局所属有关单位积累的地质资料和同位素年龄资料，并结合区域地质情况分析和对某些地段的现场调查结果，笔者认为，本区经历了加里东期至燕山期的多次变质作用，其中发生强区域变质和混合岩化的时代是海西期—印支期（主要是印支期）。依据如下：

（一）本区海西期—印支期的构造运动表现最强烈、影响最深刻

由于本区处在早古生代华南冒地槽区之内、钦州海西继承地槽和右江印支再生地槽的东南侧、印支期红河板块俯冲带（深大断裂带）的上盘和燕山期太平洋边缘活动带，因此志留纪末的广西造山运动（颜北海等，1976）、早二叠世末的钦州造山运动[相当于李四光所称的东吴运动。考虑到李四光根据南京青龙山和镇江南山的平面地质图推导出的上二叠统与下二叠统间的角度不整合，“到目前为止，苏、皖、赣、湘、鄂等省的上、下二叠统间的接触关系，似乎还不曾遇到过明显的角度不整合，而都是平行不整合”（尹赞勋等，1978），所以建议将广西钦州—灵山一带因海西继承地槽褶皱回返，导致上二叠统与下二叠统间出现明显不整合的造山运动称为钦州运动]、中三叠世晚期的印支造山运动以及侏罗纪—白垩纪发生的燕山期断块运动都波及本区，

留下了复杂的地质记录。其中钦州运动既使西侧钦州—玉林一带的加里东—海西地槽褶皱成山，也引起本区全面抬升，从晚二叠世至中三叠世长期隆起（本区缺失P_2—T_2沉积）与钦州—玉林一带的地槽区的褶皱山系——六万大山—大容山连接，组成一个与西侧右江印支再生地槽遥相呼应的隆起次大陆。到中三叠世末期，印支板块与华南陆块碰撞，沿红河一带俯冲，导致印支运动发生，右江地槽褶皱回返，同时也使本区进一步隆升。本区广泛分布的区域变质岩——千枚岩、片岩、各类混合岩以及混合花岗岩，就是由于二叠纪至三叠纪地壳不断隆升引起地热剧烈循环活动而形成的。据统计，海西期—印支期由于硅铝地壳变质深熔（即花岗岩化）作用形成的原地混合花岗岩和侵位花岗岩，区内约达5000 km^2，西侧大容山、六万大山、十万大山一带多至上万平方千米。与此同时，特别是三叠纪，云开大山—六万大山地区的隆升和西侧右江地槽的沉降加剧，一升一降的差异运动引起了钦州-灵山、博白-梧州、陆川-罗定-广宁、吴川-四会等加里东期和海西期断裂带复活，使它们所夹的断块相互发生垂向韧性剪切，形成了一系列的由角砾岩、压碎岩、千糜岩组成的北东向—北北东向高角度动力变质带，并且沿这些断裂发生了某些幔壳混熔型岩浆岩的侵位。由此可见，海西期—印支期所发生的区域变质、混合岩化、动力变质及与其相关的岩浆活动规模很大，其对本区地质历史的深刻影响是其他各个时代无法比拟的。

（二）加里东运动对本区的影响较弱

本区是早古生代华南冒地槽中相对比较活跃的一部分，活跃的主要表现有：寒武纪末郁南回龙至岑溪筋竹一带曾发生升降运动（郁南运动），使下奥陶统底部砾岩平行不整合于上寒武统之上；奥陶纪末北流高洞、九村一带发生震荡运动（北流运动），在下志留统底部形成10～364 m厚含砾泥岩和含砾岩碎屑的长石石英砂岩；志留纪末的广西运动（即加里东运动）波及本区，地壳全面上升形成了云开隆起的雏形，并有出拔、宁潭、北界、同心、七星岩、凤村等地的花岗岩、二长花岗岩体（年龄在409～490 Ma之间）和北侧（及外围）的永固、大宁、永和、太保等花岗闪长岩体（年龄在390～504 Ma之间）侵入。但由于本区与钦州海西继承地槽接壤，其受加里东运动的影响比周围其他地区都弱，例如博白周洞一带下泥盆统与志留系—奥陶系呈微角度不整合，二者形成岩层产状和变质程度都很协调的同步褶皱（图2），罗定贵子—罗镜一带泥盆系—石炭系与寒武系—志留系的岩层产状和褶皱构造比较协调，甚至二者变质岩-混合岩中的片理、片麻理也近乎平行，表明加里东期本区抬升后又下降沉积了晚古生代地层，寒武系至石炭系在同一个时期发生了区域变质和混合岩化，这个时期就

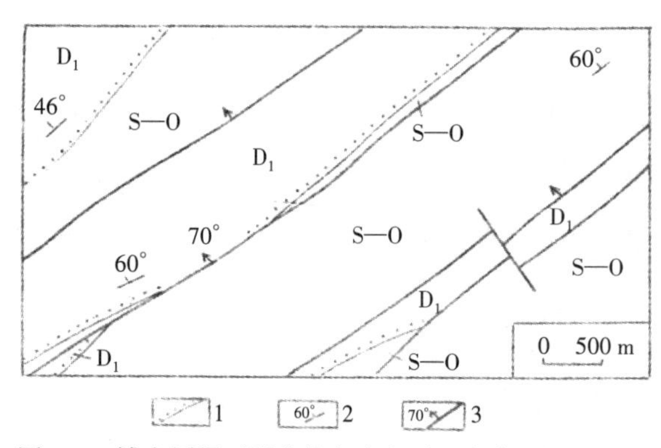

图2　博白周洞下泥盆统与志留系—奥陶系协调接触

1. 微角度不整合界线；2. 岩层产状；3. 断层产状；S—O. 志留系—奥陶系绢云千枚岩、变质粉砂岩、千枚状泥质粉砂岩夹板岩、大理岩、石灰岩；D_1. 下泥盆统千枚状泥质粉砂岩、砂岩夹含锰灰岩，底部含砾砂岩

是海西期—印支期，而且海西期—印支期的褶皱和变质作用比加里东期者更为突出；郁南运动、北流运动发生地的区域变质表现都很微弱，在加里东期岩浆活动相对较强，但后期叠加变质作用不发育的北部地区，加里东期七星岩花岗岩体和永固二长花岗岩体及其围岩仅有轻度区域变质并无混合岩化，泥盆系不整合面以下的下古生界所发生的变质作用均不超过绿片岩相的程度（广东省地质矿产局，1984），等等。这些都说明，本区受加里东运动的影响比广东、广西的其他地区（钦州地区除外）弱，加里东期不是本区发生区域变质-混合岩化的主要时期。

（三）同位素年龄证据

区内的混合岩及与其有成因联系的岩石（如混合花岗岩、深熔后侵位的花岗岩和结晶分异、变质分异生成的伟晶岩等）的同位素年龄数据，大部分介于133～377 Ma之间，多属海西期至印支期。例如，在信宜混合岩田的范围内曾测得罗定千官塱埇一带的混合岩-混合花岗岩全岩钾-氩年龄为236、201 Ma，黑云母钾-氩年龄为215、215、201 Ma（莫柱孙，1982）；岑溪筋竹南边和南西边混合花岗岩的全岩钾-氩年龄在196～203 Ma之间（广东省区调队，1964）；郁南内翰附近的侵位花岗岩的黑云母钾-氩年龄为222、218 Ma，锆石铀-铅年龄为269 Ma，其外围的花岗伟晶岩的白云母钾-氩年龄为227.2 Ma（据广东省区调队和宜昌地质矿产研究所）；云浮河邦眼球状混合花岗岩的锆石铀-铅年龄为244 Ma（广东省地质矿产局，1984）；该混合岩田西南段广西境内的混合岩和混合花岗岩的黑云母钾-氩年龄值都在269～133 Ma之间（广西壮族自治区地质矿产局，1985），如北流隆盛附近的混合岩之黑云母钾-氩年龄就是233 Ma。在石涧圩混合岩带内，广泛分布着海西期—印支期的混合花岗岩、花岗岩和伟晶岩，如广宁衡山至村心一带的混合二长花岗岩、花岗闪长岩和花岗岩，铷-锶年龄为277、231、216、197 Ma（据广东省719地质大队和广东省地质科学研究所资料），外接触带花岗伟晶岩的铷–锶年龄和白云母钾–氩年龄分别为236、216 Ma和221.6、210.8 Ma（据广东省719地质大队，由地矿部地质力学研究所测定），都是在海西期—印支期（主要是印支期）形成的。

根据南京大学的研究资料，本区混合岩和混合花岗岩中普遍含有两种锆石，即变质新生的晶状锆石和原来沉积的碎屑锆石。往往因为岩石中保留的沉积锆石所占比例较大，而采用综合锆石测定法测定的年龄不能完全反映变质年龄。例如，阳春大王山一带的混合岩，含碎屑锆石的比例高达80%，所以混合锆石的铀–铅年龄377 Ma比变质新生的长石的铷–锶年龄（代表变质年龄）206 Ma偏老很多。再如，那蓬混合花岗岩的混合锆石年龄在357～362 Ma之间，大绀山混合岩带的混合花岗岩年龄为392 Ma（广东省地质矿产局，1984），陆川良田东南边的混合岩年龄为367 Ma，三堡混合岩带的眼球状混合岩年龄达400 Ma（广西壮族自治区地质矿产局，1985）等，年龄值偏老的原因，可能是由于所测岩石残存有较多沉积锆石。

区内有一些混合花岗岩体，其钾–氩年龄属印支期（部分受后期地质作用影响较甚者可至燕山期），铀–铅年龄却为加里东期。例如广西区调队等单位测定桂东南的混合花岗岩的锆石铀–铅年龄在411～490 Ma之间，而黑云母的钾–氩年龄均在133～269 Ma之间；化州—遂溪之间的混合花岗岩铀–铅年龄为490、393 Ma，钾–氩年龄却为303、214、203 Ma（广东省地质矿产局，1984）。这个年龄差表明，某些混合花岗岩原来可能是加里东期的侵位花岗岩（锆石铀–铅年龄代表其成岩年龄），到了海西期—印支期才遭受强烈的区域变质和混合岩化（钾–氩年龄代表其变质年龄）。

（四）上古生界已经变质–混合岩化

本区不仅下古生界普遍遭受区域变质–混合岩化，而且波及上古生界的泥盆系和石炭系。例如，罗定罗镜、浦东一带的下—中泥盆统和阳春三甲附近的泥盆系已变质为云母石英片岩和千枚岩，罗定榃滨附近的中泥盆统石灰岩已变成大理岩，博白周洞、岑溪新圩等地的泥盆系一部分已千枚岩化，郁南大王山附近的石炭系甚至可见混合岩化的现象（广东省地质矿产局，1984）。在云浮县城的西南侧，包括大降坪、大绀山、南盛、庙咀、茶洞、托洞一带数百平方千米范围出露的地层以砂泥质岩石为主，夹凝灰岩、碳质岩，厚逾千米，含有晚古生代多种孢粉组合，其下整合于含有中泥盆世晚期化石的石灰岩（东岗岭组灰岩）之上，其上又被含有标准化石的下石炭统孟工坳组灰岩整合覆盖，属于上泥盆统（广东省区调队，1964）。这套地层可能是台沟（即裂陷槽）相海底浊流-火山浊流沉积物，由于普遍遭受较强的区域变质，均已变为石英片岩、石英云母片岩、云母片岩、碳质云片岩和混合岩、混合花岗岩，可以划分为6个变质带（图3）。其中西南边混合花岗岩（石牛岩体）中锆石的铀-铅年龄为392 Ma（相当于原岩泥盆系的沉积年龄）、钾-氩年龄为182 Ma（岩石变质年龄），同时考虑到附近有较多燕山早期花岗岩小岩株侵入，会引起该混合花岗岩中的氩部分丢失，使其钾-氩年龄值偏新，其南侧茶洞一带有化石依据的下石炭统已变成片岩，而侵入该片岩中的眼球状花岗片麻岩（混合花岗岩），被未变质并含有混合岩砾石的上三叠统—下侏罗统砂砾岩沉积覆盖，因此可以确定，岩石遭受变质和混合岩化的主要时期为印支期。

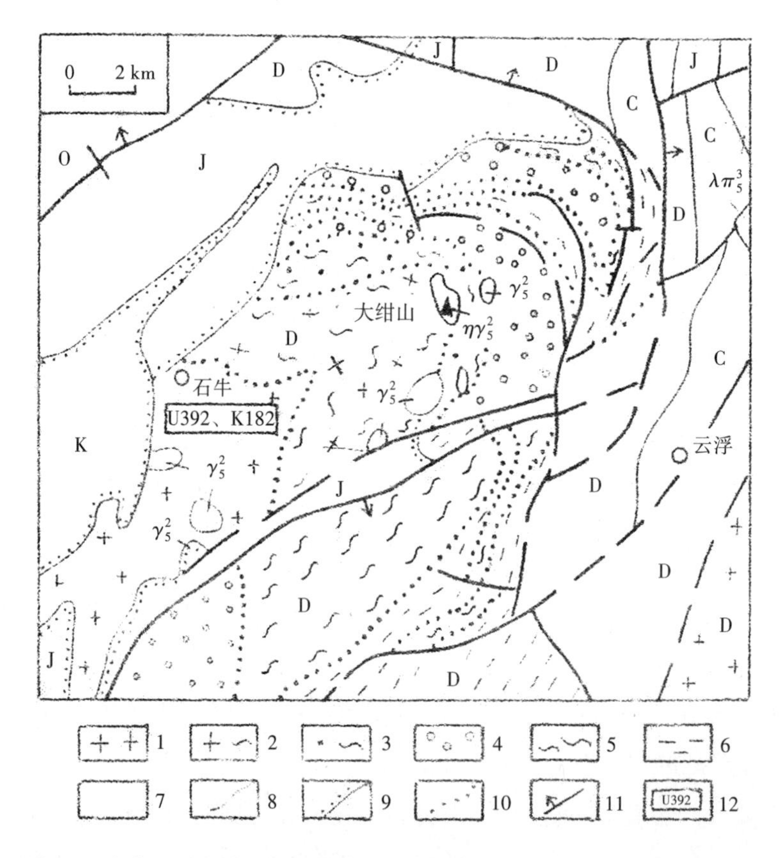

图3　广东云浮大绀山地区岩石变质分带图（据广东省区调队资料修编）

1. 印支期混合花岗岩带；2. 混合岩带；3. 混合岩化带；4. 石榴石-十字石带；5. 黑云母带；6. 绢云母-白云母带；7. 未变质至轻变质带；8. 地质界线；9. 地层不整合界线；10. 变质带分界线；11. 断层；12. 同位素年龄（U代表锆石铀由铅法，K代表全岩钾-氩法）；O. 奥陶系；D. 泥盆系；C. 石炭系；J. 侏罗系；K. 白垩系；$\eta\gamma_5^2$. 燕山早期二长花岗岩；γ_5^2. 燕山早期花岗岩；$\lambda\pi_5^3$. 燕山晚期石英斑岩

（五）与大容山-六万大山变质岩-花岗岩带对比

本区西侧的大容山—六万大山—十万大山一带，最引人注目的是早二叠世末期发生的钦州造山运动，使海西继承地槽一举褶皱成山，同时发生广泛的区域变质、局部的混合岩化和大量地壳深熔岩浆侵位，形成了上万平方千米的海西期—印支期花岗岩。根据宜昌地质矿产研究所、中南地勘局307队和广西区调队等单位在18个岩体（或岩段）所采的57个同位素年龄样品的测定结果，这些花岗岩从距今342 Ma开始形成，一直持续到距今186 Ma，其中80%的年龄值集中于205～274 Ma之间，即早二叠世末期至中三叠世末期的印支构造旋回内。宜昌地质矿产研究所用18个黑云母年龄值做钾-氩法等时线图，求得年龄值为238 Ma，与上述表面年龄的高峰值及所有年龄值的平均值（234 Ma）非常接近，也同台马岩体侵入下三叠统而被上三叠统不整合覆盖（广西区调队，1974）的地质证据吻合，是海西期—印支期（主要是印支期）形成的。这些岩体是变质交代成因的，其同化混染的特征非常清楚，常可见花岗岩与混合花岗岩-混合岩并存的现象。如在博白永安至浦北平睦一带，残留于六万大山（浦北）花岗岩体内的细粒混合花岗岩、阴影状-条痕状混合岩面积就达266 km^2；容县水口附近，相当于大容山花岗岩体的中部，有14 km^{2}混合岩和混合花岗岩（广西区调队，1966）；灵山新光岩体和防城石合岩体的边缘也分布有100 m至1500 m宽的混合岩（广西区调队，1974）。这种海西期—印支期（以印支期为主）的变质交代型花岗岩同混合岩-混合花岗岩并存的现象，与云开大山地区广泛存在的同类现象是基本相同的。不同之处仅在于，大容山—六万大山花岗岩-变质岩带的花岗岩化强烈，残余的混合岩较少，半原地—侵位花岗岩占优势并连成巨大岩基，其多数上侵于浅变质岩石中，围岩普遍角岩化；而云开大山变质岩-混合花岗岩带的花岗岩化较弱，广泛分布着混合岩化岩石和片岩、千枚岩，海西期—印支期半原地—原地混合花岗岩占的比例不大，同时期的侵位花岗岩呈不相连的岩株或小岩基散布，因为多数混合花岗岩与混合岩-片岩-千枚岩渐变过渡，所以角岩化不发育。上述特点表明：两个地区的区域变质-混合岩化和花岗岩化是以基本相同的方式同时形成的，它们都受海西期—印支期的构造运动支配；在海西期—印支期的构造运动作用下，这两个地区不仅发生了广泛的区域变质-混合岩化，而且导致地壳深熔，形成了大量侵位于不同高度的花岗岩。

（六）周围广大地区发生区域变质-混合岩化的主要时代是印支期

从区域上分析，本区的区域变质岩-混合花岗岩与中国滇东南、海南岛以及越南北部的区域变质岩-混合花岗岩，都位于红河深大断裂带（板块俯冲缝合线）的东北侧（上盘）。这些地区发生区域变质-混合岩化作用的主要时期都是海西期—印支期，以印支期表现最强烈。

（1）海南岛：中部和南部广大地区广泛分布古生代变质岩层和混合岩-混合花岗岩，仅琼中和儋州两大片半原地混合花岗岩面积就达8000 km²（广东省区调队，1964）。这些变质交代型花岗岩具片麻状构造，同化混染现象到处可见，其外接触带常与混合岩、片岩、千枚岩过渡，岩体内部有许多浅变质岩的残留体和各种深色包体(其具有与围岩一致的片理)，有大量石榴石等变质矿物，碎屑状的沉积锆石和完好晶形的新生锆石同时存在。这些特征与云开大山地区和大容山—六万大山地区混合花岗岩、混合岩、区域变质岩三位一体的特征相似，与花岗岩化强烈的大容山—六万大山岩带的特征基本相同。据广东省区调队和海南地质大队研究，海南岛混合花岗岩的片麻理与周围浅变质岩的片理近乎一致，在昌江军营等地的区域变质岩中找到了早石炭世腕足类及其他晚古生代化石，在定安礼文附近见下三叠统磨拉石建造不整合覆盖于奥陶系南碧沟组片岩和条纹状混合岩之上（广东省地质矿产局，1984）。经测定，琼中混合花岗岩体不同地段的全岩铷-锶年龄为（271.7±7.7）Ma（汪啸风，1991），锆石铀-铅年龄分别为（282.1±11.6）Ma（汪啸风，1991）和（226.5±2.9）～（234.2±2.3）Ma（李孙雄等，2004）；儋州混合花岗岩体不同地段中的锆石铀-铅年龄在245～248 Ma和212～225 Ma之间（海南省数字地质图修编说明书，1998），黑云母铷-锶年龄在218～237 Ma（海南省数字地质图修编说明书，1998）和191～215 Ma之间（中国有色金属工业总公司矿产地质研究院，1978），表明海南岛的区域变质-混合岩化作用是从海西期（二叠纪）开始，一直延续到印支期，大量混合花岗岩则主要形成于印支期。这与云开大山地区和大容山—六万大山地区发生区域变质-混合岩化的时间基本相同。

（2）中国滇东南和越南北部地区：从红河断裂带至其北东边50～160 km²宽的范围内，沿着断裂带及越北古岛周围发育一套区域变质-动力变质岩，由混合岩、变粒岩、斜长角闪岩、片岩、大理岩等组成，是包括中元古界（越南安沛混合岩中的角闪石钾-氩年龄在2.07～2.30 Ga之间）至中三叠统在内的经历了多次区域变质和动力变质作用的变质岩。

红河主断裂带北侧10 km范围内的瑶山群，包括屏边戛拉西附近的下中三叠统在内的砂页岩、石灰岩、火山岩，已变质成眼球状、条痕状、条纹状和条带状夕线黑云片麻岩、混合岩化夕线黑云片岩、石榴黑云斜长变粒岩、黑云斜长角闪岩和大理岩等

（其中，下三叠统变质很深，可见黑云斜长片麻岩、夕线斜长黑云片岩及大理岩，局部已混合岩化，中三叠统已变质为大理岩和黑云母片岩），并且断续分布有印支期片麻状黑云母花岗岩，有许多密集的伟晶岩带（云南省第二区调队，1972）。根据元江龙洞上三叠统一碗水组砾岩中含有混合岩、片麻岩砾石（云南省第二区调队资料），可以断定该区的深变质作用是在中三叠世末期印支运动期间发生的。这里受印支板块俯冲的直接作用而形成的印支期变质岩、混合岩、花岗岩、伟晶岩四位一体的特点，与云开大山地区的陆川-罗定-广宁断裂变质带上的区域变质、动力变质双重变质作用形成的变质岩、混合岩、花岗岩、伟晶岩四位一体的特征非常相似，前者靠近板块俯冲带出现较多高温低压变质矿物夕线石，后者变质作用持续时间较长——从海西期到印支期。

距离红河主断裂带100 km的马关县都龙变质区，面积超过500 km^2，区内出露的寒武系、中泥盆统、上二叠统、中三叠统都已不同程度地变质，岩性有花岗质片麻岩（半原地混合花岗岩）、眼球状条痕状混合岩和片岩、千枚岩等，可以划分为含石榴石的深变质岩（在内部）和不含石榴石的浅变质岩。其特征与云开大山腹地的区域变质岩-混合岩十分相似。该区的中三叠统法郎组已经变质，侵入于变质区内的燕山早期都龙（老君山）二云母花岗岩体（年龄186.2 Ma）未变质，并且其接触变质带生成的透辉石大晶体包含有区域变质生成的透闪石片岩和斜长浅粒岩，透辉石晶体的长轴方向与透闪石片岩-斜长变粒岩的长轴方向呈大角度相交，这些特征说明区域变质早于花岗岩的热接触变质（云南省第二区调队，1976），区域变质的时代介于中三叠世晚期至早侏罗世之间，属印支期。

距离红河主断裂带140 km的麻栗坡县八布变质区，面积约130 km^2，受到区域变质的岩石有中三叠统法郎组泥岩、泥质粉砂岩、砂岩和夹于其中的基性火山岩系（玄武岩夹硅质岩），前三者已变质成板岩和千枚岩，后者多已变质成纤闪片岩、钭长角闪片岩、斜长角闪片麻岩、斜长角闪岩和蛇纹石片岩等。该变质区距离变质热源较远，下部属绿片岩相，上部的基性喷发岩容易受变质作用而达到角闪岩相。

这些地区同处在印支板块运动时期的扬子被动大陆边缘，印支期的褶皱、断裂和岩浆活动强烈，其中波及上古生界乃至中三叠统的区域变质和混合岩化，显然是海西期—印支期特别是印支期造山运动的产物。可见，海西期—印支期区域变质-混合岩化作用，不仅在云开大山地区发育，也广泛分布于海西—印支运动表现强烈的其他地区，而且各地区的发育情况及其特征基本可以对比。

二、云开大山地区区域变质-混合岩化的形成机制

综上所述，云开大山地区自从加里东期广西造山运动初步发生轻度区域变质和岩浆活动以来，还经历了海西期—印支期的区域变质-混合岩化、动力变质作用和岩浆活动，以及燕山期的再次变质作用和岩浆活动。其中，海西期—印支期的钦州造山运动和印支造山运动对本区的影响最大，不仅使海西构造层和加里东构造层一起褶皱，还使本区从早二叠世晚期开始直至中三叠世末期不断隆升。在当时不断隆升的过程中，本区地壳不断褶皱加厚，导致其与旁侧地区（如北西侧右江再生地槽区）地壳厚度、地壳表面和地幔顶面形态存在差异（图4），因而大大加速了地热的循环——地幔高温热流从地壳较薄的幔隆区流出进入隆起区，地壳较低温的热流从与隆起区对应的幔坳区流入地幔。在海西期—印支期造山运动营力的驱动下，地热不断循环以及地热在隆起区腹地不断积累的结果，便产生了广泛而强烈的区域变质作用，并且导致隆起区腹地局部熔融形成岩浆房。岩浆房是个高热熔浆体，它不仅使其周围岩石发生混合岩化，而且进一步强化了较广范围的区域变质。在本区，有围绕着深熔岩浆房形成半原地—原地混合花岗岩至混合岩、片岩、千枚岩的连续变质成岩系列，同时又有来自深熔岩浆房的侵位花岗岩穿插各类变质岩石乃至未变质岩石的穿插变质成岩系列。两个系列都主要是海西期—印支期构造运动的产物。

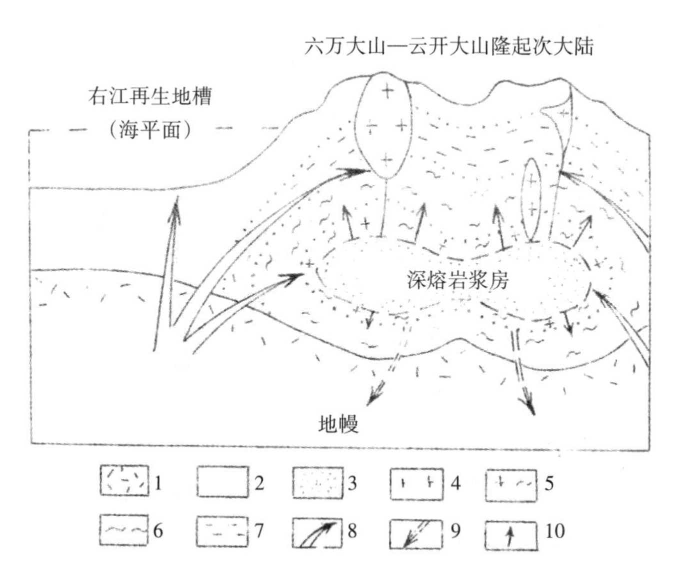

图4　云开大山地区区域变质岩-混合岩-混合花岗岩的成岩模式

1. 地幔；2. 褶皱的大陆地壳；3. 深熔岩浆房；4. 侵位花岗岩；5. 混合花岗岩带；6. 混合岩带；7. 区域变质岩带；8. 地幔高温热流；9. 地壳低温热流；10. 深熔岩浆热流

这就是笔者对于云开大山地区的区域变质-混合岩化-花岗岩化时代及其形成机制的基本认识。

本文是笔者代表广西地质矿产局参加国家“六五”重点科研项目“南岭地区有色、稀有金属矿床的控矿条件、成矿机理、分布规律及成矿预测研究”期间，承蒙中国地质科学院院长、南岭项目矿床专题综合组组长陈毓川同志指导于1985年编成初稿、1986年进一步加工整理写成的。文中引用了广东、广西、云南等省（区）地质矿产局的许多区域地质调查和科研成果资料。在此，一并致以衷心的感谢！

参考文献

[1] 姚文光，1933. 广西东南边境地质矿产 [Z]. 内部资料.

[2] 蒋溶，徐瑞麟，1934. 广东罗定、郁南、云浮、阳春、阳江等五县地质矿产 [Z]. 内部资料.

[3] 莫柱孙，1964. 云开大山变质杂岩的时代和成因 [C] //中国地质学会. 中国地质学会第一届矿物、岩石、地球化学专业学术会议论文选集：岩石部分 [M].

[4] 广东省区调队，1964a. 罗定幅区测报告书 [Z]. 内部资料.

[5] 广东省区调队，1964b. 海南岛区1∶20万地质图说明书 [Z]. 内部资料.

[6] 广西区调队，1966. 容县幅区测报告书 [Z]. 内部资料.

[7] 广西区调队，1974. 小董幅和钦州幅区测报告书 [Z]. 内部资料.

[8] 广西区调队，1976. 广西壮族自治区1∶50万地质图说明书 [Z]. 内部资料.

[9] 云南省第二区调队，1972. 金平幅和河口幅区测报告书 [Z]. 内部资料.

[10] 云南省第二区调队，1976. 马关幅区测报告书 [Z]. 内部资料.

[11] 云南省第二区调队，1976. 墨江幅区测报告书 [Z]. 内部资料.

[12] 尹赞勋，等，1978. 论褶皱幕 [M]. 北京：科学出版社.

[13] 广东省地质矿产局，1984. 广东省区域地质志 [M]. 北京：地质出版社.

[14] 广西壮族自治区地质矿产局，1985. 广西壮族自治区区域地质志 [M]. 北京：地质出版社.

[15] 汪啸风，1991. 海南岛地质（二）岩浆岩 [M]. 北京：地质出版社.

[16] 海南省地质矿产勘查开发局，1998. 海南省数字地质图修编说明书 [Z]. 内部资料.

【注】本文于1986年编写，2005年修编留存，未发表。

宝坛锡矿田的矿化蚀变分带及其意义

宝坛锡矿田位于华南古陆西南端的宝坛穹窿之内。穹窿轴部由中元古界四堡群变质砂岩、四堡期变质超基性—中性岩浆岩组成一系列近东西向复式倒转褶皱，翼部不整合覆盖着一套向外缓倾斜的新元古界板溪群变质砂泥岩，是一个封闭性较好的储矿构造。其间分布着许多锡、钨、铜、铅、锌、镍、锑矿点，并已探明了一批大、中、小型锡矿床。沿穹窿轴部侵入的雪峰期花岗岩是本区锡矿床的成矿母岩，无论是锡矿化还是与之同时产生的热液蚀变，均围绕花岗岩体及与其有关的热液活动中心，呈现出有规律的分带现象。

一、成矿母岩体周围的矿化-蚀变分带

本区的锡-多金属矿化及先后形成的不同组合的热液蚀变，在水平和垂直方向上均围绕雪峰期花岗岩体从内接触带向外呈现出有序排列。以矿田中部的平英区段为例，从平英花岗岩体向外，可以划分为如下3个矿化-蚀变带（图1）。

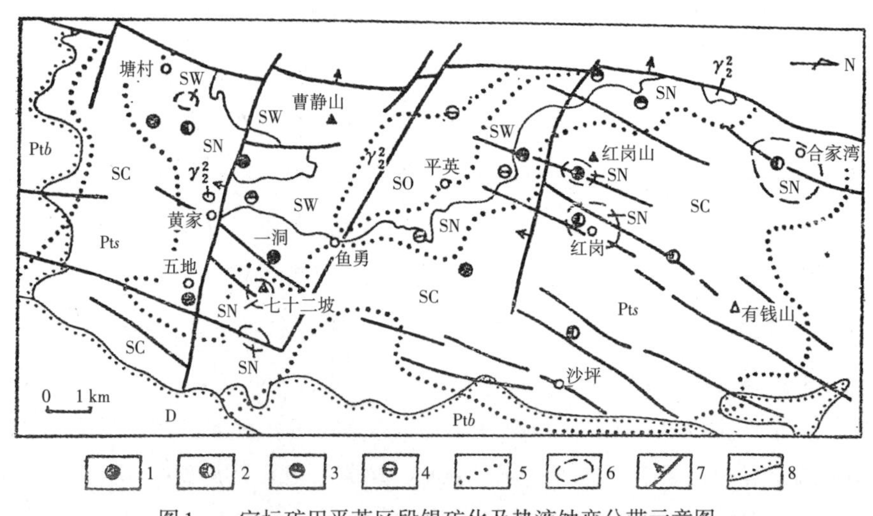

图1 宝坛矿田平英区段锡矿化及热液蚀变分带示意图

1. 锡矿床及矿点；2. 锡-多金属矿床及矿点；3. 锡-钨矿点；4. 砷-铋-锂矿点；5. 蚀变带界线；6. 蚀变岛边界线；7. 断层；8. 地层不整合界线；SW. 锡（钨）矿化-云英岩化电气石化带；SN. 锡矿化-电气石化硅化带；SC. 锡多金属矿化-绿泥石化硅化带；SO. 无矿化与蚀变的花岗岩；γ_2^2. 雪峰期花岗岩；Pts. 中元古界四堡群及四堡期岩浆岩；Ptb. 新元古界板溪群；D. 上古生界泥盆系

（一）内接触带锡（钨）矿化-云英岩化电气石化带（简称SW带）

SW带分布于花岗岩体内接触带0～2 km的范围内，大致与岩体的边缘相带（和一部分过渡相带）相当。带内有锡（钨）-云英岩型矿床（编号为Ⅱ1型，下同），可见锡石黑钨矿-云英岩脉、锡石-绢云母（石英脉）、锡石-电气石云英岩脉、毒砂黑钨矿-云英岩脉和含锂云英岩脉等，同时发育云英岩化、电气石化、钠长石化、硅化、萤石化、黄玉化等热液蚀变。

本带的矿化和热液蚀变由花岗岩浆热液两次脉动形成。第一次是整个花岗岩体广泛发育的钠质热液自交代作用，即钠长石化。钠化花岗岩的钠长石含量一般为18%～26%，从岩体内部向边缘逐渐增加，岩体凸起部分的边缘相最高可达38%。据中国地质科学院矿床地质研究所毛景文、黄进等人做的电子探针分析资料，这些钠长石普遍含锡较高，表明引起花岗岩广泛钠化的热液是含锡的。第二次热液脉动主要发生在花岗岩体隆起部位的内接触带。本次热液富含氟、硼、锡、钨等元素，除形成面型和线型云英岩化、电气石云英岩化、硅化之外，还常沿断裂充填交代，形成具有锡、钨、锂、铋、砷等矿化的云英岩脉、电气石云英岩脉。矿脉中的锡石富含铁、钨，呈棕黑色，部分具磁性，形成温度为249 ℃左右，是岩浆期后高—中温热液作用的产物。电气石多呈带浅蓝色调的黄色，含锡在200 μg/g以下，与岩体边缘广泛分布的电英岩瘤中的电气石特征相似，反映出含锡、钨的云英岩化与岩浆晚期交代形成的电英岩瘤存在着一定的地球化学联系。

（二）近外接触带锡矿化-电气石化硅化带（简称SN带）

SN带平面上分布于花岗岩体边界线以外0～2.5 km的范围，垂直方向距离花岗岩在1 km以内。本带属于锡石-电气石石英型矿床（Ⅱ2型矿床）分布区，如一垌、五地矿床的锡石-电气石石英脉、锡石-石英脉和锡石-电气石石英硫化物脉，塘村、刚结、合家湾等地的锡石-电气石石英脉，均产在这一带内。该带的电气石化、硅化普遍发育较强，有时还见云英岩化、钾长石化、钠长石化和黑云母化。

本带的矿化和热液蚀变由紧接锡（钨）矿化-云英岩化之后的两次热液脉动形成。第一次热液脉动形成Ⅱ2型矿床的主体——锡石-电气石石英脉，同时发生强烈的电气石化、硅化。其中的锡石呈棕褐色，形成温度为242 ℃左右；电气石呈蓝至绿黑色，含锡量一般在500 μg/g以上。常见这种含锡石的深色电气石石英脉穿插浅色电气石石英脉，或者锡石-云英岩脉形成之后裂隙再度张开而充填锡石-电气石石英脉。第二次是残余的含锡硅质热液脉动，形成少量锡石–石英脉，穿插于锡石–电气石石英脉中，其活动较弱，所形成的锡石–石英脉只作为Ⅱ2型矿床的次要矿石类型局部出现，一般不单独构成矿体。

本带集中了矿田内的大多数锡矿床和矿点，是主要的研究对象。

（三）远外接触带锡多金属矿化–绿泥石化硅化带（简称SC带）

SC带位于SN带之外，平面上距离花岗岩体0.5～7 km不等，为锡多金属–绿泥石硫化物型矿床（Ⅱ3型矿床）的主要分布区。带内可见锡石–石英绿泥石脉、锡石多金属–硫化物脉、锡石–黄铁矿脉、含镍铜锡的硫砷化物–石英脉，绿泥石化、硅化和黄铁矿化发育，有时尚见碱性长石化、绢云母化和碳酸盐化。

据矿化和热液蚀变的穿插关系判断，本带先后经历了四次热液脉动。第一次是富钾热液沿断裂充填、交代，生成一些钾长石石英脉和比较微弱的钾长石化、白云母化、黑云母化，五地、红岗、龙有等地均见这些钾长石石英脉穿插锡石–电气石石英脉；第二次热液脉动形成锡石–绿泥石脉，使近脉围岩发生绿泥石化、硅化；第三次热液脉动形成锡石–石英硫化物脉，并导致近脉围岩硅化、绿泥石化和黄铁矿化；第四次热液脉动形成少量的石英脉和方解石脉。第二、第三次热液脉动生成的锡石，呈棕黄至无色，平均形成温度为237 ℃左右；第四次热液脉动无明显锡矿化，但方解石含锡仍在192～263 μg/g之间。

沙坪、红岗等矿床都产在本带。这些矿床锡含量较富，并且往往伴生有铜、铅、锌、砷、铋、银、铟、镉、镓等，部分达到工业要求。

上述三个矿化–蚀变带都是在雪峰期花岗岩浆热液活动期间形成的。整个热液活动可分为两大阶段八次主要脉动，SW带的两次脉动和SN带的两次脉动属第一阶段，SC带的四次脉动属第二阶段。两大阶段均由碱质脉动开始，接着是成矿物质的大量晶出。其中，第一阶段以钠质交代开始，接着是比较纯粹的岩浆热液活动，在花岗岩体的内接触带和近外接触带形成以锡为主，含少量钨，硼、氟挥发组分高，矿物组合较简单的锡（钨）–云英岩型矿床和锡石–电气石石英型矿床；第二阶段以钾质充填和交代开始，接着是岩浆热液与地下水混合热液活动，在花岗岩体外接触带形成以锡为主，同时有铜、铅、锌、砷、铟等有色金属元素、稀有分散元素、稀土元素共（伴）生，矿物组合复杂的锡多金属–绿泥石硫化物型矿床。这两大阶段八次脉动的范围由花岗岩体内接触带逐渐向外扩大，成矿温度渐次降低，所形成的SW、SN、SC三个矿化-蚀变带，每两个带之间都有重叠的部分（图2）。例如，陶家附近花岗岩体内的SW带，于岩体边缘一侧常常叠加SN带的锡石-电气石石英脉；位于SN带的一洞矿床和五地矿床，属锡石-电气石石英型，伴随的热液蚀变主要是电气石化、硅化，但控制各脉带的主干断层，基本上都叠加了SC带的锡石-多金属硫化物矿化及与其有关的绿泥石化、硅化、黄铁矿化，如九滩沟口的481号矿脉带，在锡石-电气石石英脉形成之后，因有富含锡石的绿泥石-硫化物脉再次充填叠加，所以形成了含锡量高达10%～40%的富矿透镜体。

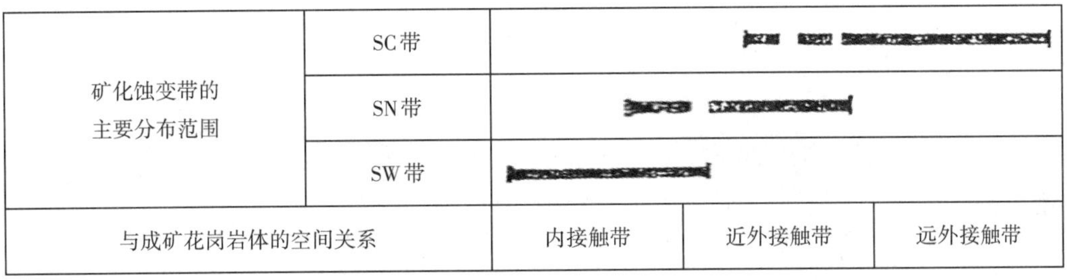

矿化蚀变带的主要分布范围	SC带			
	SN带			
	SW带			
与成矿花岗岩体的空间关系		内接触带	近外接触带	远外接触带

图2　宝坛矿田锡矿化-热液蚀变分布与重叠范围示意图

二、含矿断裂两侧的矿化-蚀变分带

这种分带是以含矿断层为中心，向两旁有规律地出现不同成矿阶段、不同组合的矿化蚀变。如一洞矿床431号矿脉带的北段，从水平方向看，先后多次发生的热液脉动，由断裂两旁的围岩向F40主干断层逐次退缩，分别形成了锡石矿化和电气石化、硅化，钾长石化、黑云母化，锡石矿化和绿泥石化，锡石-多金属硫化物矿化和硅化，碳酸盐化等五个矿化-蚀变带（图3）。在垂直方向上，较先形成的电气石化-锡石矿化，主要分布在850 m标高以下；较后形成的绿泥石化-锡石矿化和锡石-硫化物矿化，沿着F40断裂带，既可以产在850 m标高以下，也可以（而且是主要）产于850 m标高以上，具有后者叠加前者并且向上扩展的特点。

三、岩体顶面形态和围岩岩性对矿化-蚀变带的控制

制约本区锡矿化和热液蚀变的因素很多，其中最主要的是成矿花岗岩体的顶面形态。勘查工程已证实，本区雪峰期花岗岩体顶面的平均倾角较缓，并呈波状起伏，存在许多北北东向和北西西向彼此交叉相间的凸起带和下凹带。根据广西地质矿产局第

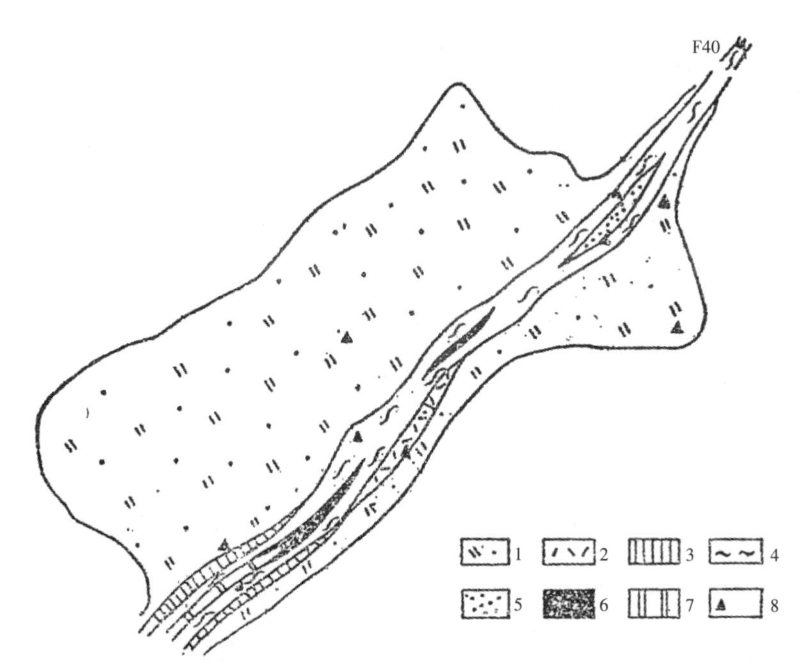

图3　一洞矿床431脉带北段矿化-蚀变分带示意图（据彭大良和冼柏琪，1985）

1. 电气石化硅化-锡石矿化；2. 钾长石化；3. 黑云母化；4. 绿泥石化-锡石矿化；
5. 硅化；6. 锡石-硫化物矿化；7. 碳酸盐化；8. 标本位置

七地质队的50多个钻孔资料所编绘的一洞矿床花岗岩体顶板等高线图（图4），在约2.5 km^{2}的范围内，有上一洞、陈家、黄家3条北西西向凸起带，以及下一洞-地质队、铁索桥-戴家2条下凹带，同时有上一洞-黄家北北东向凸起带及其两侧的2条下凹带。在北西向和北东向凸起带交叉的地段，岩体顶面最凸，如上一洞岩凸、陈家岩凸和黄家岩凸；与此对应，在两方向下凹带交叉处，岩体顶面最凹，如下一洞岩凹、铁索桥岩凹、戴家岩凹等。据钻探施工结果，打在岩凸上方的钻孔基本都见矿，而且外接触带的热液蚀变都较强，矿化-蚀变带的厚度可达几百米至上千米。如皇家岩凸中部的ZK4742钻孔见235 m边缘相带细粒花岗岩，都已遭受不同程度的云英岩化，局部见电气石化和萤石化；外接触带锡矿脉密集成群，电气石化、硅化强烈，紧靠接触面的2 m泥质砂岩已被交代成云英岩。在上一洞岩凸的外接触带，锡矿化-电气石化硅化带分布在距离花岗岩体0～700 m范围内，说明在花岗岩体凸起的上方，SN带的波及范围达到700 m左右，SC带的波及范围则大得多。但是，打在岩凹上方的钻孔多数无矿，内、外接触带的热液蚀变普遍较弱。如下一洞-地质队下凹带的ZK46518、

ZK46718等钻孔，内接触带的细粒黑云母花岗岩未发生与锡矿成矿作用有关的云英岩化和电气石化，外接触带的中基性岩和砂岩亦无矿化及蚀变。由此可见，成矿花岗岩体顶面的“凸”、“凹”形态，是控制矿化分段富集和热液蚀变带厚薄的重要原因。

围岩蚀变是含矿流体交代周围岩石的产物，因此不同的围岩，蚀变的强度、种类及其组合会有较大差异。例如，在花岗岩体近外接触带的锡矿化-电气石化硅化带内，

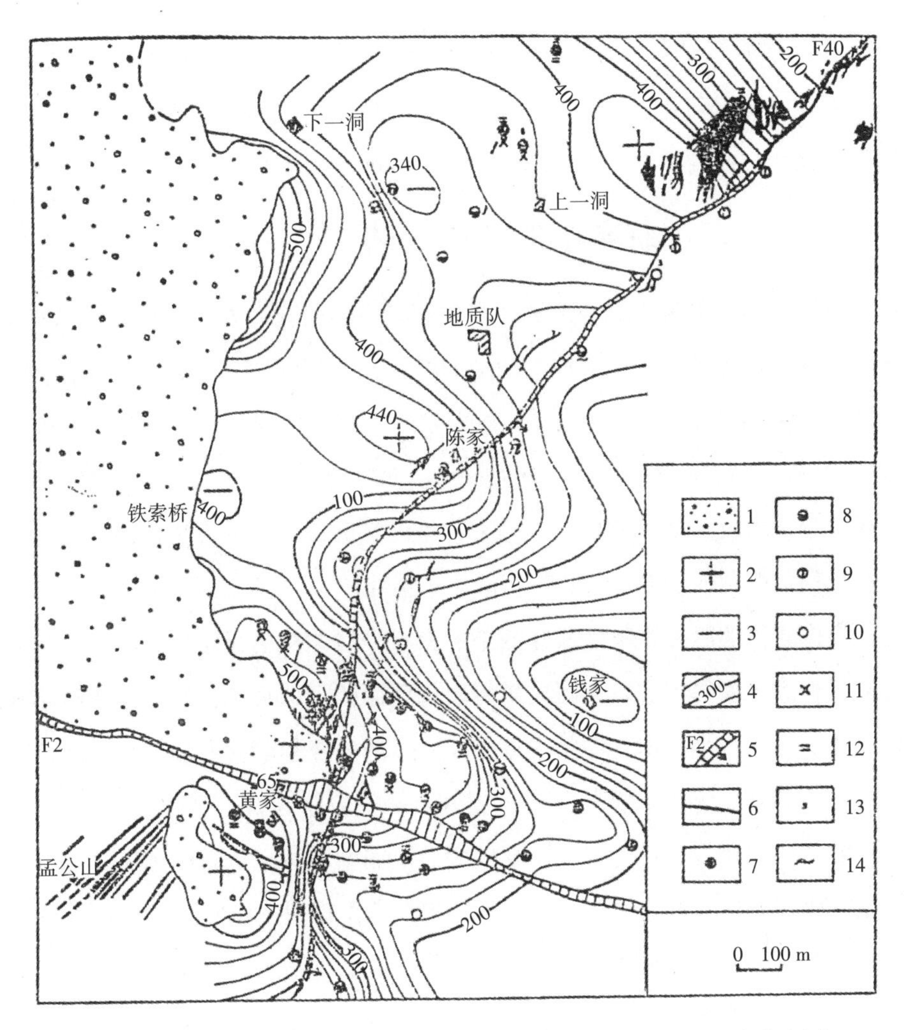

图4　一洞锡矿床花岗岩体顶板等高线及岩凸、岩凹、矿化蚀变分布图

（根据广西地质矿产局第七地质队钻探资料编制）

1. 已出露的花岗岩；2. 花岗岩体的顶面凸起（岩凸）；3. 花岗岩体的顶面凹陷（岩凹）；4. 岩体顶面等高线；5. 断层；6. 地表出露的矿体；7. 见矿钻孔；8. 无矿钻孔；9. 见矿（未打到花岗岩）的控制钻孔；10. 无矿（未打到花岗岩）的控制钻孔；11. 云英岩化（外接触带蚀变示于孔位上方，内带者示于下方，下同）；12. 电气石化；13. 硅化；14. 绿泥石化

主要有两类岩性：一是四堡群变质砂岩、粉砂岩和泥质粉砂岩；二是四堡期变质辉石岩、辉长辉绿岩、闪长岩、石英闪长岩和中基性熔凝灰岩。来自花岗岩浆富含锡、硼的硅质热液，遇到硅酸强过饱和的砂岩时，普遍发生较强的电气石化、硅化，颜色深灰，致密坚硬，并常伴有新生的绢（白）云母化（原岩有区域变质成因的微鳞片状绢云母化和微弱的钠长石化、绿泥石化等）。热液流经硅酸不饱和的超基性岩和硅酸弱饱和的中—基性岩时，形成的电气石化、硅化相对较弱，颜色灰黑，电气石结晶较粗，并且往往伴有黝帘石化和微弱的黄铁矿化。这些蚀变叠加在变质成因的透闪石化、阳起石化、绿帘石化、绿泥石化之上，形成既有含锡电气石化、硅化，又有区域变质加热液蚀变组成的类似“青磐岩化”的多种蚀变的组合。

四、研究矿化-蚀变分带的实际意义

综上所述，本区的锡矿化与热液蚀变分带是雪峰期花岗岩浆及其期后热液（包括岩浆热驱动的一部分地下热水溶液）活动的产物；各带都按一定顺序围绕着岩浆活动中心和含矿热液活动中心分布；矿化-蚀变带的宽窄、矿化与蚀变的强弱程度与成矿母岩体顶面的凸凹形态和围岩岩性有关；热液多次脉动所形成的矿化与蚀变的重叠，往往形成组分比较复杂的富矿段。反过来，可以借助这些分带规律预判成矿母岩体的产状形态，预测有利成矿的地段和探测矿化富集部位。

（1）根据岩体边缘相带和热液蚀变带的宽窄、岩体接触面倾角大小、热液蚀变种类和组合、蚀变强度等标志，判断成矿母岩体顶面的凸凹形态，选择岩体凸起地段部署找矿工作。例如，本矿田曹静山附近花岗岩体的边缘相带分布较广，厚度较大；从曹静山至七十二坡、五地和塘村一带，岩体接触面波状起伏，平均倾角13°左右；接触带内外的三个蚀变带发育完好，厚度较大，呈面型和线型分布的云英岩化、电气石化、硅化、绿泥石化等普遍较强，同时不同程度地出现锡（钨）-云英岩型、锡石-电气石石英型和锡多金属-绿泥石硫化物型矿床的矿化现象。依据这些标志，基本能够判定，花岗岩体在这些地段向上拱起，对于锡等有用组分聚集成矿非常有利，可以作为找矿工作的靶区。相反，在一洞锡矿床北邻的鱼勇一带，花岗岩体接触面倾角较陡，边缘相带较薄，内接触带无云英岩化和电气石化，外接触带亦未见明显的矿化和蚀变。这些标志表明，鱼勇一带属于岩体顶面下凹地段，对成矿不利，不需要部署找矿工作。

（2）**根据平面上呈孤岛状分布的面型矿化蚀变带，判断隐伏花岗岩凸起的位置及埋藏深度，分别在不同区间预测不同类型的锡矿床。**本区的孤岛状蚀变带有如下三种情况：一是在SN带内出现孤立的SW带；二是在SC带内出现孤立的SN带；三是在远离花岗岩体接触带几乎没有蚀变的范围内，出现SC带的绿泥石化、硅化、黄铁矿化面型蚀变组合。这三种情况都预示着：一是在其铅垂方向一定深度内有隐伏的花岗岩凸起；二是在凸起上方及其周围，可能分布着与蚀变带相对应的锡矿床类型，即在SW带内可能有Ⅱ1型、SN带内有Ⅱ2型、SC带内有Ⅱ3型矿床。如在红岗山矿区，除西南部（大陆壁一带）环绕平英花岗岩体依次形成SW、SN、SC三个矿化-蚀变带之外，在岩体接触带以外2 km的红岗附近又出现一块面积约0.3 km^{2}的孤岛状SN矿化-蚀变带（图1和图5）。为了叙述方便，笔者把这种呈孤岛状的蚀变带称为“蚀变岛”。对照一洞矿床的勘查结果，可以比较有把握地推断，被包围在SC带中的红岗SN带蚀变岛对应着深部隐伏花岗岩体的一个钟状凸起。参考上一洞岩凸上方SN矿化-蚀变带的铅垂厚度为700 m推算，红岗隐伏岩凸的顶面大约埋藏在红岗河床以下600 m左右。这个岩凸是红岗山周围方圆几平方千米的成矿热液活动中心，其中所聚集的大量成矿物质，对于在红岗河床（即该矿床的侵蚀基准面）以上，蚀变岛以外的范围形成锡多

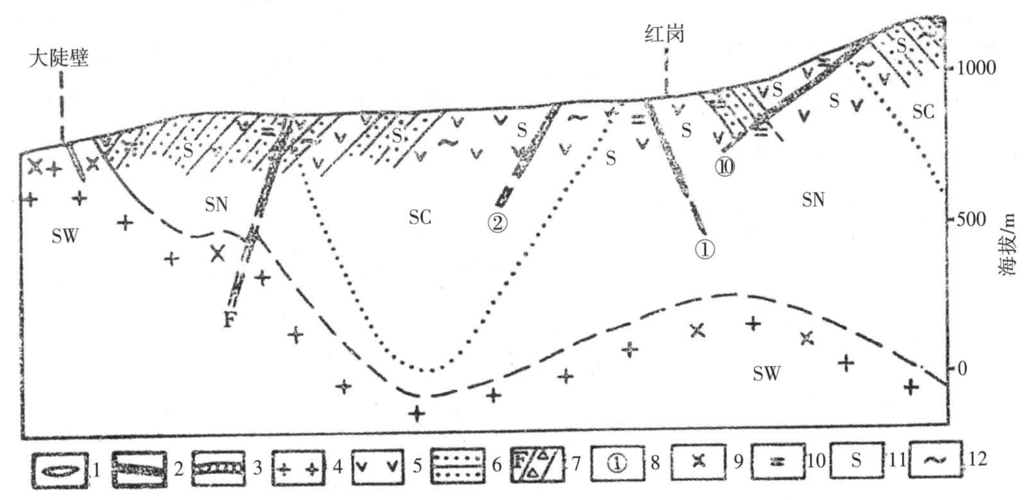

图5　红岗蚀变岛的锡矿化、热液蚀变及其与隐伏花岗岩凸关系示意图

1. 锡（钨）-云英岩型锡（钨）矿脉；2. 锡石-电气石石英（+锡多金属-绿泥石硫化物）型锡矿脉；3. 锡多金属-绿泥石硫化物型锡（铜）矿脉；4. 花岗岩；5. 中性—超基性岩；6. 砂岩；7. 断层；8. 矿脉编号；9～12同图4；SW、SN、SC同图1

金属–绿泥石硫化物型矿床起了重要作用。由此推断，红岗河床附近已经出露的以及位于河床以下至岩凸顶面之间六七百米范围内的锡石–电气石石英型矿床，也将具有比较可观的远景。同样，塘村凉水沟SW带蚀变岛和合家湾、七十二坡、九滩尾等处SN带蚀变岛（图1），都可能是隐伏花岗岩凸起的反映，前者可望寻找锡（钨）–云英岩型矿床，后三者是探寻锡石–电气石石英型矿床的有利地段。

（3）通过研究矿化和热液蚀变组合，划分成矿阶段，在多阶段热液叠加的地段寻找富矿体。如在上述红岗蚀变岛内，根据矿液充填交代的先后，至少可以划分为4个成矿热液活动小阶段：①富含锡、硼的硅质热液活动，形成比较强烈的电气石化、硅化和首次工业锡矿化；②富钾热液脉动，发生白云母化、绢云母化、黑云母化和钾长石化；③含锡硅质热液与含多种金属物质的地下热水脉动，产生绿泥石化、硅化和黄铁矿化，形成锡石和多种金属硫化物；④残余含矿热液脉动，形成绢云母化、碳酸盐化和微弱的电气石化，偶见锡矿化。该SN带蚀变岛以外的范围，由于首次热液脉动波及不到，仅有第二次工业锡矿化单独存在，富矿体较少。位于蚀变岛内的9、10号矿脉及1号矿脉北段，因有上述第一、第三阶段锡矿化叠加，所以形成了许多富矿透镜体。可以预见，蚀变岛内的其他矿脉，凡有第一、第三阶段热液叠加的脉段，都有可能找到富矿体。

此外，一些长期活动的导矿主断层，往往由于其沿走向和倾向出现弯曲、分叉复合，或者其破碎带宽窄频繁变化，因此亦具备较好的容矿条件。当含矿热液沿这种断层一再活动而产生扩张型或退缩型矿化–蚀变分带时，都有可能在主干断层内形成叠加的富矿体，而且这种矿体成分比较复杂，除主要的锡外，往往有铜、铟等多种金属元素可以综合利用，具有较大经济价值。

本区的锡矿化–热液蚀变分带特征还给出一个启示，即对“小岩体成大矿”的说法应有更为深刻的理解。据现有资料初步推断，本矿田所出露的十多处花岗岩在深部是互相连通的，整个岩体的面积可能有五六百平方千米，是一个规模较大的岩基；东北外围的元宝山花岗岩体，出露面积400 km^2，外接触带也产有大中型矿床。可见，大岩体也能成大矿。越来越多的勘查资料表明，许多成矿的“小岩体”往往正是深部大岩体的凸起部分或分支，只因剥蚀浅岩体才小；而岩体越大，岩凸或者岩枝越多者成矿的概率和找矿的机会也就越多。因此，寻找隐伏锡矿床时，只要存在含锡花岗岩（也要综合考虑褶皱、断裂、地层、岩石等其他条件），无论是小岩体还是大岩体，都要认真进行研究。通过研究这些岩体的控矿构造、岩相带和热液蚀变带，特别是孤岛状蚀变带所显示的成矿信息，掌握岩体顶面起伏变化的规律，预测、寻找那些埋藏在勘探深度之内的岩凸和岩枝，进而探出其上方及周围的矿床。

承蒙彭大良工程师对本文提出了宝贵意见，郑功博、郭玉儒工程师以及邓德贵同志给予帮助，特致以深切的谢意。

【注】本文由中国地质科学院矿产资源研究所、中国地质学会矿床专业委员会主办的学术期刊《矿床地质》，1986年（第5卷）第4期发表。

右江陆壳再生地槽的发展演化及岩浆活动成矿作用特征

右江陆壳再生地槽介于四条大断裂带——西南边的红河断裂、东南边灵山断裂、西北边师宗断裂和东北边丹池断裂带之间，包括广西壮族自治区西部、贵州省南部、云南省东部和越南共和国北部部分地区，大致呈菱形，面积共约 25×10^{-4} km^2（图1）。

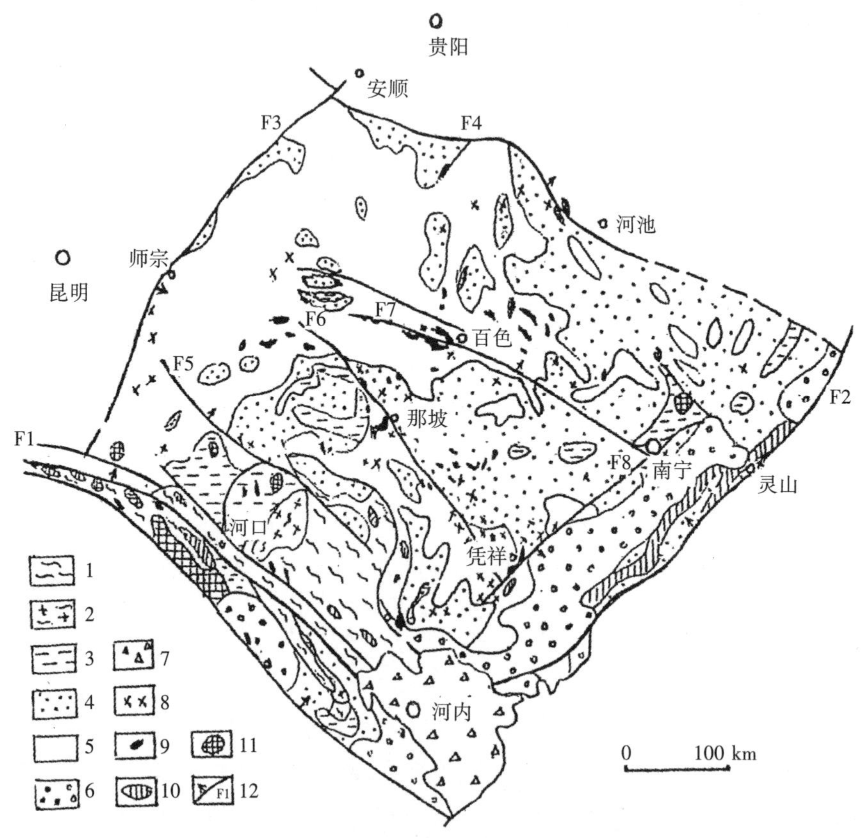

图1　右 江 再 生 地 槽 区 地 质 略 图

（根据亚洲地质图和广西、云南、贵州地质图综合编绘）

1. 裸露的晋宁旋回优地槽褶皱基底；2. 新元古代花岗岩；3. 裸露的加里东旋回冒地槽褶皱基底；4. 裸露的萌芽阶段沉积（D_1—P_2）；5. 残留的突发成熟阶段沉积层（T_1—T_2）；6. 中生代内陆盆地沉积盖层（T_3—K）；7. 新生代内陆盆地沉积盖层（E—Q）；8. 萌芽突发阶段火山岩的主要分布区；9. 回返阶段的基性—超基性侵入岩；10. 回返阶段的酸性侵入岩；11. 回返期后燕山期花岗岩；12. 主要断裂带及编号；F1—红河断裂带；F2. 师宗断裂带；F3. 灵山断裂带；F4. 丹池断裂带；F5. 盘龙江断裂带；F6. 那坡断裂带；F7. 右江断裂带；F8. 宁明断裂带

这个构造单元，既不是连续发展的地槽，也不是稳定的地台，所以对其大地构造性质的描述，先后有地槽、准地台、地洼、裂谷带等各种不同说法（中国科学院地质研究所，1958；黄汲清和姜春发，1962；国家地震局广州地震大队，1977；柳淮之等，1986）。1981年，孙忠基于广西区调队的大量1：20万区域地质调查资料著文，比较系统地总结了这一构造单元的地质构造特点，认为该区印支期具地槽型发展特征，并且划分为那坡优地槽褶皱带和百色冒地槽褶皱带（孙忠，1981）。1983年，李志才论述广西地槽活动带时，指出本区属于“中国西南部的特提斯中生代地槽成分”，是“上叠在广西地台之上的新的地槽”（李志才，1983）。笔者完全赞同这种认识，并借广西地质学会本年度学术年会这个学习交流的机会，进一步讨论这个地槽的发展演化过程及岩浆活动、成矿作用特征。

一、关于地槽的基底

右江中生代地槽的基底，是广西运动使早古生代及其以前的地层褶皱上升形成的华南大陆板块的一部分，是包括晋宁和加里东两大构造旋回产物的地质综合体。

晋宁构造旋回的产物，仅中国西南边云南河口至越南北部河江地区有出露，由一套混合岩、片麻岩、变粒岩夹斜长角闪岩、大理岩等组成，河江等地有片麻状花岗岩体。越南安沛混合岩中的角闪石，钾-氩年龄在2070～2300 Ma之间，属于古元古代的成分。北邻中国桂北地区和西邻中国滇中地区出露的中新元古代地层变质较浅，主要是片岩、变质砂岩、板岩、千枚岩和白云岩，夹有较多枕状构造基性火山岩和酸性火山熔岩、凝灰岩，也有较多年龄在799～1065 Ma之间的花岗闪长岩和花岗岩侵入体。这些特征表明，在新元古代该区是一个活动性较强的大洋盆地，相当于优地槽。距今1000～800 Ma年间发生晋宁运动，导致西南部和西北部褶皱上升，分别形成越北古岛、康滇古陆和江南古陆，中部和东部地势较低未褶皱隆起部分，则发展为弧后盆地。

自震旦纪开始，由于海洋冰川和大陆冰川融化，发生了由东向西的海侵，在师宗—安顺一线以东的弧后盆地区，形成了华南继承性地槽（属冒地槽），其西侧为扬子地台区。寒武纪—奥陶纪的沉积仍有继承性特点，但槽、台边界已东移140～300 km，到达了三都—百色—靖西一线。该区早古生代晚期地壳活动较强，滇东受中奥陶世末期宜昌运动影响，缺失上奥陶统及志留系，志留纪末的广西运动结束了过渡型地壳的发展历史，使全区褶皱上升为陆，与华南广大地区连成统一的大陆板块。

右江地槽就是在上述两大构造旋回形成的新元古代优地槽褶皱带和早古生代冒地槽褶皱带双重褶皱基底之上再生的。

二、晚古生代陆壳的变化及再生地槽的萌发

广西运动使本区褶皱上升，并经过剥蚀夷平之后，在早泥盆世早期，海水由东南边和西边与古特提斯洋连通的两个残余海域——钦州深海槽和昆明浅海湾同时向本区侵入，除越北古岛之外，在其余广大地区形成了一个开阔的陆表浅海，沉积了一套地台型碎屑岩，包括下部红色陆相碎屑岩和泥岩建造（产云南鱼）以及上部滨海—浅海相砂页岩建造（产腕足类），厚度845～2334 m。这是地槽萌芽以前大陆地壳比较稳定的一个发展时期［图2（a）］。

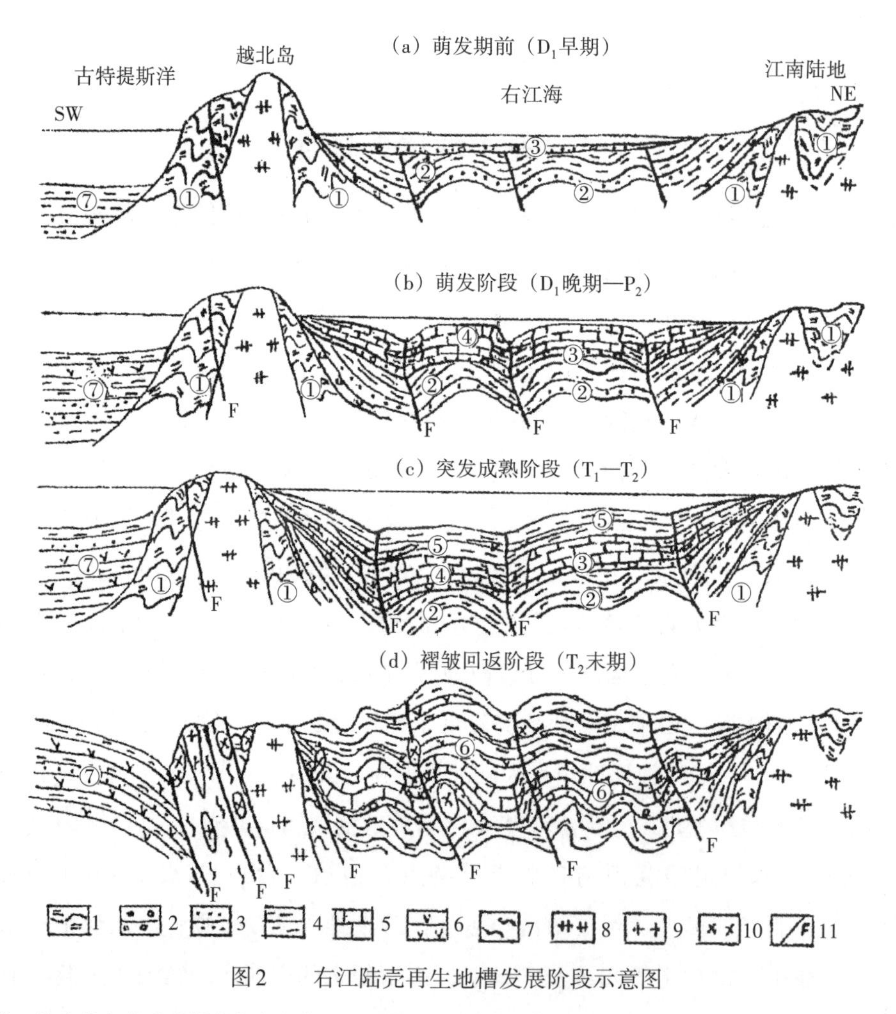

图2　右江陆壳再生地槽发展阶段示意图

1. 片岩、片麻岩和变质砂泥岩夹火山岩；2. 砾岩；3. 砂岩；4. 泥岩；5. 石灰岩；6. 火山岩；7. 压碎岩；8. 新元古代花岗岩；9. 中生代花岗岩；10. 中生代基性—超基性岩；11. 断层；①晋宁旋回优地槽褶皱带；②加里东旋回冒地槽褶皱带；③右江海D_1早期陆表浅海沉积物；④右江海D_1晚期—P_2浅海台地及裂陷槽沉积物；⑤右江海T_{1-2}半深海沉积物；⑥右江地槽褶皱带；⑦古特提斯洋深海沉积物

但是，从早泥盆世晚期开始，由于基底潜在的北西向和北东向断裂逐渐活动，因此在该区广阔平坦的海底上相继形成了许多深水—半深水海沟，即裂陷槽，例如凭祥-那坡、麻栗坡八布、蒙自沙坝、广南-丘北、靖西、西大明山南侧、百色、上林、武宣、丹池、紫云、普安等北西向裂陷槽，以及宁明-南宁、下雷-东平、武鸣灵马、德保-都安、罗甸、盘县、文山等北东向裂陷槽。这些裂陷槽在本区纵横交错，沉积了一套比较独特的沟槽沉积物。随着时间的推移，这些裂陷槽不断扩大，互相连通，最后发展成为地槽。所以，基底断裂活动导致许多裂陷槽的形成，实际上就是再生地槽的萌发［图2（b）］。本地槽萌发阶段时间较长，其主要表现如下。

（1）沉积台地解体，沉积岩相分异，形成了台地型和沟槽型两类不同特征的沉积岩相。前者约占海域的80%，从早泥盆世晚期至二叠纪，基本上都以碳酸盐岩建造为主，夹少量砂页岩，岩石颜色较浅，素有“白区”之称，富含腕足类、珊瑚等底栖生物化石，岩层最大厚度8952 m；后者呈宽窄不一的带状分布于前者之中，共约占海域面积的20%，从泥盆纪至二叠纪，各裂陷槽虽有深浅和宽窄变化，但位置基本不变，因而形成了一套多种建造叠置的深水盆地相沉积物，如硅质岩建造、类复理石砂泥岩夹泥灰岩建造、扁豆状灰岩燧石灰岩建造、火山熔岩火山碎屑岩建造等，南盘江、罗甸等裂陷槽内，尚见碳酸盐浊积岩、浊流钙屑岩和生物碎屑浊积岩（王炯章和周堃，1983），岩石颜色普遍较深，常有“黑区”之称，生物化石相对较少，以浮游生物菊石、竹节石、牙形石为主，或者这些浮游生物与珊瑚、腕足类、䗴类等底栖生物混生，岩层最大厚度达到9503 m。这些沟槽型沉积物代表了地槽萌芽阶段的沉积相。

（2）海底火山活动比较频繁。从中泥盆世到二叠纪，每个世期都有火山喷溢。其中，中泥盆世的火山岩，见于龙州科甲、版孟、武德一带，于东岗岭组灰岩中下部，有细碧角斑岩2层，共厚40～76 m（广西区调队，1974）。晚泥盆世火山岩活动范围较广，龙州科甲至那坡德隆一带于上泥盆统中下部有2层细碧岩、角斑岩和含火山角砾凝灰岩，厚度10～40 m（广西区调队，1974）；南丹益兰路口的上泥盆统顶部至下石炭统底部夹多层硅质凝灰岩和凝灰质泥岩、硅质岩，厚约15 m；1985年，广西有色金属地质研究所李俊生等在大厂长坡矿床范围内，又发现中泥盆统下部浊积砂岩夹中酸性火山岩多层（万兵，1986）；灵山石塘上泥盆统有中酸性火山岩；邕宁五象岭和平南木圭的榴江组也有火山岩线索（吴诒等，1984）。石炭纪的火山活动较弱，早期于靖西龙临—禄洞一带有二次喷发，细碧岩、熔岩、凝灰岩总厚度4～58 m，崇左驮卢附近有厚73 m的基性火山碎屑岩，晚期于隆林县有少量次火山相辉绿岩。二叠纪发生的钦州造山运动波及本区，使早二叠世晚期至晚二叠世早中期的火山活动进入一个新的高潮。在师宗断裂带以西，主要是晚二叠世早中期的陆相喷发，巨大的玄武岩流（称峨眉山玄武岩）覆盖面积达30×10^4 km^2，平均厚度700 m，最厚5386 m，火山喷发物的总体积超过20×10^4 km^3（沈发奎，1986）。师宗断裂带以东，直至灵山断裂带的范围内，喷发时间较早（早二叠世晚期已陆续有喷发活动），以海相喷发为主，形成的中基性熔岩、层凝灰岩、火山角砾岩等分布广，但比较零散。例如个旧裂陷槽的平远鲁姑母附近，夹于上、下二叠统间的玄武质熔岩厚达453 m；富宁、文山一带的下二叠统砂页岩、石灰岩中夹有杏仁状、角砾状玄武岩和凝灰岩，且在玄武岩的石灰岩夹层中产早二叠世茅口阶的标准化石，该处上二叠统底部亦夹厚13 m的致密状玄武岩、斑状玄武岩和玄武质凝灰岩；在南盘江裂陷槽内，晚二叠世沉积了一套以沉凝灰岩为主的浊流沉积物，其中所含的中基性斜长石晶屑占50%以上、玄武岩岩屑占10%、玻屑占10%、火山渣占2%～3%，火山物质来自当时的玄武岩喷发（范砚荣和郝永祥，1983）；凭祥那考村附近夹于下二叠统茅口阶石灰岩中的5层中基性熔岩总厚度超过200 m，宁明龙白屯至崇左布秾一带，上二叠统中部的基性熔岩和凝灰岩厚度在93～141 m之间，百色阳圩、那坡金带、乐业烟棚以及天峨、南丹等地，上二叠统底部也可见1～10层（单层厚度0.3～30 m）中酸性和基性火山岩（张忠伟，1978）。隆林、百色、田东、巴马、马山一带呈似层状分布于裂陷槽区下二叠统上部的辉绿岩，其下部常有次火山相辉绿岩，可能也属于这个时期的海相玄武质熔岩。

总之，地槽萌芽阶段的火山活动是频繁的，主要是基性和中性喷发，少数为酸性，主要分布于裂陷槽区，少数到台地边缘。从各时期火山岩分布广、层数多、厚度较大，下石炭统的火山碎屑岩含碳化硅，下二叠统的火山熔岩中有较多火山弹（广西区调队，1974）来看，喷发活动是相当强烈的，而这些基性火山岩普遍含钠较高，$w(Na_2O)/w(K_2O)$ 在0.9～13.1之间，在硅碱图解上（图3），多数落到碱性玄武岩区，与大陆裂谷带碱性玄武岩（K.C.康迪）的特征相似，马山永州一带的玻基辉橄岩中尚见深源二辉橄榄岩包体及橄榄石、顽火辉石、尖晶石捕虏晶（柳淮之等，1986），表明这些海相和陆相火山岩属于大陆内部的喷溢产物，火山物质可能来自上地幔，许多控制裂陷槽的断裂深度都很大。

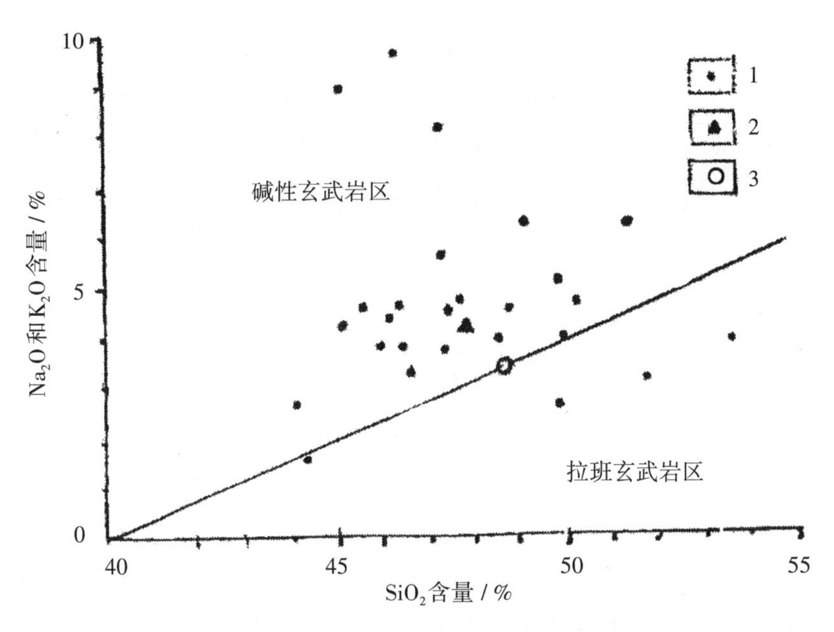

图3　　右江地槽区基性火山岩的硅碱图解

1. 本区的基性火山岩；2. 大陆裂谷碱性玄武岩（K.C.康迪）；3. 世界高原玄武岩（戴里）

三、早—中三叠世再生地槽突发的特征

从早三叠世开始，本区地壳活动已显著加强，北西走向的凭祥-那坡、右江-南盘江、丹池-紫云裂陷槽，以及其他北东走向的裂陷槽都迅速扩张。由于各条裂陷槽都快速加深加宽，因此突发成熟为地槽［图2（c）］。

早三叠世，各地沉降很不均衡，因此形成了相当复杂的沉积建造类型，计有泥质碳酸盐建造、类复理石建造、硅质岩建造、碧玉建造、细碧岩建造和火山碎屑岩建造等（孙忠，1981）。其中，大部分地区为深水海域，沉积了厚128～2391 m的灰黑色泥岩、粉砂质泥岩、灰色细晶灰岩、泥灰岩夹硅质泥岩、砾状灰岩、白云岩、硬砂岩、碧玉岩和基性—酸性火山岩；十万大山一带为薄层状灰岩、瘤状灰岩、页岩以及砾屑—砂屑灰岩组成的碳酸盐重力流沉积物（高振中和刘怀波，1982）。少数残余的碳酸盐台地虽然以浅色灰岩、鲕状灰岩、泥灰岩、白云质灰岩、白云岩为主，但也常夹基性至酸性的火山岩。

到中三叠世，海水继续加深，地槽发展渐趋成熟。各地几乎都以砂泥岩频繁互层的深水浊流沉积为主，多属复理石建造、硬砂岩建造和火山碎屑岩建造，岩性以浅灰色至深灰色砂岩、泥岩为主，夹泥晶灰岩和含锰灰岩，下部常夹酸性熔岩、凝灰岩，中上部夹基性熔岩、凝灰岩，顶部保留不全，保留的最大厚度达9190 m。在这套浊积岩内，鲍马序列发育，形式多样，浊积岩底层面上发育大量槽模、沟模、刷模等同生沉积构造，序粒层理、包卷层理、斜交砂纹层理、上叠爬升砂纹层理和泄水构造、砂枕构造、砂球构造都甚为常见（刘鸿飞，1983）。这些浊积岩，平均含石英56%、SiO_2 71.22%，$w(K_2O)/w(Na_2O)=0.71$，属中等石英含量的杂砂岩（刘鸿飞，1983），与克洛克（1974）所确定的地槽内部生长中的造山系杂砂岩的特点相似；碎屑物东部较粗，西部较细，底层面槽模指示的古流向为240°～280°（刘鸿飞，1983），表明浊流沉积物的主要来源是东南边的云开古陆，其次是越北古岛，属于陆源碎屑浊积岩。

突发阶段的海底火山活动非常强烈。其中早三叠世早期仍以基性喷发为主，那坡坡芽、田房、清华一带具有枕状构造的细碧岩、熔岩角砾岩和橙玄玻璃角砾岩，三个喷发旋回共厚197～753 m（孙忠，1981）；崇左江州布秾至柳桥一带，有两层分别厚1 m和7 m的玄武岩和石英辉绿岩（广西区调队，1974）；富宁县东部普遍见一层厚34～40 m的玄武岩和玄武质凝灰岩（云南省地质矿产局，1981）。早三叠世中晚期转以中酸性喷发为主，遍布于凭祥周围、龙州水口—八角、崇左附近、靖西魁圩、田东作登、平果新圩、贵县樟木和滇东南文山、蒙自等地，有1～14层酸性火山岩，单层厚度0.3～1066 m，其中凭祥—崇左—龙州—谅山一带，火山岩分布面积达数百平方千米，最大厚度2391 m。受中三叠世早期桂西运动（张文佑，1943；张继淹，1983）的影响，中三叠世的火山活动仍然较强，而且从东到西活动时间由早到晚，由较早期的酸性喷发渐变为较晚期的中基性和基性喷发。早期，在地槽区的东部酸性岩浆喷发活动范围较广，如百色阳圩、靖西魁圩、田东作登、那坡百合、天峨向阳、武鸣灵马等地，可见3次喷发旋回1～68层凝灰熔岩、凝灰岩和火山角砾岩，单层厚度0.15～12 m，崇左—凭祥一带的6层长石石英斑岩、酸性凝灰熔岩、熔岩角砾岩和凝灰岩累计厚度超过千米。向西至富宁县城东侧，2次中基性喷发分别形成厚度300 m、400 m的安山玄武质熔岩和火山碎屑岩；到麻栗坡八布北侧，中期2次喷发形成的玄武岩，总厚度接近1300 m；师宗断裂带开远县城和弥勒绿水塘附近，于个旧组上部也见厚度达400 m的玄武岩和玄武质层凝灰岩。那坡百合一带的中三叠统最顶部也仍有火山碎屑岩。

由此可见，本区在早—中三叠世期间，不仅深海水域互相连通沉积了巨厚的陆源浊流沉积岩系，而且有十分频繁的海底火山活动，沉积了各种不同成分的厚度很大的火山岩系，表明再生地槽已经发育成熟。

四、印支运动与右江地槽的回返

右江再生地槽快速沉降发育成熟并且经过中三叠世中期相对较平稳的沉积时期之后，中三叠世晚期沉积环境发生了畸变。最突出的表现是，越北古岛边缘的那坡百合一带，中三叠统上部（百蓬组顶部至河口组中部）出现了3层共厚799 m的泥砾混杂岩。这是一套具有水平层理、斜交层理，与下伏、上覆岩层连续沉积，成分十分复杂且无分选性的杂乱堆积物，既有泥岩、细砂岩、硬砂岩和细砾岩等原地成分，又有碧玉、硅质岩、燧石、花岗斑岩、层凝灰岩、细碧岩和辉绿岩等外来成分，甚至还有泥盆纪、石炭纪、二叠纪灰岩等外来岩屑和岩块。砾石和岩块形状各异，小的几毫米，最大的达几米。自下至上，不仅泥砾混杂岩的厚度从186 m、199 m、414 m逐渐增厚，而且岩屑和岩块的含量逐渐增多，杂乱程度越加明显。混杂岩中常夹杂一些可塑性的泥质条带，具有明显的流动构造，某些地段甚至可见奇特的涡流构造，属于沉积成因的海底滑坡现象，是强烈构造运动的沉积表现（吴继远和孙忠，1981）。显然，这是由于海底坡度急剧变陡而形成的泥石流堆积。海底泥石流取代海底浊流，表明该区已经受到西南边印支板块的强烈推挤，扩展中的地槽开始“刹车”，并且逐渐变为被压缩回返。到中三叠世末期，整个右江地槽褶皱上升了［图2（d）］。

右江再生地槽的回返是印支运动在本区的具体表现，而印支运动是特提斯洋壳或次洋壳与欧亚大陆地壳之间的一次强烈的挤压作用（黄汲清和任纪舜，1980）。对本区而言，也就是印支海洋板块与华南大陆板块在藤条河—红河一带拼接并且向华南大陆板块俯冲的结果。西南边的印支海洋板块（属古特提斯洋的一部分）从早古生代到中三叠世一直以洋壳地槽型沉积为主，同东北边（即本区）自加里东（广西）运动以后进入陆壳发展阶段形成的地台型与再生地槽型陆源碎屑沉积，分别属于两个不同的沉积体系。二者的聚敛边界——红河断裂带是一条向北东陡倾斜的褶断变质带，在数十千米宽的范围内，紧密褶皱、冲断裂以及糜棱岩化都非常发育，包括下中三叠统在内变质普遍较深。由于印支海洋板块向华南大陆板块俯冲时，俯冲带上盘驮着越北古岛这个刚性硬块向北推挤，因此使右江地槽回返结果形成了向北凸出的滇黔桂弧形印支褶皱带。

地槽褶皱回返阶段的岩浆活动主要表现为超基性岩、基性岩、酸性岩和少量碱性岩的侵入。超基性岩、基性岩和碱性岩多分布于红河断裂带与右江断裂带之间，呈大小不等的岩株、岩墙和岩床成群产出。其中，超基性岩主要产于红河断裂带内，少数到达盘龙江断裂带两侧，以方辉橄榄岩为主，常有分异，可能是洋壳俯冲到中深部熔融后上侵的；红河断裂带至那坡断裂带之间，基性岩分布较广，富宁、马关、那坡、广南、邱北等地所见者以橄榄钛辉辉长辉绿岩、碱闪辉长岩、橄榄辉长苏长岩为主，少数有分异现象，其离开俯冲带稍远，可能由俯冲到深部的洋壳物质与部分陆壳物质混熔生成；那坡断裂带至右江断裂带两侧，几乎都是没有分异现象的辉绿岩。花岗岩类侵入体，包括黑云母二长花岗岩、堇青黑云花岗岩、花岗斑岩和片麻状花岗岩，呈规模较大的岩株、岩基和巨大的岩墙，面积几十至数百平方千米，几乎都沿红河断裂带和灵山断裂带分布。这些岩体的同位素年龄多介于169～257 Ma之间，59个年龄值平均232 Ma，同哈兰（Harland）等（1982）的地质年代表的中三叠世与晚三叠世分界年龄231 Ma几乎相等，同时其侵入的最新地层是下中三叠统，被上三叠统覆盖（云南省地矿局，1981），其无疑是右江地槽褶皱回返过程中的侵入岩。

五、中生代—新生代大洋边缘活动带的影响

印支运动之后，右江地槽已全面上升为陆地，从晚三叠世至白垩纪末一直遭受剥蚀，没有沉积。当时地势较低的东（十万大山）、西（滇中）两侧，逐渐由滨海变为内陆湖河环境，十万大山一带沉积了厚12000～15000 m的山前坳陷磨拉石建造、陆相火山岩建造和含煤碎屑岩建造。随后，燕山期发生的断块运动使印支期的断裂复活并复杂化，导致各个方向断裂尤其是北西向断裂十分发育，以致第三纪以来在一系列的断陷盆地内沉积了厚度几米至3000 m的普遍夹有褐煤的砾岩、砂岩和泥岩。这是本区中生代—新生代主要受印度洋边缘活动带的影响，也受到太平洋边缘活动带影响的表现。

本区中生代—新生代大陆边缘活动带的另一个特点是，伴随着燕山期以来的断块运动发生了比较频繁的岩浆活动，特别是在西南边红河断裂带与盘龙江断裂带之间、东北边右江断裂带与丹池断裂带之间的两个北西向条带之内，形成了众多的花岗岩株和花岗斑岩、石英斑岩、闪长玢岩、煌斑岩脉，其中个旧、薄竹山、都龙、大明山、大厂、芒场等地的花岗岩，对于这些地区的各种金属矿床的形成都起着重要的控制作用。

六、本地槽不同发展阶段的成矿特征

右江陆壳再生地槽是我国南方非常重要的成矿区。在地槽发育演化的过程中，于不同发展阶段和不同的构造岩相部位，分别形成了许多不同特征的矿产（图4），如锰、铝土矿、煤、石油、锡、锌、铅、铜、锑、汞、金、银、钒、铀等，其中已探明的锡矿储量占全国锡总储量的74%、锰矿占35%、铝土矿占20%，煤矿约占南方储量的一半，还有许多种有色金属矿产也占着比较重要的地位。

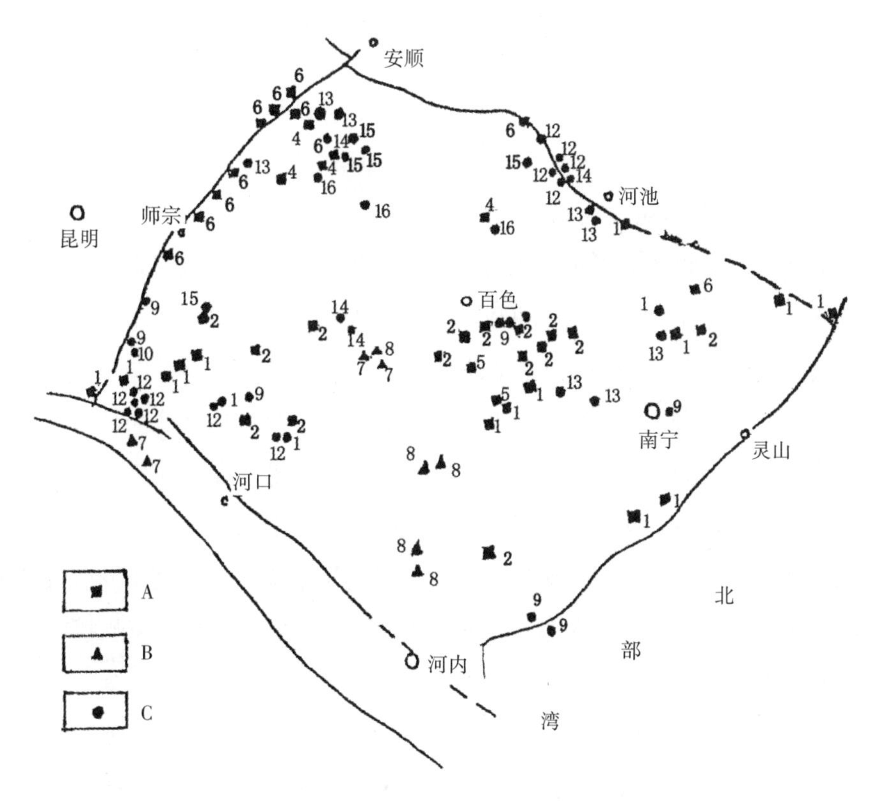

图4　右江地槽区不同发展阶段的主要矿产示意分布图
（根据广西、云南、贵州地矿局有关资料综合编绘）

A. 地槽萌芽—突发阶段形成的矿产：1. 锰矿；2. 铝土矿；3. 钒矿；4. 黄铁矿；5. 磷矿；6. 煤矿。B. 地槽回返阶段形成的矿产：7. 铜镍钴矿；8. 钒钛铁矿。C. 地槽回返后中生代—新生代形成的矿产：9. 煤矿；10. 石油；11. 钨矿；12. 锡多金属矿；13. 多金属矿；14. 锑矿；15. 汞矿；16. 金矿

1. 地槽萌芽和突发阶段的沉积矿产

本地槽经历了一个很长的萌芽时期，在整个萌芽期以至突发初期，一直存在比较稳定的浅水台地和比较活动的深水裂陷槽两种不同的沉积环境，在地槽突发成熟阶段，也仍有浅水区和深水区之别，因而形成了两套不同特征的沉积矿产。

（1）在浅水台地沉积区，只有晚二叠世一个成矿期，在受到钦州运动影响而升出海面并经过剥蚀夷平之后再接受沉积的那部分台地上，形成了铝土矿、黄铁矿、煤矿等。其中，平果式铝土矿和凤山式黄铁矿产于上二叠统海侵层序的底部，许多大中型铝土矿矿床都分布在本区中南部平果、田东、田阳、德保、广南、砚山等地，而且以沉积间断时期较长，经受充分剥蚀的那一部分海台所产的铝土矿层较厚较富；凤山式黄铁矿如凤山杭东、文山磺厂、盘县老厂、安龙戈塘等大中型矿床，多数分布于中北部，在中南部铝土矿床分布区虽然普遍含黄铁矿，但多数不具工业价值；龙潭煤系或合山煤系的工业煤层分布于东北半部，从广西来宾、合山、南丹经贵州晴隆、兴仁、兴义、盘县至云南师宗、弥勒一带，其中普安—盘县地区含煤建造厚185～478 m，有可采煤层20多层，累计最大厚度30多米，是我国南方的肥厚煤田。此外，这个含矿层位局部尚有菱铁矿和锑、汞、金矿化。

（2）沟槽和地槽相区的深水沉积物富含锰、磷、钾、钒，有三个时期可以直接形成沉积矿床：①晚泥盆世锰、磷、钒成矿期，以大新下雷、平南木圭、钦州—防城等地上泥盆统中下部硅质-碳酸盐岩系中的锰矿床，天等—德保一带中—上泥盆统的含磷硅质岩和含磷砂泥岩（贫矿层）以及上林上泥盆统的钒矿床为代表。下雷、木圭等锰矿床规模很大，主要分布于沟槽中部的硅质-碳酸盐建造内，部分富含钴、镍等元素；磷矿多产于沟槽的边坡，与硅质-碎屑岩建造密切相关；钒矿则产于富含有机质的岩系中。②早石炭世锰、磷成矿期，分布于丹池裂陷槽内，如宜山龙头锰矿床和南丹一带的含磷层，均产于下石炭统岩关阶硅质-碳酸盐岩系中，矿床规模较小。③中三叠世锰成矿期，在本地槽区中部和西部形成许多大、中型锰矿床，如天等东平、砚山斗南、蒙自倘甸和建水白显等矿床，均产于中三叠统下部百蓬组（或法郎组）的碎屑岩-碳酸盐岩和火山碎屑岩建造中，由其中的含锰灰岩层风化富集而成。此外，沟槽和地槽沉积物往往含有较多的锡、钼、铜、铅、锌、锑、汞、银、金、镍、钴、铀、钛、铬、砷、硫等，在夹有硅质岩和火山岩层的地段，下列元素往往有一种或几种高出克拉克值2～40倍，少数高出80～436倍（冼柏琪，1984），如锡在1～400 μg/g之间、铅在5～100 μg/g之间、锌在6～138 μg/g之间、锑在6～49 μg/g之间、汞在5～35 μg/g之间、钼在3～64 μg/g之间、银在1～6 μg/g之间等，这些元素是形成层控和复控（指既有层控又有岩控、裂控特征）多金属矿床的重要物质基础。上述沉积矿床和矿源层都受地槽区内活动性较大的沟槽控制，含矿岩系普遍夹火山岩层或与火山岩分布区毗邻，如下雷裂陷槽的锰矿床的西南侧有多层基性熔岩，东平裂陷槽的含锰岩系内夹有中酸性火山碎屑岩，丹池、个旧等裂陷槽赋存锰和多金属矿床的层位也接连发现了许多火山岩线索，矿床中常含较多钴、镍、钒等幔源基性元素。由此可见，沟槽和地槽相区各种矿产的形成，与海底火山活动有着密切的联系。

根据石油地质科学研究成果，位于深水盆地中的原地沉积物往往具备生油条件，而重力流沉积物又是良好的储油层，因此在本地槽区的右江—南盘江一带，被褶皱构造封闭（盖层完好）的二叠系和三叠系，尤其是中三叠统的重力流沉积物，如碳酸盐浊积岩、陆源碎屑浊积岩和火山碎屑浊积岩，也可以作为寻找石油的目的层。

2. 地槽回返期与岩浆侵入活动有关的矿产

这个时期形成的矿产不多，都是与超基性岩和基性岩有关的岩浆矿床和热液矿床，仅分布于红河断裂带及其与那坡断裂带之间的范围内，其中具有一定程度分异的超基性岩，如元阳白马寨、金平牛栏冲和棉花地、麻栗坡八布等地的超基性岩岩株，以方辉橄榄岩为主，辉石岩、辉长辉绿岩为次，$w(MgO)/[w(Fe_2O_3)+w(FeO)]$值在3.7～11.3之间（云南省地矿局，1981），可形成一些熔离型和贯入型并存的中小型铜镍钴矿床和小型钒钛磁铁矿矿床，个别镁质橄榄岩可见铬铁矿化，墨江金厂一带的金矿化也与印支期方辉橄榄岩有一定关系。阜宁—那坡一带具有弱分异作用的基性岩也可以形成一些小型钒钛磁铁矿矿床、铜镍矿床和金矿化。这个时期形成的矿产都分布于红河俯冲带及其上盘受影响的范围内，由俯冲带向北东边，随着基性—超基性岩浆活动和基性程度的减弱，与其有关的矿化也有逐渐减弱的趋势，在那坡断裂带以北的基性岩基本不成矿。

3. 地槽回返期后中生代—新生代形成的矿产

右江地槽回返之后，本区处在印度洋边缘活动带，中生代—新生代的构造运动和岩浆活动比较强烈。一些断陷盆地的沉积矿产和某些构造岩浆活动带的有色金属矿产都有重要的经济价值。

（1）沉积矿产。主要形成于两个时期：一是晚三叠世十万大山、滇中两地区河湖沉积建造中的煤矿，例如越南鸿基和中国滇中马者哨都有可采的工业煤层；二是新近纪在本区西南半部的一系列的北西向内陆断陷盆地，如南宁、百色、文山、小龙潭、夸竹、越州、谅山等盆地中的小龙潭煤系，形成了很多大中型褐煤矿床，小龙潭、百色、越州、陆良等盆地尚产油页岩和石油。

（2）金属矿产。这个时期形成了很多金属矿产，如锡、锌、铅、铜、钨、锑、汞、砷、银、金、铀等，基本上都是燕山期构造岩浆活动的产物。其中，大厂、个旧、都龙、薄竹山、大明山等地的岩浆热液矿床和岩浆-地下水混合热液矿床，多围绕燕山期（尤其燕山晚期）的黑云母花岗岩（少数为白岗岩、白云母花岗岩）分布，沿着多期活动的构造带和富含成矿物质的沟槽岩相带产出，以硫化物型和夕卡岩型矿床为主，部分为石英脉型，多数矿床是多物质来源、多期多阶段成矿和多种成矿作用的综合体，有用组分很多，矿物成分复杂。如丹池地区的长坡、龙头山、拉么、大福楼、芒场、箭猪坡、三排洞，个旧地区的马拉格、松树脚、老厂、黄茅山、竹林、卡房和马关地区的都龙等大中型及特大型锡-多金属硫化物矿床，常有3~5种主成分，锡、锌、铅、锑、铜等可以同时满足工业品位要求，分别达到大型或中型规模，并且还有银、砷、钨、铟、镉、镓、锗、铁、钼、铋、铍、硫、萤石等可以综合利用，具有巨大的工业利用价值。

区内还有许多同花岗岩体没有明显关系的金属矿床，例如富源富乐、普安绿卯坪、晴隆丁头山、镇宁顶红等地的中小型铅锌矿床，广南木利、晴隆大厂、隆林马雄等大中型锑矿床，南丹益兰、兴仁滥木厂、邱北洗马塘等大中型汞矿床，西大明山的铀矿床以及安龙戈塘、册亨板其、凤山金牙等地的金矿床和矿点等。这些矿床的矿物成分和有用组分比较简单，成矿条件不太复杂，主要受富含成矿物质（即存在矿源层）的泥盆系至三叠系围岩以及层间和切层的断裂控制，多是燕山期断块构造运动产生的变质热液或者构造-岩浆热力驱动地下水循环流动而富集形成的，具有层控或者层控加裂控的特征。这些矿床，特别是黔南至桂西北地区的类卡林型和破碎带蚀变岩型金矿床或锑金矿床，也具有较大的资源前景。

七、几点认识

（1）本区泥盆纪至三叠纪，特别是早—中三叠世，沉积岩层厚度巨大，海底喷发的基性至酸性火山碎屑岩和熔岩层数多、分布广、厚度较大，发育各种深水盆地沉积建造，广泛出现浮游的或浮游与底栖混生的生物群，是一个明显的地槽区带。但此地槽规模较小，其形成基础不属大洋盆地型洋壳，也不是弧后盆地过渡型地壳，而是一定程度克拉通化的大陆地壳，其萌芽的时期较长（D_1—P_2，约146 Ma）、突发成熟的时间较短（T_1—T_2，仅17 Ma），巨厚的深水浊流沉积物都以陆源碎屑为主，基性火山岩具有大陆裂谷带之碱性玄武岩特征，无典型的蛇绿岩套，与大洋盆地和弧后盆地发育起来的优地槽、冒地槽显著不同。此地槽在大陆地壳上自生、自灭，是一个陆壳再生地槽的范例。

（2）本地槽是加里东运动致使早古生代地层褶皱上升形成地台，经历一个短暂的相对稳定时期后，由于陆表海的众多基底断裂复活并且不断扩展致海水不断加深而形成的。其基底包括新元古代大洋优地槽褶皱带和早古生代台缘冒地槽（继承性地槽）褶皱带，曾经是一个长期活动的地区。自晚古生代以来，除本地槽萌芽—突发—回返不断地活动之外，回返后受印度洋板块和太平洋板块（尤其前者）的推挤影响，中生代—新生代仍表现较强的断块运动和岩浆活动（即陈国达先生所描述的地台活化）。由此可见，本区整个地质发展历史，活动是长期的、强烈的，相对的稳定时期非常短暂。活动的地壳环境是晚古生代—中生代右江地槽再生的根源，也是此后地台继续活化的根源。

（3）右江地槽发展演化各阶段的岩浆活动都较强烈。从萌芽—突发阶段的喷发至回返阶段的侵入活动，以及岩浆性质由基性（D_2至P_2）→酸性（T_1至T_2早期）→基性（T_2晚期）→酸性（T_2末期）变化的全过程，是与地槽张开→闭合的全过程协调一致的，张开过程和闭合过程以基性岩浆喷发和侵入为特征，极度张开和最终闭合的时段以及闭合以后，则是规模较大的酸性岩浆喷发和侵入。其中，晚泥盆世、晚二叠世、中三叠世三次火山活动鼎盛时期以及中三叠世末期、白垩纪两次岩浆侵入高潮，都与构造运动明显加强的时段相对应。岩浆活动的频度是本区构造运动强弱程度的反映。

（4）右江地槽区内蕴藏着丰富的矿产资源。它们分别形成于地槽发育演化的不同阶段和不同的构造-岩相部位，空间上与一定时代沉积岩层、火山岩系和侵入岩体有密切的关系。从形成时间来看，地槽萌芽—突发阶段三个主要成矿期的沉积矿床（D_3的锰、钒、磷矿，P_2的铝、硫、煤矿，T_2的锰矿等）和富集各种金属元素的矿源层，分别与晚泥盆世、晚二叠世、中三叠世三个构造运动和火山喷发活动表现较强、基性—酸性火山岩分布较广的时代相对应；地槽回返阶段印支成矿期的岩浆矿床-热液矿床（中三叠世末期的铜、镍、钴矿和钒钛磁铁矿等），以及回返后燕山成矿期的热液矿床-层控矿床（白垩纪形成的锡、锌、铅、锑、汞、铜、钨、银、金、铀矿等），分别与印支期基性—超基性岩浆侵入和燕山期酸性岩浆侵入的时期一致。这表明，本地槽区绝大部分矿床形成于特定的层位，除煤矿等典型沉积矿产之外，往往都直接地或间接地同岩浆喷发-侵入活动带来的成矿物质和热力条件有关。

参考文献

[1] 中国科学院地质研究所，1958. 中国大地构造纲要 [M]. 北京：科学出版社.

[2] 黄汲清，姜春发，1962. 从多旋回运动观点初步探讨地壳发展规律 [J]. 地质学报 (1).

[3] 国家地震局广州地震大队，1977. 中国大地构造概要 [M]. 北京：地震出版社.

[4] 黄汲清，任纪舜，等，1980. 中国大地构造及其演化 [M]. 北京：科学出版社.

[5] 孙忠，1981. 桂西印支地槽褶皱系地质构造基本特征 [C] //第二届全国构造地质学学术会议论文选集（第一卷）. 北京：地质出版社.

[6] 李志才. 广西地槽活动带的迁移及其演化特征 [J]. 广西地质科技情报，1983 (1).

[7] 高振中，刘怀波，1982. 十万大山盆地北缘早三叠世的碳酸盐重力流沉积及其石油地质意义 [J]. 江汉石油学院学报.

[8] 云南省地质矿产局，1981. 云南省1∶50万地质图说明书 [Z]. 内部资料.

[9] 冼柏琪，1984. 试论广西锡矿的成矿条件及分布规律 [J]. 地质学报，58 (1).

[10] 广西壮族自治区地质矿产局，1985. 广西壮族自治区区域地质志 [M]. 北京：地质出版社.

[11] 柳淮之，钟自云，姚明，1986. 右江裂谷带初探 [J]. 桂林工学院学报 (1).

【注】本文是广西地质学会1986年学术年会的交流论文，其摘要编入《广西地质学会1986年学术年会论文摘要汇编》。

广西隐伏锡钨花岗岩体的地表标志带

大多数锡、钨矿床都与花岗岩有密切的成因联系和空间关系。寻找锡、钨矿床，需要研究隐伏的、半隐伏的锡钨花岗岩体。通过研究和识别隐伏锡钨花岗岩体的地表标志带，推断隐伏锡钨花岗岩体位置及其埋藏深度，有助于预测和寻找锡、钨矿床。根据广西各地十多处隐伏的和半隐伏的锡、钨花岗岩体在地表所反映的地质、地球化学、地球物理和遥感影像等特征，这个标志带至少是以下12个具有一定判别意义的若干个地表标志的组合。

一、热液蚀变的分带

广西北部的一些半隐伏花岗岩体，从内接触带至近外接触带、远外接触带，往往依次出现云英岩化带、电气石化带、绿泥石化带。由于岩体的隐伏接触带凸凹起伏和地形切割的深浅不一，常在远离岩体的蚀变带（或者未蚀变范围）内出现孤岛状的近岩体蚀变组合，也可以比较形象地称其为蚀变岛。桂北B地区（图1）就有如下三种

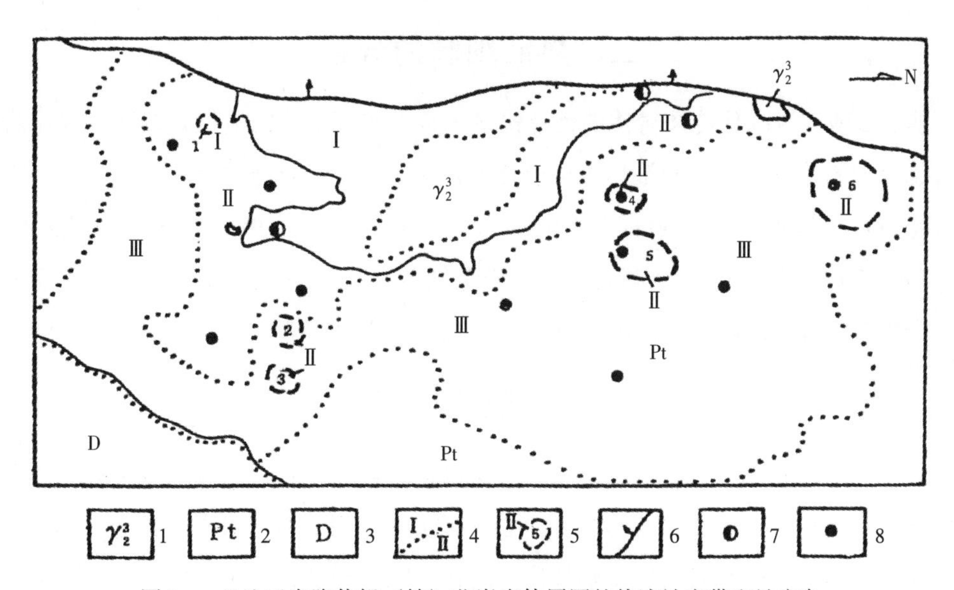

图1　B地区半隐伏锡（钨）花岗岩体周围的热液蚀变带和蚀变岛

1. 晚元古代雪峰期花岗岩；2. 中—上元古界；3. 泥盆系；4. 蚀变带界线；5. 蚀变岛类型及编号；6. 大断层；7. 锡钨矿产地；8. 锡矿产地；Ⅰ. 云英岩化带；Ⅱ. 电气石化带；Ⅲ. 绿泥石化带

蚀变岛：①在电气石化带内出现的云英岩化蚀变岛；②在绿泥石化带内出现的电气石化蚀变岛；③在远离花岗岩体接触带几乎没有蚀变的范围内，出现的绿泥石化蚀变岛。这三种情况都有可能是隐伏花岗岩体局部凸起的标志，在岩凸上方及其周围，可能分布着与蚀变带相对应的矿床类型。图1所示的1号云英岩化蚀变岛对应的隐伏花岗岩凸起，可望寻找锡（钨）-云英岩型矿床；2号至6号电气石化蚀变岛所对应的隐伏花岗岩凸起的上方，是寻找锡石-电气石石英型矿床的有利地段（冼柏琪，1986）。图2中桂东北L地区半隐伏花岗岩体周围已知的各个矿化地段及其呈现的热液蚀变带，也都与隐伏花岗岩体凸起相对应。

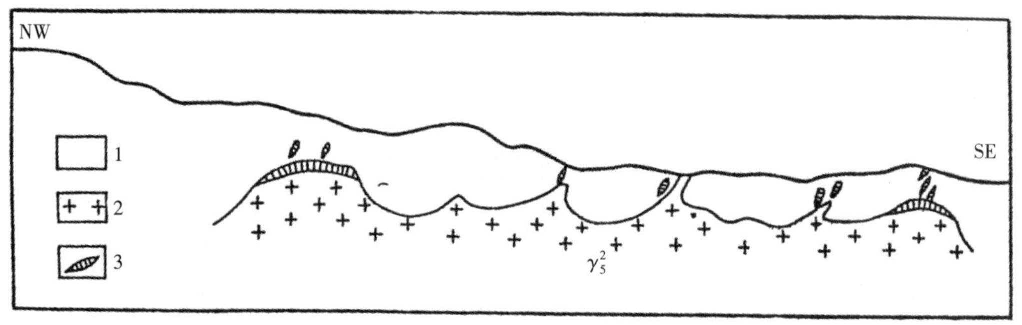

图2　L地区半隐伏锡钨花岗岩体的岩凸与矿化的关系示意图（据章学群，1986修改）

1. 寒武系及泥盆—石炭系的砂岩、页岩和石灰岩；2. —燕山早期花岗岩；3. 矿体

二、热液细脉的分带

桂北B地区半隐伏花岗岩体的近外接触带常见稀密不一的电气石线脉，远外接触带常见绿泥石线脉，这是热液由内向外逐渐推进形成的正向细脉环带。桂东北L地区隐伏花岗岩凸起上方，0～60 m为硫化物-石英细脉带，60～190 m为含长石-石英细脉带，190～300 m为含锂云母-萤石-长石-石英细脉带（杜杰和陈佩成，1986），这是升腾的岩浆热液逐渐向隐伏岩体脉动退缩形成的逆向细脉环带。

三、热变质带

广西的G、H、Y、Q等大面积裸露的锡钨花岗岩体与寒武系和泥盆系碳酸盐岩的接触带，都有简单夕卡岩和富含锡石（白钨矿）及多种金属硫化物的复杂夕卡岩；D半隐伏锡钨花岗岩体与石灰岩接触处形成含锌、铜、锡、钨的夕卡岩，与砂泥质岩石接触处则形成角岩。根据典型变生矿物的组合及结构构造，可将D半隐伏花岗岩体上方的变质带自下而上划分为榴辉角岩（夕卡岩）、大理岩、长英角岩、红柱石角岩、石英碳酸盐岩五个变质岩相带（高永文和袁奎荣，1987）。M隐伏锡（钨、钼）花岗岩体的上方，也可以分出榴辉角岩带、长英角岩带和角岩化带（图3），而且榴辉角岩带正好与隐伏花岗岩凸起部位相对应。

四、成矿元素的晕带

例如，在D矿田和M矿田的隐伏花岗岩体的正接触带，有钨、钼元素异常，即来自岩体的元素组合，向外依次出现锑、锡、铜（岩体加地层的元素组合）和锌、铅、汞（主要是地层的元素组合）异常（图4）。这个排列既同这些元素组成的矿物的结晶温度、压力降低的顺序相对应，也与这些元素的晶格能、电离势的降低顺序基本一致。在具备这些元素组合的成岩成矿环境中，围绕着隐伏花岗岩体，都有可能按这个顺序形成成矿元素、矿石矿物乃至矿床的环状分带。

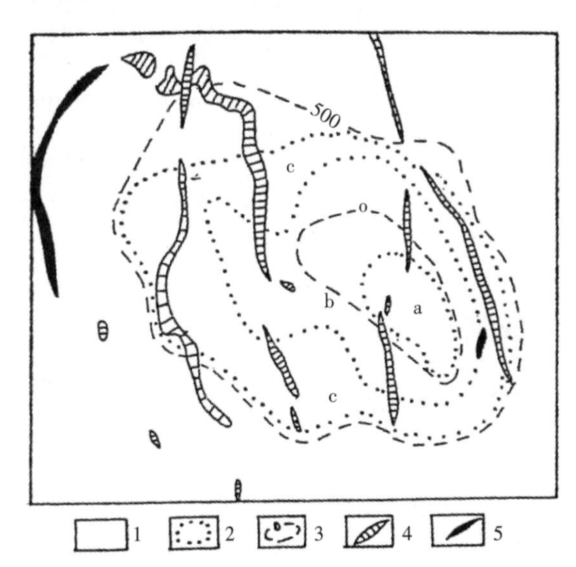

图3　M矿田的热变质带、脉岩与隐伏花岗岩体的关系（据魏彭寿等，1986）

1. 泥盆系；2. 热变质带分界线；3. 隐伏花岗岩体顶板等高线；4. 花岗斑岩；5. 闪长玢岩与安山玢岩；a. 榴辉角岩带；b. 长英角岩带；c. 角岩化带

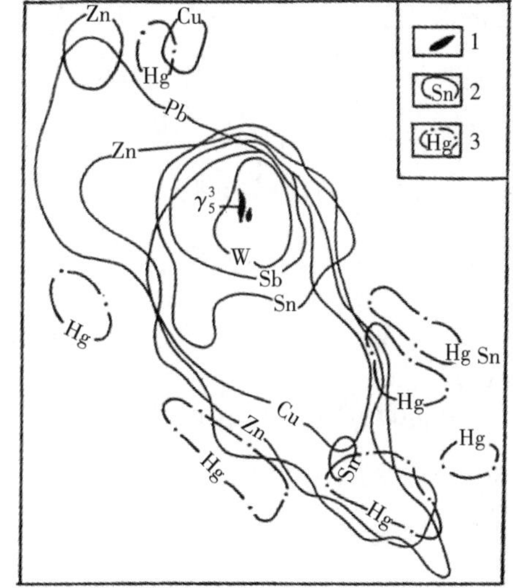

图4　围绕D半隐伏花岗岩体的成矿元素晕带（据彭大良等，1982）

1. 已出露的花岗岩；2. 成矿元素化探次生晕异常；3. 重砂矿物（辰砂）异常

五、重矿物异常特征

黑钨矿、白钨矿和锡石是隐伏锡钨花岗岩体及与其相关矿床的特征重矿物。对于中等剥蚀的地貌景观而言，黑钨矿、白钨矿的矿物异常局限在距离岩体或源地5～8 km

以内，但是锡石可以一直散布到离开岩体接触带10 km以外，桂东及桂北地区的一些水系，甚至在成矿花岗岩体以外45 km还有锡石矿物异常。隐伏锡钨花岗岩体往往处在黑钨矿（和/或白钨矿）与锡石套合异常的中心部位。

六、重力异常与磁异常特征

广西的隐伏-半隐伏锡钨花岗岩体多数是不具磁性的低密度体，由于岩浆侵位时对其顶部含铁围岩发生变质或交代作用，形成磁性“外壳”，因此除呈现明显的低重力异常之外，也常反映磁异常。一般，隐伏在400 m以下的锡钨花岗岩体，常表现为完整的低重力异常和完整的单个磁异常重合。X地区和Z地区都有这样的组合异常，可能存在深埋的锡钨花岗岩体。M地区的大山顶附近，−92 mGal的低重力异常与200 nT的等轴状航磁ΔT异常重合，已在异常中心535 m以下探出了具有锡、钨、钼矿化的隐伏花岗岩体（魏彭寿等，1986）。然而，半隐伏的锡钨花岗岩体却表现为完整的低重力异常与环形磁异常带重合（彭大良和周永峰，1980）。B地区的−80 mGal低重力异常范围内已部分剥露的花岗岩体的周围，有一个环形磁异常带；在D矿田，围绕着半隐伏花岗岩体（其呈现−94 mGal的低重力异常），由十几个20～200 nT的航磁ΔT异常组成的环形磁异常带，不仅有与岩体二次侵位对应的双环，而且参照磁异常环也可以大致确定隐伏岩体的边界。

七、浅成岩脉

在隐伏的或半隐伏的花岗岩体边缘，尤其岩凸上方，常有中基性岩脉和酸性岩脉。一般来说，酸性岩脉距离隐伏花岗岩体较近，中基性岩脉离得较远。桂北某矿区有许多煌斑岩脉、闪长玢岩脉、石英闪长玢岩脉与锡多金属矿脉相间成群出露（褚有龙和林福祥，1986），推断隐伏锡钨花岗岩体埋藏在1000 m以下。M矿田中心出露许多花岗斑岩、石英斑岩脉（图3），已在其下500多米处探明隐伏花岗岩体。

八、遥感环形影像

在航空或卫星照片上，某些隐伏或半隐伏锡钨花岗岩体也反映环形影像。例如，桂北地区已经出露400 km^{2}的某锡（钨）花岗岩体，其东侧有明显的套环现象。桂西北M地区也有与隐伏花岗岩体对应的套环现象（图5），其内环与角岩化地质体抗风化形成的似圆形山体一致，反映隐伏花岗岩体的突起部分，外环是由一系列断裂和小山包构成的模糊环形，可能反映隐伏花岗岩体的边界。

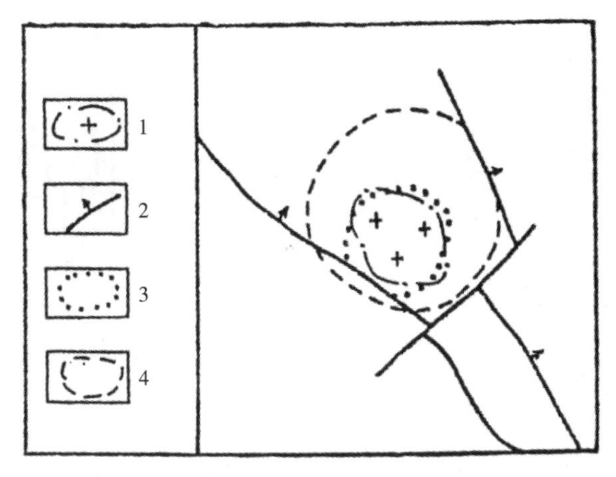

图5　M地区隐伏锡钨花岗岩体的遥感环形影像（据方全兴等，1986）

1. 海拔-500 m标高的隐伏花岗岩体边界；2. 断层；3. 遥感内环影像；4. 遥感外环影像

九、矿化剂的种类及含量变化

对于锡钨花岗岩体而言，主要的矿化剂除水之外，尚有氟、硼、氯、硫等，其中以氟、硼最具典型意义。含硼矿物电气石的大量出现，常是隐伏含锡花岗岩体的标志；而含氟矿物萤石的大量出现，则预示含钨或钨锡花岗岩体的可能存在。氟、氯含量的高低及w（F）/ w（Cl）值的变化，也是衡定距离隐伏花岗岩体远近的一个指标。例如上述B矿田的w（F）/ w（Cl）值，花岗岩体内接触带为1010.0，近外接触带降为164.6，远外接触带降为29.6；D矿田的矿物液相包裹体中的w（F）/ w（Cl）值，于花岗岩体近外接触带高达1.175，远外接触带却只有0.05～0.09（蔡宏渊等，1983）。显然，w（F）/ w（Cl）值增大的方向，比较靠近隐伏的锡钨花岗岩体。

十、矿床中硫同位素的变异程度

在D矿田，半隐伏花岗岩体近外接触带的铜锌（锡钨）矿床，δ^{34}S值集中于-2.5‰～+4.5‰的小区间，在直方图上呈单塔式分布［图6（a）］；远外接触带的锡多金属矿床，δ^{34}S值离散于-9‰～+12‰之间，呈多塔状分布［图6（b）］；外围远离隐伏花岗岩体的汞矿床，δ^{34}S值可以偏离零值很远，到达+9.6‰～+22.5‰之间，呈跳跃式分布［图6（c）］。对于一个尚未出露花岗岩的成矿区，只要各矿床的硫同位素在平面上呈现这样有规律的变化，就可以结合其他标志判断隐伏花岗岩体可能存在，以及各矿床处在隐伏岩体的相对位置。

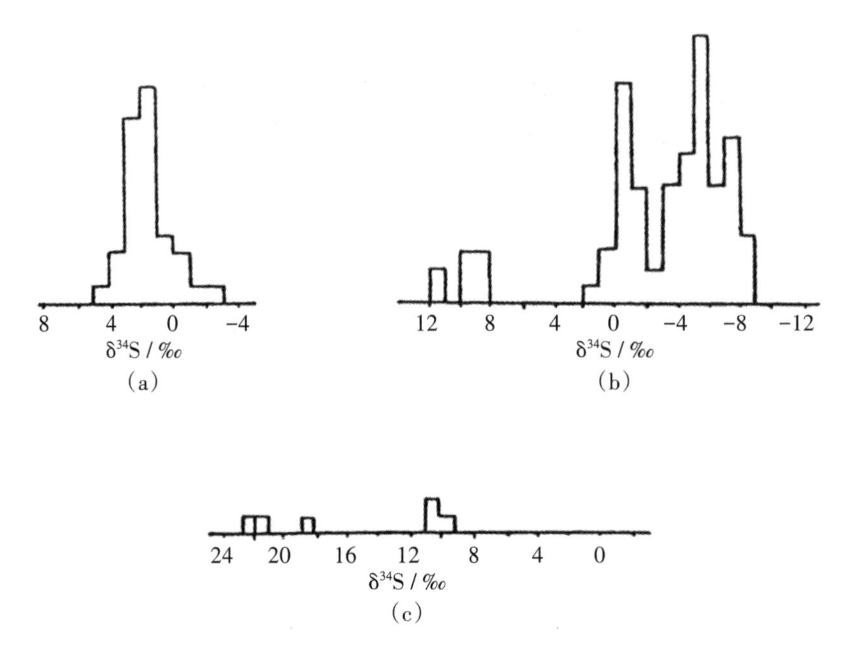

图6　D矿田半隐伏锡钨花岗岩体外接触带不同部位矿床的硫同位素组成特征

十一、矿物气液包裹体的气液比、温度及成分的变化

例如，围绕着B半隐伏花岗岩体，从内接触带到近外接触带、远外接触带，石英的包裹体的气液比由0.12~0.10依次降为0.09~0.08、0.07~0.06；矿物形成温度由249 ℃渐降为242 ℃、237 ℃；包裹体中的岩浆组分Na^+、F^-由内向外减少，而吸收的围岩水逐渐增多，以致正接触带附近含NaCl子矿物的三相流体包裹体，到远外接触带已被富含H_2O的液体包裹体所代替。这些微观地质特征，也可以作为判断距离隐伏花岗岩体远近的依据。

十二、隐伏锡钨花岗岩体的地表标志带

图7综合反映了广西隐伏锡钨花岗岩体各种地表标志的组合即“地表标志带”。在一些构造-岩浆活动带内，根据所有这些标志或者其中一部分标志的组合，能够比较有把握地探测隐伏的锡钨花岗岩体，可以比较有效地开展锡钨-多金属矿产的成矿预测与找矿。

地表标志		浅隐伏（中心带）特征 → 较深隐伏（边缘带）特征
热液蚀变带		云英岩化、电气石化 → 硅化、绿泥石化、黄铁矿化 → 碳酸盐化
热液细脉	正向分带	电气石脉 → 石英脉、绿泥石脉 → 石英-方解石脉
	逆向分带	硫化物-石英脉 → 长石-石英脉 → 锂云母-萤石-长石-石英脉
热变质带		榴辉角岩（或夕卡岩） → 长英角岩 → 角岩化（大理岩化）岩石
成矿元素晕		Mo-W-Sb-Sn-Cu-Zn-Pb-Hg
重砂异常		黑钨矿（白钨矿）、锡石 → 锡石
磁异常		单个低缓异常，近地表则分解为环形异常带
重力异常		重力低异常
脉岩		酸性岩脉 → 基性岩脉
遥感影像		环形影像
矿化剂		B（F） → S（Cl）
硫同位素		近于零，单塔式 → 正至负，多塔式 → 大正或小负，跳跃式
气液包裹体	气液比	大 → 小
	温度	高 → 低
	成分	富含 Na^{+}、F^{-}、B^{3+} → 富含 Cl^{-}、S^{2-}、H_2O
	w（F）/ *w*（Cl）	大 → 小
示意剖面图		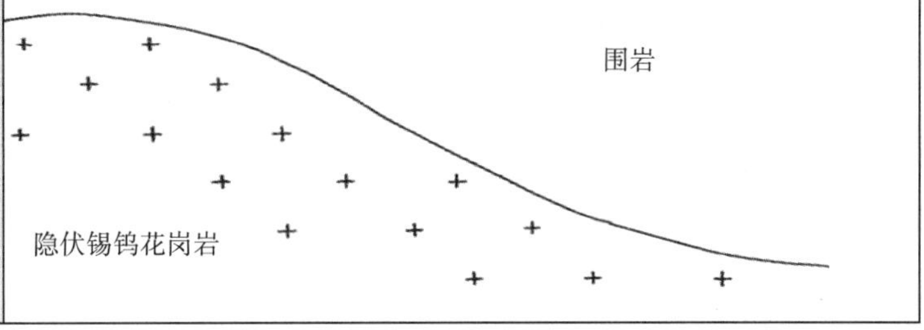 围岩 隐伏锡钨花岗岩

图7　广西隐伏锡钨花岗岩体的地表标志带

参考文献

[1] 冼柏琪，1986. 宝坛锡矿田的矿化蚀变分带及其意义［J］. 矿床地质，5（4）.
[2] 魏彭寿，潘其云，童加松，1986. 芒场岩浆岩特征及其成矿作用［J］. 广西地质（1）.

【注】 本文为1987年广州国际花岗岩成岩成矿作用学术讨论会交流论文，中文和英文摘要已编入《国际花岗岩成岩成矿作用学术讨论会论文摘要集》。

广西某地锡矿床的控矿构造模型及其找矿意义

该区的锡矿床产在地质构造复杂的古老地块。区内北西向和北北东向的褶皱和断裂都很发育。这些褶皱和断裂的组合，既控制成矿花岗岩体顶面呈北西向和北北东向波状起伏变化，也控制岩浆期后锡-多金属成矿流体运移和富集成矿。据初步总结，至少可以建立起以下三个具有找矿导向意义的控矿构造模型。

一、成矿母岩体顶面凸起构造模型

这种岩体顶面凸起（即岩凸）构造，受该区花岗岩成岩成矿之前的褶皱、断裂格架控制，是沿着北西向的背斜轴及其倒转翼分布的凸起带，与受到北北东向次级小背斜和北北东向断裂控制的次级凸起带两向交叉的最凸部位。这些部位多是岩浆侵入成岩之前发生褶皱-断裂的应力集中点，是岩浆侵位的制高点，既易发生规模较大的导矿、散矿断裂，也发育封闭性较好的北北东向和北西向容矿断裂与层间剥离断裂，同时还是岩浆期后热液成矿物质和矿化剂汇聚以及岩浆热驱动地下水对流的最佳部位。因此，在这些岩凸构造的上方及周围经常可以形成矿脉较密集、含矿较富的矿段。YD矿床和WD矿床至少已有3个矿段被钻探证实与半裸露的和隐伏的岩凸构造对应；HG矿床的几处矿化-热液蚀变中心也预示这种控矿构造的可能存在。初步预测，该区有二三十个这样的岩凸构造，一部分隐伏在可以探采的深度之内，都是比较有利的找矿地段。

二、北北东向容矿断裂与北西向导矿断裂交叉模型

这个模型以SP矿床西矿段最为典型。一系列的北北东向容矿断层，例如F21、F206、F23、F24号断层等，与北西走向的F202号导矿断层交叉部位都成矿，而且各容矿断层最有利的成矿部位都在该导矿断层上盘350～600 m范围之内，各容矿断层内的矿体顺着导矿断层的倾斜方向侧伏延伸。这一控矿构造模型表明，该处仍有找矿潜力，F206、F23、F24号容矿断层所产的矿体将有可能沿着F202号导矿断层的倾斜方

向以45°～60°倾角继续向南西方向侧伏延伸，可以继续设计一批钻孔，扩展其规模。根据这一模型，SP矿床的F201、F202号等北西向导矿断层上盘与北北东向断层交叉的部位（一部分已呈现锡石重砂异常），都是良好的找矿靶区。经过地表揭露，在这些靶区发现矿化之后，即可着重在导矿断层上盘一侧沿着各容矿断层的南西侧伏方向布设钻孔找矿。根据这个控矿构造模型，HG矿床北西走向的F3号导矿断层上盘的F11、F16号等一系列容矿断层的找矿前景也明朗了，今后对这些断层所控矿脉的勘查，应着重在F3断层毗邻部位，沿其南西侧伏方向向下追踪。

三、层间剥离断裂与切层断裂交叉模型

这一控矿构造模型出现于不同等级的背斜与北西向导矿断裂交叉处，或者与北北东向散矿和容矿断裂交叉的部位。在背斜枢纽附近，由于岩层与其所夹的地质体强烈弯曲，沿岩层层面或者岩层与岩床（层状侵入体）的接触面，很容易发生层间剥离，形成多层次的封闭性较好的容矿构造；而与这些层间剥离断裂交叉的切层断裂，开放型的作为导矿构造，半开放型的作为散矿构造，一部分也能容矿。一般，层间剥离断裂容矿性好，经常可以控制形成似层状矿体和鞍状矿体，矿体延续性好、厚度较大、含矿较富、变化较小；切层断裂的容矿性和矿体连续性均较差，含矿贫富悬殊，变化较大。这个构造模型常常控制矿体纵横交错、成群出现。例如，YD矿床南矿段，因有北西向F2号导矿断层，北北东向F40号散矿和导矿断层与五地倒转背斜（以及横跨于该背斜轴部的北东向黄家小背斜）交叉，所以次一级的剪切断裂和层间剥离断裂都很发育，形成了比较密集、较富较厚的76号似层状矿脉组和72～75号陡倾斜矿脉组。这一构造模型还指明：这种交叉构造是多层次的，HG矿床西矿段除已探获的130层次（上闪长岩体与其顶板砂岩接触层次）之外，其下（即上闪长岩体与其底板砂岩层间，以及下闪长岩体与其顶板、底板砂岩层间）的3个层次可能也各有1个层间剥离构造所控的矿脉组；在HG矿床北矿段，一六小背斜枢纽及整个小背斜发生倒转，引起两度空间急剧拐弯所产生的层间剥离断裂与北北东向切层断裂组交叉的部位，也是寻找规模较大、含矿较富和厚度品位较稳定的隐伏锡矿脉组的有利地段。

【注】本文由广西壮族自治区地质学会主办的《广西地质学会会刊》，1988年第2期发表。

桂北宝坛新元古代锡矿床的稀土元素特征

桂北宝坛地区的新元古代锡矿床，包括锡（钨）-云英岩型矿床、锡石-电气石石英型矿床和锡多金属-绿泥石石英硫化物型矿床，是我国南方最古老的锡矿床。其中，锡石-电气石石英矿石、锡石-绿泥石石英矿石、锡石-多金属硫化物矿石，是这些矿床最主要的矿石类型，除主元素锡之外，还有铜、铅、锌、锑、银、铟、镉和一些稀土元素等出现局部富集。

对本区锡矿床上述三类主要矿石和矿床周围的三大类主要岩石——四堡群砂岩、四堡期石英闪长岩、雪峰期花岗岩，分别做稀土元素测定与计算结果（表1）：岩石的平均稀土总量为104.49 μg/g，以砂岩含量最高，达158.17 μg/g，花岗岩最低，仅47.22 μg/g；矿石的平均稀土总量为188.32 μg/g，有从较早成矿阶段的锡石-电气石石英矿石（164.61 μg/g）至较晚成矿阶段矿石逐渐增加的趋势，最晚成矿阶段的锡石-多金属硫化物矿石达到224.59 μg/g。

SP矿床的某些锡石-多金属硫化物矿石稀土总量超过2500 μg/g，其中轻稀土超过2400 μg/g，表明个别矿床可以出现稀土元素局部的相对富集。

这三类矿石和三类岩石都以含轻稀土为主，尽管矿石稀土总量的平均值（188.32 μg/g），是岩石平均值（104.49 μg/g）的1.8倍，但矿石与岩石的∑Ce/∑Y、Ce/Yb值的平均值基本相同，都显示负铕异常，其图像也呈同步起伏的两条近乎平行的曲线［图1（b）］，说明本矿区锡矿床中相对富集的稀土元素主要是从周边岩石萃取。而各种矿石、岩石，又以锡石-多金属硫化物矿石的稀土总量最高，达到224.59 μg/g，其δEu值（0.62）是矿石中最低；花岗岩的稀土总量最低，是47.22 μg/g，相当于矿石平均含量的四分之一，不到岩石平均含量的一半，而且其δEu值仅为0.15，负铕异常最明显，但二者的标准化图像却相似［图1（a）］，这又表明雪峰期花岗岩不仅是该区锡多金属矿床的成矿母岩，而且贡献给矿石的稀土元素也占主要地位。本区的锡多金属成矿作用，可以促使岩石中的稀土元素成倍浓集，尤以岩浆期后热液较晚阶段形成的锡石-多金属硫化物矿石居多。

表 1　宝坛地区主要锡矿石和岩石的稀土元素及其平均含量

类别	样号	元素含量 / ($\mu g \cdot g^{-1}$)															特征参数					
		La	Ce	Pr	Nd	Sm	Eu	Gd	Tb	Dy	Ho	Er	Tm	Yb	Lu	Y	∑Ce	∑Y	∑REE	∑Ce/∑Y	Ce/Yb	δEu
锡石-多金属硫化物矿石	1	40	78	11	41	4.9	1.03	5.4	1.6	7.1	1.3	3.2	0.42	3.2	0.44	26	175.93	48.66	224.59	3.62	24.38	0.62
锡石-绿泥石石英矿石	2	36	62	8.3	32	4.5	1.7	5.8	1.02	6.2	0.98	2.6	0.32	2.1	0.34	19	137.4	38.36	175.76	3.58	29.52	1.03
锡石-电气石石英矿石	3	30	52	8.0	26.5	3.6	1.0	4.5	1.1	5.8	1.13	3.0	0.42	3.1	0.46	24	121.1	43.51	164.61	2.78	16.77	0.77
粉砂岩、砂岩	4	34	54	7.7	27.5	3.1	0.95	4.3	1.1	4.5	0.76	2.1	0.23	1.65	0.28	16	127.25	30.92	158.17	4.12	32.73	0.81
石英闪长岩	5	16	34	4.0	16.5	1.8	0.54	3.3	1.0	4.1	0.84	2.3	0.35	3.0	0.36	20	72.84	35.25	108.09	2.07	11.33	0.68
花岗岩	6	8.5	17	2.6	8.5	1.6	0.08	1.6	0.32	2.2	0.30	0.9	0.18	1.2	0.16	6.2	38.28	8.94	47.22	4.28	25.00	0.15
矿石平均	1~3	35.3	64	9.1	33.2	4.3	1.24	5.2	1.24	6.4	1.14	2.9	0.39	2.8	0.41	23	144.81	43.51	188.32	3.33	23.56	0.81
岩石平均	4~6	19.5	35	4.8	17.5	2.2	0.52	3.1	0.81	3.6	0.63	1.8	0.25	1.95	0.27	14	79.46	25.04	104.49	3.49	23.02	0.55

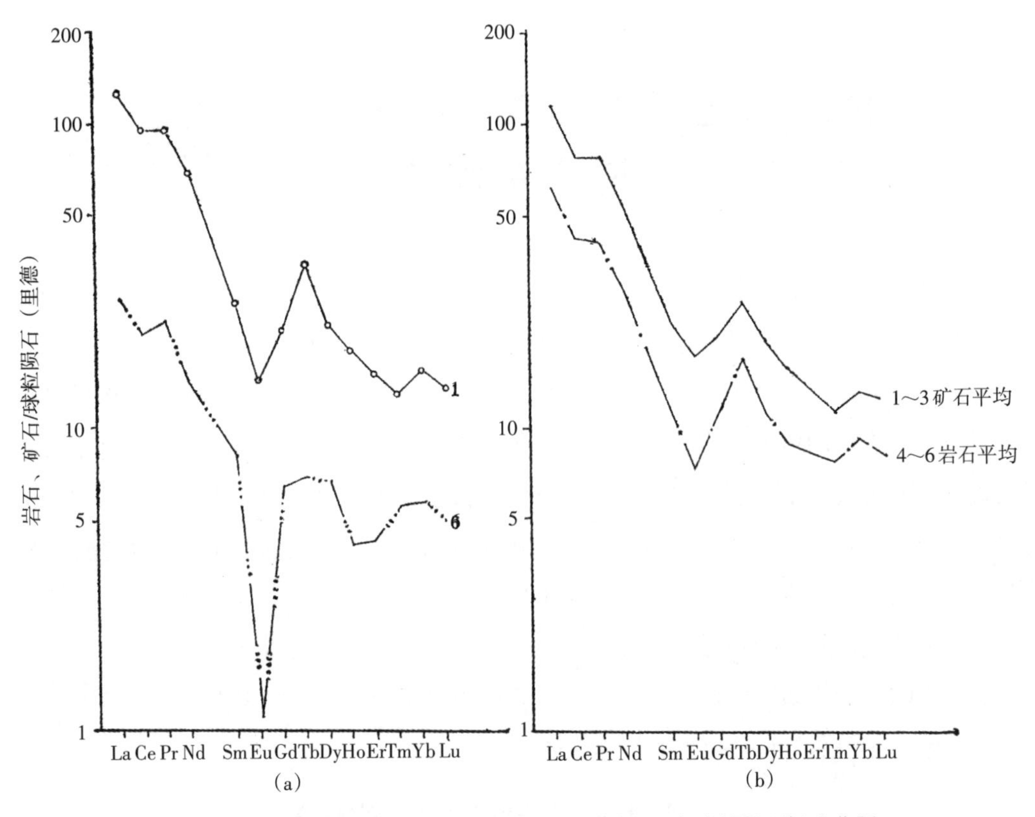

图1　宝坛地区锡矿床主要岩石、矿石的稀土元素球粒陨石标准化图

【注】本文与宁雄荣合署，本人执笔，由广西地质学会主办的《广西地质学会会刊》1988年第2期发表。

桂北古老基底各类矿床的控矿因素与分布规律

桂北古老基底位于扬子准地台江南台隆的西南端，地跨桂北环江、罗城、融水、融安等地和黔东南从江部分地区，共约7000 km^2。

该区由元宝山、摩天岭和宝坛等略呈北北东向延伸的穹窿构造组成。穹窿轴部分布着由中元古代四堡群变质岩构成的呈近东西走向的紧密线型倒转褶皱，翼部不整合覆盖着新元古代板溪群至早古生代寒武系、晚古生代中泥盆统至石炭系两套砂岩、泥岩、石灰岩地层。岩浆活动强烈，从四堡期到雪峰期，形成众多的中性—超基性岩以及规模巨大的摩天岭、元宝山和平英等几个花岗岩体。

本区的成矿作用既强烈又十分复杂。按形成先后、成因特点及有用元素组合，可以划分为四大类，即四堡期镍铜矿床、雪峰期锡多金属矿床、加里东期至海西期铜多金属矿床、燕山期至喜马拉雅期钨锑铀矿床。

一、各类矿床的成矿控制因素

（一）四堡期镍铜矿床（Ⅰ）

本类矿床中，主要的有用矿产首先是产于四堡期第二次基性岩—超基性岩中的镍，其次是与之伴生的铜、钴和少量铂、钯，还有与之共生的石棉、蛇纹石，以及磁铁矿化、铬铁矿化。

根据资料对比，四堡群与赣北九岭群相当。九岭群九都组凝灰质千枚岩Rb-Sr等时线年龄为1401 Ma，因此本区被四堡期第四次英云闪长岩-花岗闪长岩Rb-Sr等时线年龄为957～1063 Ma（据叶伯丹和赵子杰资料）的本洞岩体所切割的含镍铜矿的基性岩—超基性岩的年龄，应介于1000～1400 Ma之间，属中元古代。

这些超基性岩是在中元古代优地槽褶皱回返过程中侵入的。其含矿性的优劣条件为：①岩浆岩的 w（MgO）/［w（Fe_2O_3）+ w（FeO）］值为1.6～4.8，平均3.3，MgO含量为15%～22%，辉石属单斜辉石并且含斜长石者，对硫化镍等成矿有利；而MgO含量高达26%～29%，w（MgO）/［w（Fe_2O_3）+ w（FeO）］值为3.1～5.2，平均4.2，几乎不含斜长石者，其中的镍多呈硅酸镍状态趋于分散。②产于背斜正常翼的含矿岩床，产状平缓，其受后生地质作用影响微弱，以形成低品位矿石为主；产于背斜倒转翼上的含矿岩床，产状较陡，因构造虚脱易受同期岩浆热液交代，多能形成工业矿体。③还有一些靠近雪峰期花岗岩体的含镍铜矿超基性岩床，易受花岗岩浆热液的叠加改造，能够形成规模稍大、含矿较富的岩浆热液交代型矿床。

（二）雪峰期锡多金属矿床（Ⅱ）

这是本区最重要的一类矿床，已初步探明一洞有1个大型矿床，九毛、六秀、沙坪3个中型矿床，以及红岗、五地、加龙、乌勇岭4个小型矿床，还有20多处矿点。

本类矿床的主要成矿条件是：

1. 花岗岩成矿条件

（1）在空间上，锡矿床都围绕雪峰期花岗岩体分布，从内接触带向外，依次出现锡（钨、铋）矿化-云英岩化带、锡（铜）矿化-电气石化硅化带、锡多金属矿化-绿泥石化硅化带，对应形成锡（钨、铋）-云英岩型、锡（铜）-电气石石英型、锡多金属-硫化物绿泥石型矿床（毛景文和唐绍华，1986；冼柏琪，1986）。

（2）在时间上，锡矿床的成矿时代，在宝坛、元宝山一带为距今848～773 Ma，三防地区可能稍晚。

（3）在矿体产状上，严格受成矿母岩体的产出形态控制。矿化和热液蚀变，主要沿着雪峰期花岗岩体顶面的凸起和凸起带发育（彭大良和冼柏琪，1986）；在岩体顶面的下凹带，一般都很弱。在岩体顶面两个方向凸起带的交叉地段，岩体顶面凸起最高，例如一洞岩凸、陈家岩凸和黄家岩凸矿化都很好，而且内外接触带的热液蚀变也较强；在岩凹上方，多数矿化不好，且内外接触带的热液蚀变普遍较弱。从地质和物化探资料分析，宝坛地区已出露地表的平英、清明山、田蓬花岗岩体及其附近的另外14处花岗岩小岩株，在地表呈现布伽重力低异常，可同摩天岭、元宝山两个岩基的重力低异常对比（图1），

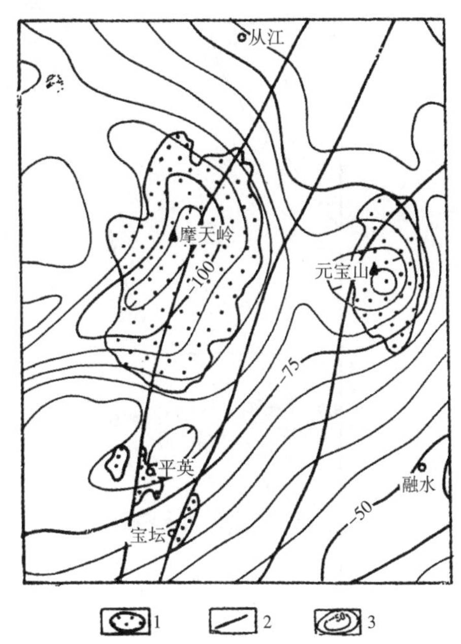

图1　桂北古老基底雪峰期花岗岩及其反映出的布格重力低异常

1. 出露的花岗岩体；2. 区域大断层；3. 布格重力等值线（单位mGal）

因此可以认为，宝坛地区已出露地表的多处花岗岩在深部可能是互相连通的一个岩基。初步预测，这个花岗岩基（称大平英岩体或平英半隐伏岩体）的面积有500~600 km²，已出露部分约占10%，岩体顶面较缓，呈波浪状起伏，有许多北北东走向和沿四堡期褶皱轴呈北西西走向的凸起带，除形成平英、清明山、田蓬3个大岩凸之外，尚有30多处小岩凸（图2）。这些岩凸的上方和周围，是形成锡多金属矿床的主要场所。

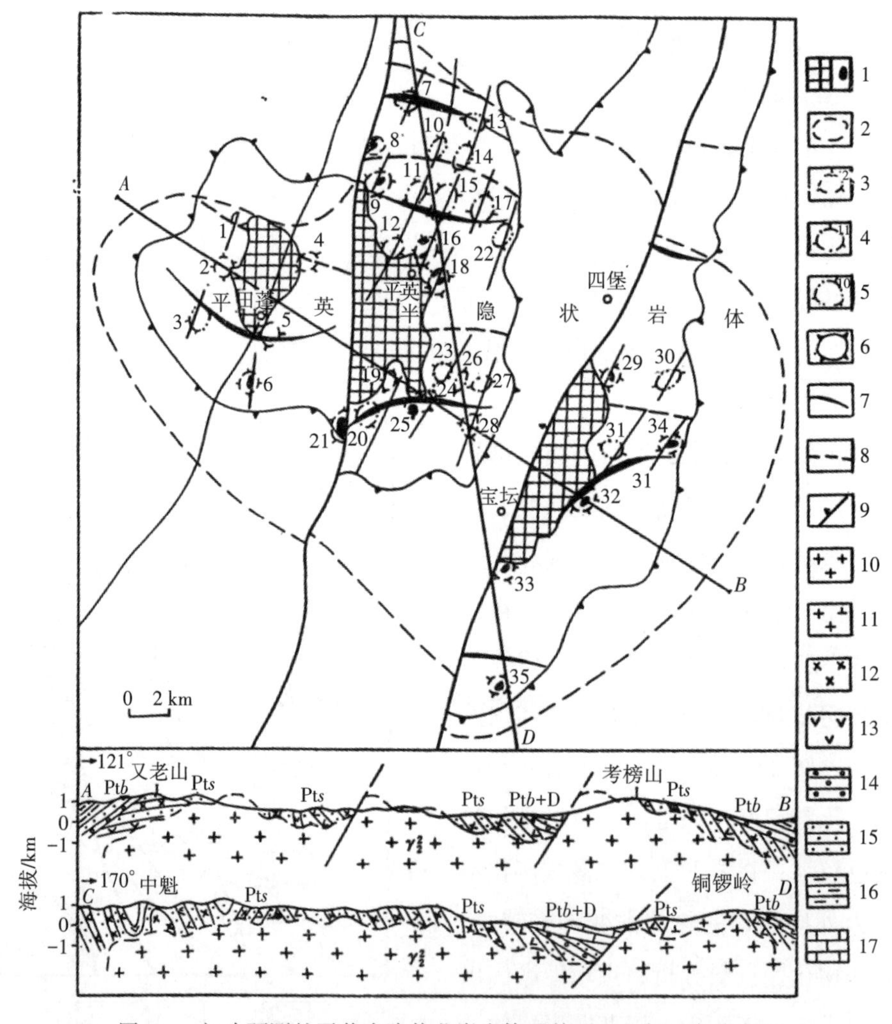

图2　初步预测的平英半隐伏花岗岩体及其顶面凸起示意分布图

1. 已出露的花岗岩（左大，右小）；2. 推断的隐伏花岗岩体边界线；3. 已部分剥露的小岩凸及编号；4. 根据有关标志推断的小岩凸及编号；5. 按产出规律推断的小岩凸及编号；6. 宝坛穹窿构造；7. 背斜轴；8. 向斜轴；9. 断裂带；10. 花岗岩；11. 英云闪长岩；12. 中基性岩；13. 基性—超基性岩；14. 砾岩；15. 砂岩；16. 粉砂质泥岩；17. 石灰岩；Pts. 中元古代四堡群；Ptb. 新元古代板溪群；D. 泥盆系

（4）在成矿物质的富集作用上，雪峰期花岗岩提供主要的成矿物源和热力条件。本区的雪峰期花岗岩富含硅、钾、锡，同时富含硼、氟等矿化剂，与世界含锡花岗岩的化学成分相似。据统计，SiO_2含量大于74%，K_2O含量大于4.6%，而且K_2O含量大于Na_2O，含硼量大于176 μg/g，氟含量也在900 μg/g以上。稀土元素分布模式图呈向右倾斜的“V”字形，铕亏损较明显。由平英岩体内部相的石英-磁铁矿矿物对氧同位素计算的成岩温度为612 ℃，按盖层厚度估算其侵位深度为3.2～4.0 km，压力为（1.056～1.320）$\times 10^8$ Pa。宝坛地区未受后生地质作用影响的17个不同地段的花岗岩样品，平均含锡14.1 μg/g，相当于世界花岗岩克拉克值的5倍，是本区域含锡较高的地质体（另据程先跃资料，元宝山花岗岩含锡14.5 μg/g，摩天岭花岗岩含锡8.3 μg/g）。本区的雪峰期花岗岩属于硅铝壳熔融并发生底辟侵入而形成的壳源型花岗岩，是比较典型的含锡花岗岩。

2. 控矿构造因素

（1）褶皱构造。规模不同的一、二、三级褶皱构造，分别控制矿田、矿区和矿床（或矿段）的展布。由雪峰期花岗岩底辟侵入作用引起地壳局部抬升而形成的、为四堡期构造层（基底）与雪峰期构造层（盖层）所组成的本区最高一级褶皱——宝坛、摩天岭、元宝山三个穹窿构造，同大平英、摩天岭、元宝山三个花岗岩基相对应，分别控制形成宝坛、摩天岭、元宝山三个锡多金属矿田。由于岩浆底辟引起的升降运动规模较小，只使穹窿的下构造层（四堡期构造层）中的北西西向与北北东向断裂复活和加强，很少形成切破上构造层（雪峰期构造层）的断裂，所以锡多金属矿化和热液蚀变以及金属元素晕都很少进入雪峰构造层内，仅在它的第一分层——白竹组中局部出现微弱的锡、铜矿化和铜、铅、锌的化探异常；第二级褶皱是穹窿轴部由四堡期构造层组成的北西西走向（个别近南北走向）的褶皱，由于背斜比向斜具有更好的封闭条件，因而使封存于四堡期构造层中的锡多金属矿化以及由其引起的金属元素异常，绝大部分集中于各背斜内（冼柏琪，1984），分别控制了一洞、五地、红岗山、池洞、才滚、清明山、九毛等矿床的形成；第三级褶皱是指四堡构造层内各背斜中的更次一级的小褶皱，往往是控制矿床或者矿段的具体构造，在各个背斜都有出现，尤以倒转背斜的轴部和倒转翼比较常见，例如一洞锡矿床的黄家小褶皱，控制了从黄家到尹家一带的众多陡倾斜大脉、细脉带和缓倾斜矿脉密集分布。

（2）断裂构造。断裂构造对锡矿床、矿体的控制也非常明显。其中最主要的控矿断裂是北北东向断裂系，它由一、二条北北东或北东走向的先张后压的陡倾斜主干断层和与主干断层有成生联系的近南北走向的次级陡倾斜压性断层裂隙带和缓倾斜层间断层裂隙带所构成。一般每隔300～400 m出现一条主干断层，构成一个断裂系。主干断层是导矿构造，也可以是容矿构造，往往可控制形成多期次热液叠加的富矿体，其旁侧的次级断层裂隙带和层间断层裂隙带都是容矿构造，可控制1～2个阶段的热液脉动，形成中—贫矿体。例如一洞矿床的431号断裂系，包括F40主干断层及其旁侧的次级断层裂隙带、层间断层裂隙带，控制并形成了30多条锡矿脉。当主干断层的挤压特征明显，沿走向和倾向波状弯曲变化大时，含矿性较好。一些张性特征明显，而且沿走向、倾向变化不大的主干断层，往往只作为导矿构造，其自身仅有热液蚀变，含矿性很差。当北北东向断裂系横切北西西向背斜的轴部或其倒转翼，同时与花岗岩的凸起带吻合时，往往控制矿脉成群出现，含矿较富；切过各向斜轴部或者处在花岗岩下凹带的北北东向断裂系，含矿性都很差，甚至无矿。

3. 围岩岩性与区域地球化学背景

根据宝坛地区各类岩石、矿石样品的分析结果，按与本类矿床成矿作用有关的四堡群砂岩、四堡早期基性—超基性岩、四堡晚期中性—酸性岩、雪峰期花岗岩四大类岩石和锡矿石共五类岩矿石的出露面积加权，概算出宝坛地区主要成矿元素的地球化学背景（表1）。其中，锡、铟、锑、铋、钨的含量分别相当于地壳克拉克值的3.6、46.0、28.3、3.2、2.5倍，其他许多元素也比克拉克值稍高，这个地球化学背景决定本区锡矿床除富含锡之外，还比较富铟、锑、铋、钨、铜、铅、锌和镓等。由于各大类岩石的元素组合及其浓集程度差异较大，因而往往会对产于其中的锡矿体的元素组合及含量高低产生一定的影响。例如雪峰期花岗岩富含锡、钨，因此产于其内接触带的云英岩型矿床，除含锡之外，钨局部可达工业要求；四堡期基性—超基性岩富含镍、铜、钴、铟、锑、锌，四堡群砂岩富含铜、铅、锌、铟、镓等，所以产于其中的锡矿体往往也相对富集这些元素。本类矿床的许多矿体都产于基性—超基性岩内，这不仅由于该套岩石含锡丰度较高，而且还由于这些围岩提供了有利于锡沉淀的物理化学环境，岩石结构均匀容易依力偶方向应变和断裂，含SiO_2较少，含CaO、MgO和Na_2O较多，可交代性较强，容易改变偏酸性的含锡热液的pH值，破坏含锡络合物的稳定性，使锡发生沉淀成矿。

表1　宝坛地区主要岩矿石的成矿元素含量表

岩石、矿石种类	面积/km²	主要成矿元素/(μg·g⁻¹)										
		Sn	W	Cu	Pb	Zn	Sb	Bi	Ag	Nb	In	Ga
雪峰期花岗岩	352.5	9.1	6.22	54.2	28.3	73.3	7.95	0.64	0.027	21.10	2.2	22.94
四堡期中酸性岩	67.3	4.5	1.08	44.0	30.1	90.1	1.57	0.54	0.04	22.86	2.2	19.24
四堡期基性—超基性岩	68.0	6.3	0.52	90.9	10.8	130.1	9.50	0.50	0.08	19.67	10.0	16.93
四堡群砂岩	217.5	4.2	1.49	84.6	30.8	151.1	1.98	0.43	0.036	23.04	7.6	23.91
锡　矿　脉	0.04	7000										
面积加权平均值	705.34	7.3	3.72	66.1	27.6	104.4	5.56	0.55	0.039	21.73	4.6	22.31
克拉克值（Taylor，1964）		2	1.5	55	12.5	70	0.2	0.17	0.07	20	0.1	15
浓集程度/倍		3.6	2.5	1.2	2.2	1.5	28.3	3.2	0.5	1.1	46	1.5

（三）加里东期至海西期铜多金属矿床（Ⅲ）

这一类矿床包括铜、铀、铅、锌和白钨矿等，矿产地星罗棋布，分布范围遍及四堡群至震旦系以及四堡期、雪峰期的岩浆岩，例如龙台山和达兴小型铜矿床、地虎小型多金属矿床、D村321矿床等。矿床主要受经加里东运动复活加强的北西向至近东西向的张性断裂控制。本区40个各类岩浆岩的（全岩、矿物K-Ar法）变质年龄和本类型矿床的7个方铅矿模式年龄、2个沥青铀矿的U-Pb年龄数据（图3）表明，矿床的形成时期与岩石变质年龄比较集中的一段彼此相当，说明本类矿床的形成可能与区域变质作用有关。

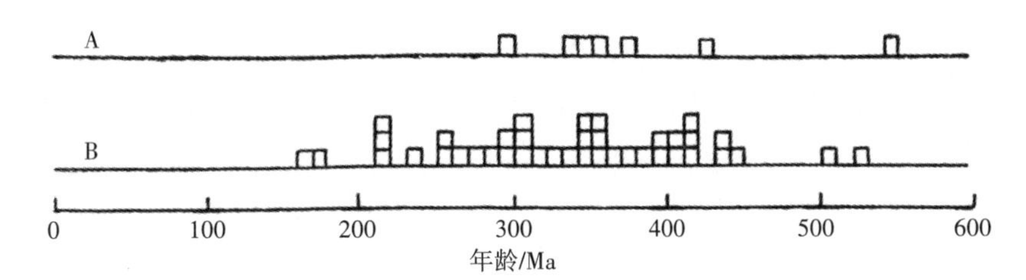

图3　桂北古老基底成矿区第Ⅲ类矿床的矿石年龄与各类岩石的变质年龄对比图
（根据中国地质科学院宜昌地质矿产研究所、中南地质勘探局305队、广西地质矿产局地质研究所和第七地质队资料编绘）

A. 矿石年龄；B. 岩石变质年龄

本类矿床同岩浆活动没有明显的关系。在加里东运动的影响下，含矿热液可能是变质成因的，由区内各种岩、矿石中含有的并且在中等温度（257～265 ℃）条件下易被活化的元素参加成矿，所以矿体富含铜、铅、锌、铀、钨、镉，几乎不含锡和铟。

（四）燕山期至喜马拉雅期钨锑铀矿床（Ⅳ）

本类矿床主要沿北北东向区域大断层及其旁侧（尤其上盘）断裂分布，包括元宝山矿田沿龙岸大断裂带分布的黑钨矿石英脉矿床（如平洞岭中型矿床）、摩天岭花岗岩体内的3条北北东向大断层及其两侧的“321”矿床（如S村矿床）、宝坛矿田的田蓬-怀群断裂带附近的辉锑矿石英脉（如黑刚矿点）和四堡、龙岸大断裂带上的多金属矿化（如白石矿点）等。矿脉产出层位可从四堡群至石炭系，未见与岩浆岩存在直接成因联系，是低温热液充填交代所成。成矿温度普遍较低，如黑刚锑矿的形成温度仅132 ℃，无气液包裹体。

本类矿床的成因有待进一步研究。

二、矿床的分布规律

（一）雪峰期锡-多金属矿床（Ⅱ）的分布规律

本区的锡-多金属矿床围绕着雪峰期的3个花岗岩基分布，基本集中在3个矿田之内。从矿田到矿床、矿体，因受不同级别的成矿条件控制，其各自的分布规律也有所不同。

1. 矿田的分布规律

桂北古老基底成矿区有宝坛、摩天岭、元宝山3个锡-多金属矿田，其范围相当于雪峰期穹窿构造+雪峰期花岗岩基，其所蕴藏的矿产资源的潜力决定于穹窿构造和花岗岩基的剥蚀程度。宝坛矿田剥蚀较浅，花岗岩体剥露部分只占整个岩体面积的10%，岩体顶面倾角较缓，红岗山、五地等主要矿化中心多未剥露，保存在易于探采深度内的矿产较多；元宝山矿田和摩天岭矿田，花岗岩体的出露部分占整个岩体面积的50%～60%，岩体接触面普遍较陡，岩体中心部分的顶盖及其中的矿产已剥蚀殆尽，因此保存的矿产相对较少。

在矿田范围内，围绕着成矿花岗岩体，从内接触带向外依次形成锡（钨）-云英岩型矿床（Ⅱ1）、锡（铜）-电气石石英型矿床（Ⅱ2）、锡石-绿泥石型矿床（Ⅱ3）、锡多金属-硫化物型矿床（Ⅱ4），以产于外接触带的Ⅱ2～Ⅱ4型矿床的工业价值较大。

2. 矿区和矿床的分布规律

矿区范围基本与四堡构造层中的背斜吻合。在矿区范围内，锡-多金属矿床多分布于花岗岩体凸起的上方及其周围，尤其是北北东向断裂系横跨四堡期背斜，并在背斜轴部和倒转翼上发育次级小褶皱的地段。若具备了这些条件，并有较多基性—超基性岩作为围岩时，便往往有一定规模的矿床分布。

3. 矿体的分布规律

所谓矿体的分布规律，即指矿床范围内矿化最富集部位的分布特点。本成矿区锡-多金属矿化的富集部位主要分布在：①花岗岩凸起带脊线附近的北北东向断裂系；②花岗岩凸的凸面及其周围的断裂；③北北东向断裂系主干断层上盘的断层裂隙带；④断裂产状和破碎带宽窄频繁变化，沿走向或倾向呈波状弯曲或反向倾斜的地段以及挤压破碎带较宽的部位；⑤断裂多次活动，并伴随有多阶段矿化和热液蚀变的地段；⑥枢纽断层的枢纽附近；⑦断层分叉或复合处；⑧中基性岩被北北东向断裂系切割的地方；⑨花岗岩凸上方次级小背斜内的层间剥离构造，包括砂岩-泥质粉砂岩层间断裂和中基性岩、砂岩、花岗岩之间的接触面断裂。

（二）其他类型矿床的分布规律

第Ⅰ类岩浆熔离型镍铜矿床，产于四堡期同构造侵入并且分异较好的铁质超基性岩岩床的底部，处在近东西向倒转背斜正常翼底部的矿体交代作用不发育，以低品位矿石为主，倒转翼“顶部”的矿体自交代作用发育，含矿较富，多能形成工业矿体。

第Ⅲ类含铜石英脉和多金属石英脉型矿床（点）分布很广，几乎都在北西西向或北西向断裂中，以断裂切割中基性岩地段较好。

第Ⅳ类钨、锑、铀矿床，产于从古生代至中生代长期活动的北北东向大断裂带。在区域分布上，有东钨西锑、铀的趋势：黑钨矿石英脉型矿床分布于东部元宝山地区；铀矿床主要产于摩天岭含铀花岗岩体及其接触带；宝坛地区锑矿点较多，并伴有金的异常。

三、新元古代锡-多金属矿床的成矿模式

综合本成矿区已知锡-多金属矿床的地质特征、控矿因素、成矿机理以及成矿的地质-地球化学环境，初步建立了新元古代锡-多金属矿床的成矿模式（图4）。本区的锡-多金属矿床形成于距今848～773 Ma之间；是由雪峰期花岗岩带出的锡、钨、铋、

热液活动阶段	矿床类型	蚀变组合	成矿模式图		地球化学标志				成矿温度/℃
			第一阶段	第二阶段	主要矿质	主要矿剂	F/Cl	pH	
锡多金属-硫阶段（二）	锡多金属-绿泥石石英硫化物型（Ⅱ3、Ⅱ4）	绿泥石化、硅化	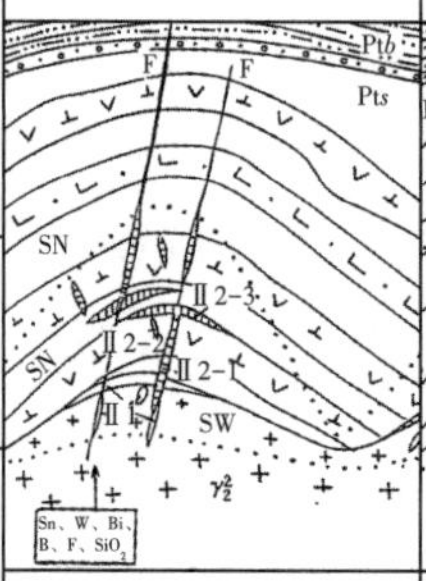	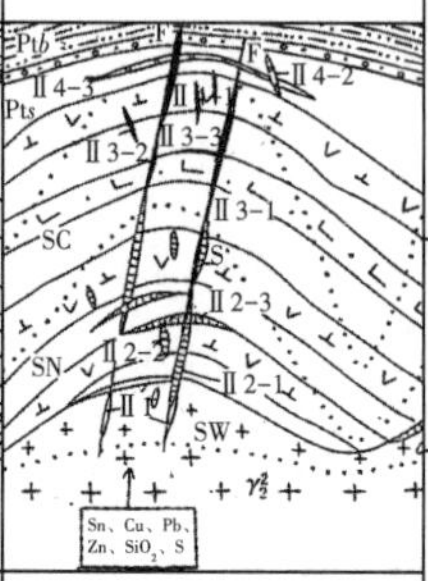	锡多金属	硫	$n\times10^1$	5.82	297
锡钨-氟硼阶段（一）	锡（铜）-电气石石英型（Ⅱ2）	电气石化、硅化			锡（铜）	硼	$n\times10^2$	6.39～6.82	268
	锡（钨）-云英岩型（Ⅱ1）	云英岩化、电气石化			锡（钨）	氟	1×10^3	6.84	324

图4　桂北古老基底新元古代锡-多金属矿床成矿模式图

1. 锡（钨）-云英岩型矿床（Ⅱ1）；2. 锡（铜）-电气石石英型矿床（Ⅱ2）（Ⅱ2-1代表主干断层中的陡倾斜大脉，Ⅱ2-2代表旁侧断裂中的细脉带，Ⅱ2-3代表层间断裂中的缓倾斜矿脉）；3. 锡石-绿泥石石英硫化物型矿床（Ⅱ3）（Ⅱ3-1、Ⅱ3-2、Ⅱ3-3矿脉类型的含义同前）；4. 锡多金属-硫化物型矿床（Ⅱ4，似层状及脉状矿体）；5. 内接触带锡钨矿化-云英岩化电气石化带；6. 近外接触带锡矿化-电气石化硅化带；7. 远外接触带锡多金属矿化-绿泥石化硅化带；8. 矿化蚀变带分界线；9. 成矿物质及其主要来源方向；10. 北北东向断裂系；11. 雪峰期细粒花岗岩；12. 雪峰期中—粗粒花岗岩；13. 四堡期中性—超基性岩（石英闪长岩、闪长岩、辉长辉绿岩、辉石岩）；14. 四堡期中性—基性火山岩（凝灰岩、细碧角斑岩）；15. 中元古界四堡群砂岩、泥质粉砂岩；16. 新元古界板溪群底砾岩；17. 板溪群砂泥岩

铜、硼、氟、硅等物质与大量热能，从围岩萃取的部分水、硫和其他一些元素，四堡期与雪峰期背斜构造和北北东向断裂系，以及有利于成矿物质沉淀的中性—超基性围岩等因素联合控制形成的。整个成矿过程，包括较早的锡（钨、铋、铜）-硼氟岩浆热液活动阶段，较晚的锡多金属-硫岩浆热液与地下水混合热液活动阶段，共8次脉动。两大成矿阶段均由碱质脉动开始，进而到成矿物质的大量晶出。其中，第一阶段以钠质交代开始，接着是比较纯粹的岩浆热液活动，在花岗岩体的内接触带和近外接触带形成矿物组合比较简单的锡（钨、铋）-云英岩型和锡（铜）-电气石石英脉型矿床；第二阶段以钾质充填和交代开始，随后是岩浆热液与地下水混合热液活动，在花岗岩体的外接触带（包括近外带到远外带）形成锡多金属硫化物-绿泥石石英型矿床。

参考文献

[1] 毛景文，唐绍华，1986. 广西一洞五地锡矿床的围岩蚀变研究［J］. 中国地质科学院院报（2）.

[2] 冼柏琪，1986. 宝坛锡矿田的矿化蚀变分带及其意义［J］. 矿床地质，5（4）.

[3] 彭大良，冼柏琪，1986. 广西罗城宝坛地区花岗岩与锡矿成矿作用的关系［Z］. 内部资料.

[4] 冼柏琪，1984. 试论广西锡矿的成矿条件及分布规律［J］. 地质学报，58（1）.

【注】本文为陈毓川、裴荣富等主编的《南岭地区与中生代花岗岩类有关的有色及稀有金属矿床地质》专著之一节，本人1985年编写，由地质出版社1989年出版。

云开隆起区主要类型矿床的基本特征及分布规律

云开隆起区是指粤桂两省区交界的云开大山一带，由加里东运动初步定型而后又经钦州运动、印支运动复杂化的构造隆起区，围限于博白-梧州、吴川-四会两条深断裂带之间（图1）。

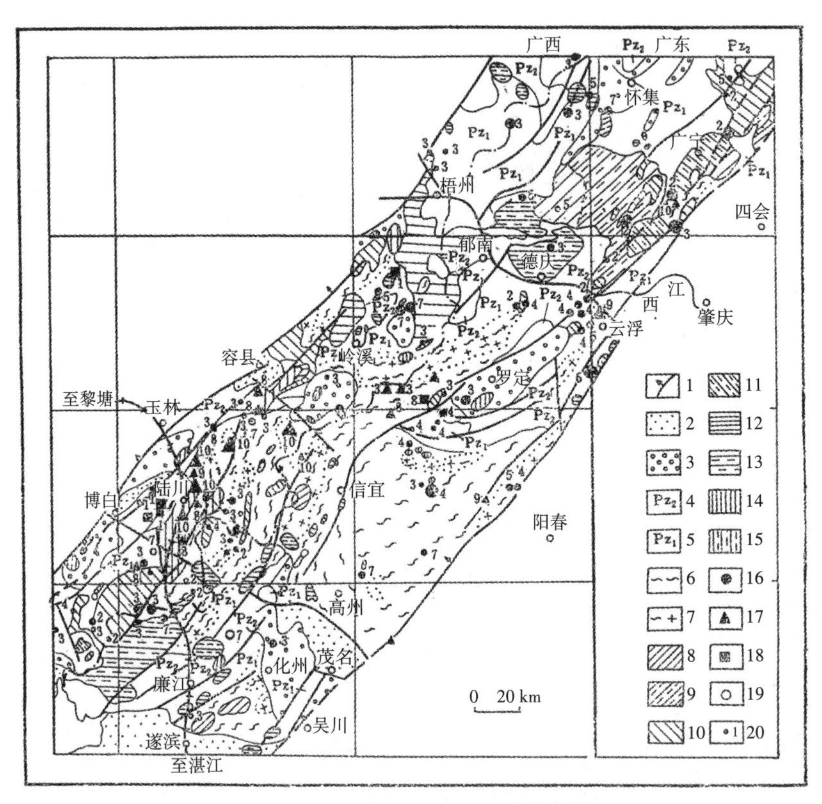

图1　云开隆起成矿区地质矿产图

1. 断层；2. 新生代盆地沉积层；3. 中生代盆地沉积层；4. 上古生界；5. 下古生界；6. 印支期混合岩；7. 印支期混合花岗岩；8. 加里东期壳源型花岗岩；9. 加里东期混源型花岗岩；10. 印支期壳源变质型花岗岩；11. 印支期混源型花岗岩类；12. 燕山早期壳源深熔型花岗岩；13. 燕山早期混源型花岗岩类；14. 燕山晚期壳源深熔型花岗岩类；15. 燕山晚期混源型花岗岩类；16. 海西—印支期花岗岩成矿系列与岩浆活动直接有关的矿床；17. 海西—印支期花岗岩成矿系列与岩浆活动间接有关的矿床；18. 燕山期花岗岩成矿系列的矿床；19. 未分系列的矿床；20. 矿种编号［1. 钼钨矿；2. 铌钽矿；3. 金（银）矿；4. 锡矿；5. 钨矿；6. 毒砂-多金属矿；7. 铅锌（铜）矿；8. 铁矿；9. 黄铁矿；10. 稀土矿］

该区经历了复杂的地质发展历史。其中最主要的地质记录是：①伴随加里东运动、钦州运动和印支运动发生广泛的区域变质及混合岩化，在成矿区中心地带形成一条以印支期区域变质岩-混合岩、动力变质岩为主体，并伴有许多壳源变质型（简称变质型）花岗岩、壳源深熔型（简称壳源型）花岗岩体断续分布的变质岩-花岗岩带，同时形成了伟晶岩型稀有金属矿床、混合岩型稀土金属矿化和金的初步富集；②加里东运动以来，长期活动的博白-梧州、吴川-四会深断裂带及其旁侧断裂系统控制了许多加里东期、海西期、印支期、燕山期壳源型花岗岩类、幔壳混合源型（简称混源型）花岗岩类侵入体，以及同这两类花岗岩有关的金、锡、钨、钼、铜、铅、锌、银、硫等矿床。本区是南岭地区比较重要的贵金属、稀有金属和有色金属成矿区。

一、主要类型矿床的基本特征

本成矿区与岩浆活动直接或间接有关的矿床类型较全，矿产的种类也较多，分别属于深变质带内与海西—印支期为主的混合花岗岩-花岗岩有关的成矿系列（简称海西—印支期花岗岩成矿系列，代号Ⅳ）、与燕山期浅成—超浅成中酸性花岗岩有关的成矿系列（简称燕山期花岗岩成矿系列，代号Ⅱ）（陈毓川，1983）。其中，以前者的南平式铌钽矿床、河台式金（银）矿床，以及后者的银岩式锡（钨多金属）矿床最重要。

（一）南平式——伟晶岩型稀有金属矿床

此类矿床沿着本区中部的强区域变质-混合岩化与动力变质复合带分布。已发现不同程度矿化的稀有金属伟晶岩脉两三千条，其主要特点如下：

（1）含矿伟晶岩脉产于印支期构造岩浆活动带内，多数分布于形态复杂的外接触带变质岩中，或者产于糜棱岩化的花岗岩、花岗片麻岩内。岩脉多数平行矿化带，呈北东走向成群成带产出，其中矿体多数宽0.5～5.0 m，长几十米至300 m，最大深度可达600 m。横山矿区的铌、钽矿化伟晶岩的成岩年龄为211～236 Ma。

（2）所有伟晶岩全为花岗伟晶岩。一般原生结构分带不明显，普遍发育热液蚀变，以钠长石化、云英岩化最常见。

（3）矿化以铌、钽为主，不同地段还可分别有锡、钨、铍的局部富集。在矿化带的北东段（广宁江屯—郁南内翰），区域变质和混合岩化较弱，伟晶岩脉多产于花岗岩外接触带含（或者不含）堇青石的二云石英片岩、黑云长英角岩、黑云变粒岩中，含矿较富。矿化带的西南段（北流陆靖—博白松山），区域变质、混合岩化及动力变质较强，伟晶岩产于片岩、部分混合岩、花岗糜棱岩中，也以铌、钽矿化为主，但含矿较贫。含矿伟晶岩由30～50种矿物组成，其中主要有用矿物是铌钽铁矿和细晶石、变种锆石、锡石、绿柱石、锰钽矿、锰钽铁矿、褐钇铌矿、黑钨矿、铌钽金红石、铌铁金红石、锆石、硅铍石，尚有少量重钽铁矿、钙铌钽矿、独居石、磷钇矿、晶质铀矿等。

（4）伟晶岩的成矿作用可分为三个阶段（刘宗藩等，1966）：①残余花岗岩浆侵入，形成含矿较贫（往往有粗晶铌铁矿、绿柱石）的简单伟晶岩；②钠长石化阶段，各种叶片状、糖粒状、板条状钠长石交代伟晶岩，伴随有铌、钽等稀有金属富集；③云英岩化阶段，形成绿柱石，并且往往促使铌、钽、锡、钨等进一步富集。伟晶岩的矿化程度与后期气液交代作用密切相关，其中铌、钽、锡与钠长石化的关系最密切，钠长石化越强，铌、钽就越富。

（二）河台式——蚀变破碎带型金（银）矿床

本类型矿床主要产于陆川-罗定-广宁动力变质带内，沿着吴川-四会、博白-梧州两条深断裂的动力变质带，也已发现较多矿化线索。该类型矿床的主要特点如下：

（1）矿体受印支期—燕山期区域变质、动力变质和岩浆活动的复合带控制，产于其中长期活动的断裂带中，由含金（银）的黄铁绢英岩化糜棱岩、千枚岩、角砾岩及其附近断裂中的含金石英脉组成。以糜棱岩中的矿体含矿较富，如河台、金山矿床；角砾岩中者较贫，如连州、北容等矿床、矿点。矿体的围岩是经过不同程度压碎的各类混合岩、混合花岗岩、花岗岩和片岩、砂页岩，常伴随硅化、绢云母化和黄铁矿化。

（2）按矿物组合及含矿特征，可分为两个亚型：

①含金蚀变破碎带亚型：如河台、大剑洞等矿床。金矿化富集于黄铁绢英岩化千枚岩、角砾岩内，或者糜棱岩带的破碎石英脉中；有用矿物主要是自然金，多为小于0.01 mm的细粒金。

②含金银蚀变破碎带亚型：如金山、高村、望天洞、连州等矿床。矿体产于蚀变糜棱岩（角砾岩）带；矿石矿物主要有银金矿、自然金、辉银矿、方铅矿、闪锌矿、黄铜矿和黄铁矿，并有少量毒砂、螺状硫银矿、自然银、辉钼矿和磷钇矿、独居石、钛铁矿等。个别矿床的镉也可以综合利用。

（3）在矿床内，常有含金石英脉或含银石英脉相伴产出，如金山矿床。

（4）矿床的形成，一般经历三个阶段：首先是富硅铝质的热液沿着早期构造带上升充填交代，形成硅化岩、绢英岩和含金黄铁矿石英脉；然后，随着构造复活而进入主要成矿阶段，富含金、银和多金属、硫的热液发生广泛充填、交代；最后是无矿石英脉、方解石脉和粗粒立方体状黄铁矿的生成。一般，金属硫化物的大量出现可视作金、银矿化富集的主要标志。金属硫化物种类多时，金矿化往往较好；而闪锌矿单独出现时，金矿化较差。金属硫化物呈团状、块状、脉状产出时，金矿化较富；呈自形晶粒星散出现时，金矿化较贫。

（5）与金矿床有一定成因联系的岩浆岩，主要是印支晚期至燕山早期中晚阶段的二长花岗岩、斜长花岗岩、花岗闪长岩和石英闪长岩，其次是燕山晚期早阶段的角闪黑云花岗岩和花岗斑岩。从金山金银矿床的围岩（金山西北侧潘车塘一带的角闪黑云二长花岗岩）的人工重砂样中含有1～3颗黄金（刘宗藩等，1966）来看，这些混源型花岗岩可能为该类型矿床提供了一部分成矿物质。

（三）银岩式——与花岗岩类有关的锡、钨多金属矿床

本类型矿床由一组矿床组成。其中主要有：

1. 斑岩型锡矿床

以银岩斑岩锡矿床为例（关勋凡等，1985）。该矿床产于含矿花岗斑岩岩筒中，主矿体隐伏于地下。从岩筒内部向上、向外，依次出现：岩筒下部辉钼矿-黑钨矿体（矿核），岩筒上部倒杯状锡石矿体，近地表石英斑岩脉中的脉状、透镜状锡石小矿体，外接触带脉状锡石-硫化物矿体（图2）。相应地发育三个蚀变带：岩体下部钼钨矿核及其以下的钾硅酸盐化与绢英岩化叠加带，岩体中上部的黄玉-绢英岩化带，斑岩围岩中的绿泥石角岩带。矿体规模大，仅岩筒上部主要锡矿体的厚度就达200 m以上。

该矿床的形成大致经历了三个阶段：首先是富含锡、钨、钼（含量达0.01%～0.02%）的花岗斑岩-石英斑岩体侵位，使围岩发生热接触变质；然后，岩浆后期聚集于岩筒上部富含锡、钼、钨、氟、氯等的气液流体在减压沸腾的条件下发生广泛交代，形成上述三个面型蚀变带，并导致锡、钼、钨沉淀，形成初步富集（含锡0.1%～0.2%）的矿体；最后，岩浆期后热液沿岩筒内外的断层、裂隙充填交代，在上述斑岩贫矿体中叠加了大致平行的和呈网状的锡石硫化物（和部分锡石石英脉）细脉带，同时在其附近几百米的围岩断裂中形成许多锡石硫化物细脉和少数大脉，伴随发生线型绿泥石化、硅化和黄铁矿化。斑岩体中造岩矿物气液包裹体的均一温度变化于600～1000 ℃之间（关勋凡等，1985），足见矿化和蚀变作用经历了一个很长的温度变化过程。由

上述三个阶段的产物叠加而成的斑岩锡矿体含锡可达0.42%左右，品位较稳定。矿体中常见的金属矿物有锡石、黑钨矿、辉钼矿、辉铋矿、黄铜矿、黄铁矿和镜铁矿，并含少量方铅矿、闪锌矿、赤铁矿、磁铁矿和磷钇矿等。其中锡石富集在中上部，辉钼矿、黑钨矿则以中下部较多。

这种含矿斑岩体产出于两条深断裂之间的硅铝质沉积岩、变质岩和混合岩分布区，形成于燕山晚期（距今92 Ma），具有高硅（含SiO_2 75.71%）、富碱（含Na_2O和K_2O 7.23%），K_2O含量大于Na_2O，贫二价阳离子，富含卤素，$w(Al_2O_3)/[w(Na_2O)+w(K_2O)+w(CaO)]$值为1.19，稀土总量较高（变化于292~497 μg/g之间），δEu为0~0.115，铕亏损很明显，稀土模式图呈对称的“V”字形（图3），与华南壳源成因的花岗岩类的稀土模式（杨超群，1982）相似，表明其成岩和成矿物质主要来自硅铝地壳，亦可能是加里东期—印支期花岗岩重熔的产物。

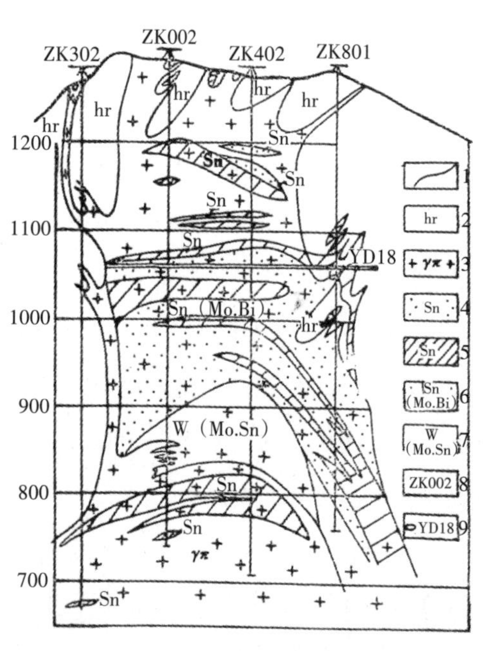

图2 银岩斑岩锡矿矿化分带剖面图
（据关勋凡等，1985）

1. 斑岩体及矿体与围岩界线；2. 角岩；3. 燕山晚期花岗斑岩；4. 锡矿体；5. 表外锡矿体；6. 以锡为主的锡-钼-铋矿体；7. 以钨为主的钨-钼-锡矿体；8. 钻孔及编号；9. 沿脉坑道及编号

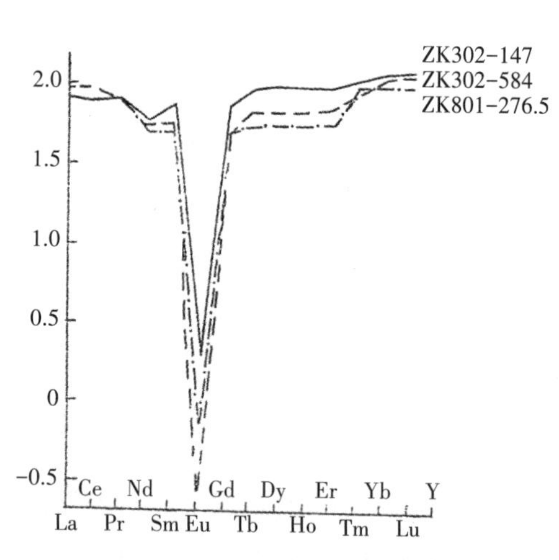

图3 银岩花岗斑岩稀土模式图
（据关勋凡等，1985）

纵坐标为岩石的REE含量与球粒陨石的比值的对数值

2. 石英脉型钨锡矿床

该类型矿床和矿点比较广泛地分布于本成矿区的东北半部。按矿物共生组合可以分为三个亚型。

（1）黑钨矿石英脉亚型：如怀集多罗山、岑溪太平、阳春上垌等小型矿床。其主要产于燕山早期第三阶段黑云母花岗岩的内、外接触带。黑钨矿石英脉常呈脉带产出，一个脉带（矿床）可有数十条至100多条脉，一般含WO_3 0.01%~0.9%。金属矿物除黑钨矿外，尚有少量黄铁矿、黄铜矿、辉铋矿、白钨矿、方铅矿、闪锌矿和毒砂，脉石矿物以石英为主，有少量白云母、萤石、方解石。常伴随硅化、云英岩化、电气石化和黄铁矿化。

（2）黑钨矿锡石石英脉亚型：产于云浮县大绀山燕山早期第三阶段中细粒黑云母花岗岩、二云母花岗岩的接触带。如大绀山小型矿床有大小矿脉109条，其中9号主矿脉平均含WO_3 0.5%、Sn 0.27%、Mo 0.1%。其由黑钨矿、锡石和少量方铅矿、闪锌矿、辉钼矿、黄铜矿、黄铁矿、辉铋矿、萤石组成，偶见绿柱石。脉壁伴有云英岩化、硅化和黄铁矿化。

（3）锡石电气石石英脉或锡石石英脉亚型：集中分布于云浮大绀山和罗定的贵子—罗镜两个地区，与燕山早期晚阶段黑云母或二云母花岗岩有关。例如已初勘的双德矿床（胡长霄等，1962）有锡石电气石石英脉110多条，矿体不连续，产于奥陶系砂质板岩、砂岩和千枚岩断裂中。与锡矿化密切的热液蚀变是电气石化和硅化。矿石由锡石、电气石、石英及极少量金属硫化物和绿泥石、绢云母、萤石、黄玉等组成。

二、成矿控制因素

（一）区域变质及混合岩因素

区域变质及混合岩化程度对矿化的富集或贫化有着重要影响。一般来说，对于金矿、铁矿、多金属矿和黄铁矿，以部分混合岩化和片岩化、千枚岩化的变质程度为最优。如罗定、容县、北流、陆川、博白、阳春、云浮等地的片麻岩型金矿床和沉积变质-热液改造型铁矿、多金属矿、黄铁矿矿床，都产于部分混合岩（条痕状、条带状混合岩）和片岩、千枚岩等中等程度的变质岩中。产于变质作用太弱或未变质岩中者，矿石质量差；但变质及混合岩化作用太强，又导致这些矿体融化分散，所以在高级混合岩区仅偶尔见到金矿体、铁矿体、多金属矿体和黄铁矿体的残留体（图4）。

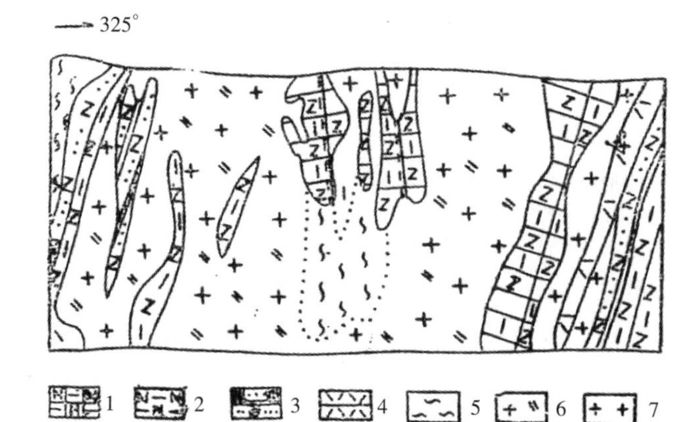

图4 罗定金牛高级混合岩-混合花岗岩中的金矿残留体
（据广东省地质矿产局719地质队）

1. 金矿体（含金黑云斜长片麻岩）；2. 黑云斜长片麻岩；3. 长石石英岩；4. 角闪片岩；5. 高级混合岩；6. 混合花岗岩；7. 中粒花岗岩

（二）岩浆岩因素

本区岩浆岩分布较广，根据不同时代岩浆岩的特征及其成岩、成矿特点，大致可分为以下四类。

（1）加里东期混源型和壳源型花岗岩：如永固、广宁（部分）、七星岩等二长花岗岩和花岗岩体，基本不成矿；北邻大宁花岗闪长岩体，可能是龙水、张公岭等金、银矿床的成矿母岩。

（2）印支期壳源变质型花岗岩：包括高级混合岩、混合花岗岩和与之同源的花岗岩。混合花岗岩和花岗岩的出露面积都较大。据分析数据，11个岩体平均含SiO_2 72.61%、K_2O和Na_2O 7.36%、$w(K_2O)/w(Na_2O)$值为1.38，岩石高硅富碱，$w(Al_2O_3)/[w(Na_2O)+w(K_2O)+w(CaO)]$值为1.12，主要是由地壳硅铝沉积岩深熔形成的。与其有关的矿产有南平式的铌、钽、锡和独居石-磷钇矿、金等。其中，铌、钽、锡（有时尚有铍）主要产于混合岩带内的花岗伟晶岩脉中，尤以产于混合岩带内的半原地花岗岩外接触带浅变质岩中者含铌、钽较富；独居石-磷钇矿等稀土金属矿主要以副矿物形式富集于混合花岗岩和混合岩带内，以原地型混合花岗岩和均质混合岩、条带混合岩分布区最为富集，易形成较富较大规模的砂矿床。在这个时期的变质型花岗岩的形成过程中，还可以形成初步富集的含金层，如罗定泗纶地区、博白黄陵地区和陆川石窝地区的某些层位有金的初步富集，但仅在泗纶金牛至合江一带形成较贫的片麻岩型金矿床。

（3）印支期—燕山期混源型花岗岩类：这类花岗岩主要沿博白-梧州、吴川-四会、陆川-罗定-广宁3条断裂带分布，包括一套中酸性岩至基性岩，如二长花岗岩、斜长花岗岩、花岗闪长岩、石英二长岩、闪长岩、辉长岩和斜长花岗斑岩、花岗闪长斑岩、闪长玢岩等。一般二长花岗岩体较大，多为岩基，其他各种岩石多呈岩株和岩脉产出。据分析数据，10个中酸性岩体平均含SiO_2 67.19%、K_2O和Na_2O 6.18%，w（K_2O）/ w（Na_2O）值为1.31，硅质和碱质含量较低，w（Al_2O_3）/ ［w（Na_2O）+ w（K_2O）+ w（CaO）］值为1.07。它们是由不同比例的地幔物质与地壳物质混熔而形成的。同这类岩体直接有关的矿产主要有钼、钨（白钨矿为主）矿床，如泥冲—油麻坡等地的钼钨矿床。这类花岗岩与河台式金矿的形成亦有一定关系。

（4）印支期—燕山期壳源型花岗岩类：主要是燕山早期黑云母花岗岩、二云母花岗岩，少数是印支期花岗岩和燕山晚期的花岗岩。以岩基为主，部分是岩株、岩脉和岩筒。据分析数据，11个岩体样品平均含SiO_2 72.05%、K_2O和Na_2O 7.14%，w（K_2O）/ w（Na_2O）值为1.62，具高硅富碱的特点，w（Al_2O_3）/［w（Na_2O）+ w（K_2O）+ w（CaO）］值为1.13，主要是地壳硅铝岩石（包括加里东期、印支期花岗岩）深熔形成的。同这类花岗岩直接有关的矿产主要是银岩式锡、钨（黑钨矿为主）、砷（毒砂）和少量铜、铅、锌、铋、钼等。

这四类花岗岩，从加里东期到印支期和从印支期到燕山期，都由以混源型花岗岩为主演化为以壳源型花岗岩为主。前者由开始不含矿（或微含金、银）演化为以稀有、稀土金属矿化为主；后者由钼、钨（铜、金、银）矿化演化为锡、钨、铅、锌、砷（金）等矿化为主，均同花岗岩类的成因及其成岩物质来源相联系。

（三）构造条件

本区矿产的分布及其富集作用往往受一定的褶皱和断裂构造控制，其中断裂构造尤为重要。

（1）本区长期活动的博白-梧州、吴川-四会、罗定-广宁三条断裂带，是来源较深的混源型花岗岩类及与其有关的钼、钨、铜（金、银）等矿床的导岩、导矿构造。例如，梧州—回龙—南渡—安洞—博白一带断续产出的印支期—燕山期花岗闪长岩、花岗闪长斑岩、斜长花岗斑岩、石英二长岩、石英二长斑岩、闪长岩等，以及与其有关的斑岩型钼钨矿化、石英脉型和蚀变角砾岩型金矿化等，均受到博白-梧州深断裂带的控制。

（2）沿着上述三大断裂带分布的动力变质带——糜棱岩带和角砾岩带，往往是伟晶岩型铌钽矿床和蚀变破碎带型金（银）矿床的最好容矿构造。如广宁横山和洞头南矿床、德庆永丰565矿床、云浮东冲矿床和郁南大方561矿床的铌钽伟晶岩矿体，都产于江屯-泗纶动力变质带及其附近；北流山心岭—化州坡儿—陆川鹿洞—博白邦杰一带的含铌钽伟晶岩，都产于新丰-文楼动力变质带上；位于云楼岗花岗闪长岩东南接触带附近的大针岭千枚岩带，直接控制高要河台金矿床的矿体；博白金山金银矿床和廉江庞西洞金银矿床，也是产于庞西洞断裂的糜棱岩化带中。

（3）推覆构造对于某些矿体的富集和封存起着非常重要的作用。例如云浮大降坪优质黄铁矿矿床的形成，除具备良好的沉积相条件和具有丰富的矿物质来源之外，还由于印支运动期间来自西南和东北两个方向的侧压力较大，引起大绀山背斜和七二三背斜都向水源坑顶推覆，因此使得水源坑顶扇形向斜轴部的黄铁矿体被压缩成“饺子”形状的富厚矿体。

（四）地层岩性条件

本区部分矿床受控于一定层位的岩层和岩石，往往是同其中的含矿层或矿源层有关，如沉积变质-热液改造型铁矿、黄铁矿和多金属矿床。对于这些矿床，一定的层位和含有钙质、碳质及火山凝灰物质的岩性组合，是其必不可少的条件。还有一部分金矿床，也同一定层位的金源层有关，如罗定泗纶混合岩区的片麻岩型金矿床，沿走向从茅坡经金牛、蚊子坑、牛头至合江，三个矿床和两个矿点都产于同一层位的细粒黑云斜长片麻岩中（李玉荣等，1981）。容县灵山、北流石窝和博白黄凌三个地区，金矿点较多，大多数分布于中—上奥陶统的一定层位，在褶皱两翼对称成带分布。据龙胆口-河口剖面和谢仙嶂-大汗坡剖面分层采集37个岩石样品的化学分析结果（表1），中奥陶统（云母石英片岩为主）及上奥陶统下组（变粒岩为主），都含较多分散金，是这些地区一系列含金石英脉型和含金蚀变破碎带型金矿床（矿点）中金的来源之一。

表1　容县—北流地区中上奥陶统的含金丰度　单位：μg/g

剖面	O_2			O_3^a		O_3^b	
	样数/个	平均	最高	样数/个	平均	样数/个	平均
容县龙胆口-河口	5	0.14	0.25	2	0.12	12	0.04
北流谢仙嶂-大汗坡	14	0.144	0.265	1	0.13	3	0.09

三、矿床分布规律

(一) 时间分布规律

本区金属矿床比较丰富，据初步分析，它们主要是在印支期和燕山期两个时期形成的。

(1) 印支变质-岩浆成矿期：在印支期剧烈造山运动期间，发生区域变质、动力变质和混合岩化作用，生成许多壳源变质型花岗岩，并在这个过程中形成了含铌、钽、锡、铍的伟晶岩矿床，使混合岩和混合花岗岩中的稀土元素初步富集，同时使古生代地层中的铁矿层、黄铁矿层和多金属含矿层、含金层变质富集，分别形成磁铁矿矿床、黄铁矿矿床、多金属矿床和片麻岩型金矿床。

(2) 燕山构造-岩浆成矿期：在燕山期断块构造运动期间，发生比较强烈的壳幔混合源岩浆活动和硅铝壳深熔岩浆活动，生成许多基性至酸性的岩浆岩，同时，沿断裂带进一步动力变质。在这个过程中，形成了许多云英岩型和石英脉型锡钨矿床、夕卡岩型铅锌矿床、锡多金属硫化物型矿床、花岗斑岩型锡矿床、花岗闪长斑岩型钼钨矿床、含金银蚀变破碎带型矿床和含金石英脉型矿床，同时有一部分沉积变质型矿床因叠加岩浆热液而变得较为复杂。

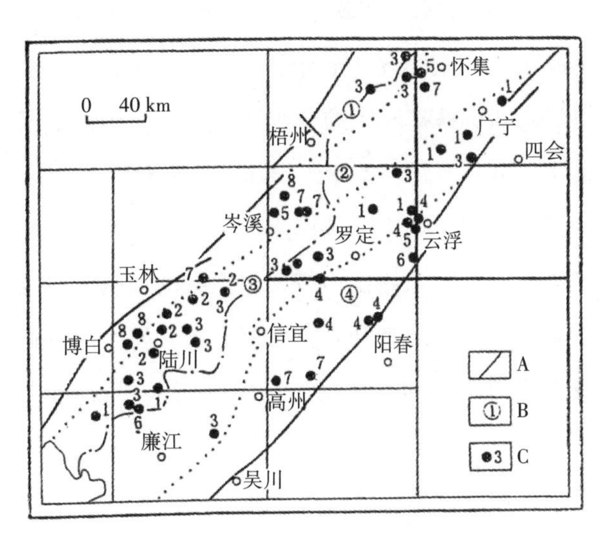

图5　云开隆起成矿区的矿化分带示意图

A. 深断裂；B. 矿化带编号；C. 主要矿产地（矿床）及矿种编号［1. 铌钽矿；2. 稀土金属矿；3. 金（银）矿；4. 锡矿；5. 钨矿；6. 毒砂（多金属）矿；7. 铅锌矿；8. 钼钨矿］

从印支期到燕山期，随着岩浆作用从壳源变质型→壳幔混合源型→壳源型不断演化，成矿作用相应由铌、钽、（锡）→钼、钨、金、（银）→锡、钨、（金、银、铅、锌、砷、钼、铋）不断增强，并趋复杂化。

(二) 空间分布规律

(1) 区域矿化分带：本成矿区可以划分为四个矿化带（图5）。

①梧州金矿化带：位于成矿区的西北角，属桂东含金石英脉矿化区的东延部分。带内有较多混源型花岗闪长岩、闪长岩岩株。

金矿化区段和金异常广泛分布，除石英脉型之外，梧州北边金山顶—金牛北北东向的糜棱岩化带，可能尚有含金蚀变破碎带类型矿化。此外，信都—石桥一带还有锑、汞矿化。

②怀集—岑溪—博白钨、钼多金属矿化带：位于成矿区西侧，有较多壳源型酸性岩岩基、岩株和混源型中酸性小岩株，是石英脉型黑钨矿床、花岗闪长斑岩型钼钨矿床、夕卡岩型和热液硫化物型铅锌（多金属）矿床分布区。其中，黑钨矿石英脉型矿床多分布于北东段，铅锌（多金属）矿床分布于南西段，花岗闪长斑岩型钼钨矿床则沿博白-梧州断裂带分布。

③广宁—罗定—陆川—廉江金、铌、钽和稀土金属矿化带：位于成矿区中部，与印支期混合岩-混合花岗岩带和印支期—燕山期动力变质带近乎一致，是蚀变破碎带型金（银）矿床，片麻岩型金矿床，伟晶岩型铌、钽、（锡、铍）矿床和混合岩风化壳型-冲积型稀土（独居石、磷钇矿）矿床分布区。其中，稀土矿床主要集中在西南段高级混合岩-混合花岗岩发育区；金（银）矿床主要产于混合岩和混源型花岗岩类的动力变质带。东北段的铌钽伟晶岩含矿较富，常有锡石共生；西南段的铌钽伟晶岩含矿较贫，常有绿柱石共生。

④云浮—高州锡、钨、多金属矿化带：位于本区东南侧，出露较多壳源型花岗岩、花岗斑岩岩株，是花岗斑岩型锡矿床、云英岩型锡钨矿床、电英岩脉或石英脉型锡矿床、锡石或毒砂-多金属硫化物型矿床和黄铁矿矿床的分布区。其中，锡钨矿床和黄铁矿床主要集中于东北段，西南部零星分布有铅锌矿床，局部尚见金矿化。

（2）围绕岩浆活动中心的水平矿化分带：本成矿区有些锡钨-多金属矿区，具有比较明显的水平环状矿化分带现象。例如云浮县的大绀山一带，以大绀山燕山早期二云母花岗岩岩株群为中心，内圈为黑钨矿锡石云英岩型和石英脉型矿床，如大绀山矿床和麻坳矿床；中圈主要产锡石（毒砂）石英脉型矿床，如九曲岭、石垠、荔枝山、鸡背岭等矿床和矿点；外圈是锡石-多金属硫化物型矿床，如莳田、葵洞、金子窝等矿床和矿点。在打鼓坑附近，尚见雌黄、雄黄矿体沿石炭系灰岩裂隙充填。

四、成矿模式

根据本成矿区各类型矿床的地质特征、成矿条件及分布规律，初步建立其综合成矿模式，如图6。

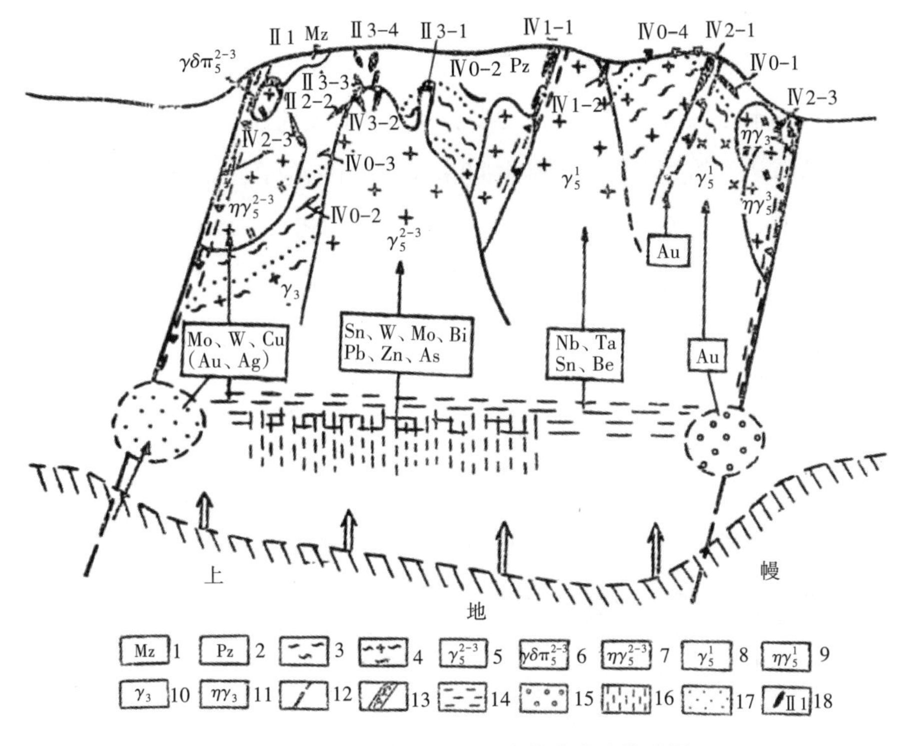

图6　云开隆起成矿区矿床综合成矿模式图

1. 中生代未变质岩层；2. 古生代未变质及浅变质岩层；3. 印支期混合岩；4. 印支期混合花岗岩；5. 燕山期壳源型花岗岩；6. 燕山期混源型斑岩；7. 燕山期混源型花岗岩类；8. 印支期变质型花岗岩；9. 印支期混源型花岗岩类；10. 加里东期壳源型花岗岩；11. 加里东期混源型花岗岩类；12. 深断裂；13. 动力变质带；14. 印支期地壳深熔岩浆房；15. 印支期壳幔混熔岩浆房；16. 燕山期地壳深熔岩浆房；17. 燕山期壳幔混熔岩浆房；18. 矿床型式（Ⅱ. 燕山期花岗岩成矿系列；Ⅳ. 海西—印支期花岗岩成矿系列）；Ⅱ1. 花岗闪长斑岩型钼钨矿床；Ⅱ2-2. 夕卡岩型铅锌矿床；Ⅱ3-1. 银岩式花岗斑岩型锡矿床；Ⅱ3-2. 云英岩型和石英脉型钨锡矿床；Ⅱ3-3. 石英脉型或电英脉型锡矿床；Ⅱ3-4. 硫化物型锡石（或毒砂）多金属矿床；Ⅳ1-1. 南平式伟晶岩型铌钽矿床；Ⅳ1-2. 伟晶岩型锡矿床；Ⅳ2-1. 河台式蚀变破碎带型金矿床；Ⅳ2-2. 蚀变破碎带型金银矿床；Ⅳ2-3. 石英脉型金矿床；Ⅳ0-1. 片麻岩型金矿床；Ⅳ0-2. 沉积变质-热液改造型铁矿床；Ⅳ0-3. 沉积变质-热液改造型黄铁矿矿床；Ⅳ0-4. 风化壳型及冲积型稀土金属矿床；双箭头表示地幔热量和某些挥发分、成矿元素向上渗入

本区的金属矿床主要形成于印支期和燕山期，多属深变质带内与海西—印支期为主的混合花岗岩-花岗岩有关的成矿系列，少数属于与燕山期浅成—超浅成中酸性花岗岩有关的成矿系列。两系列矿床从南平式→河台式→银岩式，随着时间的推移，主要成矿元素由铌、钽逐渐演化为金、银和锡、钨。

本区的成岩、成矿作用是受中生代的地壳运动和地壳深层构造控制的。印支期造山运动伴随强烈的区域变质和地壳深熔，燕山期断块运动使之进一步熔融。两次运动都导致部分上地幔物质沿深断裂上升，并与地壳混熔，产生部分安山质岩浆。根据江西省地质科学研究所依据布伽重力测量数值推断的莫霍面深度图资料，本成矿区大致位于信宜幔坳的上方。与变质型和壳源型花岗岩类有关的锡、钨（黑钨矿）、铌、钽、稀土、金等金属矿产的产出位置，基本同幔坳中部相对应；与混源型花岗岩类有关的钼、钨（白钨矿）、金、银等矿产的主要分布区，大致相当于幔坳边缘的幔坡带。

参考文献

[1] 陈毓川，1983. 华南与燕山期花岗岩有关的稀土、稀有、有色金属矿床成矿系列 [J]. 矿床地质 (2).

[2] 关勋凡，周永清，肖敬华，等，1985. 银岩斑岩锡矿——中国锡矿床的一种新类型 [J]. 地质学报 (2).

【注】本文为陈毓川、裴荣富等主编的《南岭地区与中生代花岗岩类有关的有色及稀有金属矿床地质》专著之一节，本人1985年编写，由地质出版社于1989年出版。

广西某锡矿区的地球化学找矿模型和应用效果

一、绪　言

笔者与广西地质研究所宁雄荣同志在广西某锡矿区开展“矿床模型与找矿”研究过程中，根据该矿区锡多金属矿化和热液蚀变表现强烈，但大部分面积被森林覆盖、植被较厚的特点，选用地球化学方法，研究了该区锡多金属矿床的地球化学找矿模型。

该矿区是一个具有与基性—超基性岩有关的岩浆期熔离-交代型镍铜矿床和与花岗岩有关的岩浆期后热液充填-交代型锡多金属矿床共存的多期、多阶段成矿特征，以产锡矿为主，同时共（伴）生铜、镍、钴、铅、锌、铟等多种金属矿产的矿区（彭大良等，1986；陈毓川等，1989）。其中，锡矿成矿期的主要成矿元素有锡、钨、铜、铅、锌、铟、银、锑等，挥发组分以氟、硼、硫为主。锡多金属矿的整个成矿过程，包括锡-硼、锡多金属-硫两大成矿阶段的多次活动。伴随着成矿作用，发生了较强的电气石化、黑云母化、钾长石化、钠长石化、绢（白）云母化、硅化、绿泥石化和碳酸盐化等热液蚀变。在对应着隐伏花岗岩体凸起部位的各个矿液活动中心，锡多金属矿化和电气石化、绿泥石化等热液蚀变表现更强（冼柏琪，1986）。

在研究岩石化学元素相关组合及其与实地矿化类型、热液蚀变种类的关系的基础上，初步建立的两个地球化学找矿模型，经系统聚类分析研究，都能获得比较满意的论证，应用于找矿实践，也取得了较好的效果。

二、研究方法步骤

为了建立适用于本区再找矿实践的地球化学找矿模型，通过矿区中部最为明显的矿液活动中心——红岗矿液活动中心，测制了两条地质-地球化学剖面。*A*–*B*剖面近乎垂直于各矿化-蚀变带，呈282°方向，长度7.9 km；*C*–*D*剖面沿着矿区主要矿化-蚀变带，呈25°方向，长度3.9 km。二者呈十字交叉，穿过了红岗、一六、红岗山、田边、沙坪等已知矿段，因此能够从研究已知矿段的地球化学特征入手，确立本区地球化学找矿模型的基础。

研究工作分四步进行。第一步，沿着剖面线详细观察研究，按200 m间距系统采取61个原生岩石样品（矿脉和断层带另取样），分别记录描述各样品代表地段的岩石特征及其在成矿过程中所发生的变化，对锡矿成矿期的锡、钨、铍、锌、铟、汞、钡、锶、硼、氟、氯等11种主要元素，做高精度化学分析；第二步，制作地质-地球化学剖面图，在反映矿化和热液蚀变分带的地质剖面图上方，用这61个岩石样品的11种元素的化学分析结果，分别绘制元素对比曲线图和w（F）/ w（Cl）、w（B）/ w（Cl）、w（Ba）/ w（Sr）值对比曲线图，并在图上进行统计分析，厘定元素组合及其与各类型矿化、蚀变的关系，初步划分地球化学模型；第三步，将这61个样品的全部分析结果输入电子计算机，进行元素相关分析（电算由广西地质矿产局电算站张纬天高级工程师等同志协作），确定主元素锡与其他元素的相关关系，把数据运算结果与野外观测、剖面图上统计分析的结果结合起来，对元素的相关组合和比值特征做比较筛选，建立起本区的两个地球化学找矿模型；第四步，利用电子计算机分别做元素、样品的聚类分析，对所建立的两个地球化学找矿模型做论证和评价。

三、元素的相关组合

根据*A*–*B*、*C*–*D*地质-地球化学剖面的元素含量曲线和元素比值曲线，并参考电子计算机对这11种元素简单相关系数的选择结果（表1），各元素的相关关系具有如下的特点。

表1　*A*–*B*、*C*–*D*剖面的元素相关矩阵

	Sn	W	B	In	Hg	Cl	Sr	Be	Ba	F	Zn
Zn	0.1528	0.0188	0.7306	0.3826	0.1247	−0.1046	−0.0854	0.0564	−0.2299	0.0242	1.0000
F	−0.0246	0.2920	0.0502	0.0218	0.1857	−0.1933	−0.1710	−0.0168	0.0087	1.0000	
Ba	−0.1485	0.4560	0.0416	−0.1940	−0.2176	−0.2496	−0.2714	0.7212	1.0000		
Be	−0.0898	0.3872	0.1992	−0.0380	−0.0177	−0.2898	−0.2303	1.0000			
Sr	−0.0773	−0.3170	−0.1029	−0.0768	−0.0111	0.6588	1.0000				
Cl	−0.0194	−0.3063	−0.1826	−0.0416	−0.1203	1.0000					
Hg	0.3772	0.0826	−0.0449	0.3559	1.0000						
In	0.9209	0.1697	0.2173	1.0000							
B	−0.0148	0.0776	1.0000								
W	0.1912	1.0000									
Sn	1.0000										

（1）与矿床中主元素锡关系最密切的是铟，简单相关系数高达0.9209，凡是出现锡元素异常的地段，铟都有所显示；汞、钨、锌也同锡有较为密切的关系。

（2）其余各成矿元素之间，钨与钡、铍、氟关系密切；锌与铟、硼，铍与钡、钨，铟与锌、汞，都具有比较明显的简单相关关系。

把这些简单相关关系合并，便构成了锡、钨、铟、锌、汞、铍、钡、锶、硼、氟、氯等元素的相关组合。例如，位于红岗矿液活动中心的23号取样点，就出现高度富集锡、铟、锌、硼和相对富集氟、钨、汞、铍的相关组合；曹家坳的55号点出现富集锡、铟、汞、钨、锌的相关组合；一六的44～45号点出现富集锡、铟、氟、硼、钨、锌等的相关组合；沙坪西边7号点出现相对富集钨、氟、钡、铍、锡、铟、锌的相关组合；等等。根据野外观察研究，凡是这些元素以相关组合呈现明显富集（即呈组合正异常）的地段，都发育热液蚀变，甚至出现锡多金属矿化；剖面切过已知矿段的部位，都有这些元素的组合正异常。因此，可以根据这些元素相关组合的特征，建立若干个地球化学找矿模型，使找矿工作模型化。

四、地球化学找矿模型

据野外调查结果，该区不同类型锡矿化和不同组合的热液蚀变，反映出不尽相同的元素相关组合。经初步研究，特别是研究了已知不同矿化类型、不同热液蚀变种类的几个矿段的地球化学特征之后，可以依据相关组合与矿化、蚀变的关系，建立起以下两个地球化学找矿模型。

模型Ⅰ——锡-铟-锌-汞-氟-硼模型：这个模型是以红岗矿液活动中心，即*A*–*B*、*C*–*D*剖面交叉地段的成矿元素和挥发组分的组合为基础建立的。该地段同时发育以电气石化为代表的早阶段热液蚀变和以绿泥石化为代表的晚阶段的热液蚀变，有第1成矿阶段的锡石-电气石型矿化与第2成矿阶段的锡石-绿泥石型、锡石多金属-硫化物型矿化复合组成的锡多金属矿脉组。在这个模型中，成矿元素锡、铟、锌、汞和挥发组分硼、氟的含量都较高（呈尖峰形组合异常），同时具有较大的*w*（B）/ *w*（Cl）、*w*（F）/ *w*（Cl）值和较小的*w*（Ba）/ *w*（Sr）值，例如23号点附近的蚀变岩石，分别含锡273.6 μg/g、铟12 μg/g、锌2386 μg/g、汞0.014 μg/g（汞在本区含量很低，是不具工业价值的成矿元素，但它是与锡密切相关的活泼元素，在红岗、好洞等地甚至出现锡石-辰砂套合异常，因此微量汞的存在对寻找锡矿是有意义的）、硼7896 μg/g、氟1250 μg/g，*w*（B）/ *w*（Cl）值为263，*w*（F）/ *w*（Cl）值为42，而*w*（Ba）/ *w*（Sr）值只有3.6。在*A*–*B*剖面通过的黄皮界顶和红岗山脊，以及*C*–*D*剖面通过的一六和曹家坳等地段，也呈现这个地球化学模型。将这个模型与其所处地段的地质前提相关联，即可以把它定性为指示锡-硼氟、锡多金属-硫两大成矿阶段（即本区锡矿成矿期的第1与第2成矿阶段）热液活动叠加作用产物的找矿模型。这是指引寻找电气石化与绿泥石化叠加蚀变带，以及预测锡石-电气石型与锡石-绿泥石型、锡石多金属-硫化物型复合类型矿化的找矿模型。

模型Ⅱ——锡-钨-钡-铍-氟-（硫）模型（硫元素未分析，是经综合研究所做的人为补充）：这个模型分布较广，如*A*-*B*剖面通过的沙坪东、沙坪西、田边东、田边西、李家东、红岗东、红岗西、牛坡顶、红岗湾等地段，都存在这个地球化学模型。该模型的各种成矿元素和挥发组分的含量都较平稳（即呈低缓的组合异常），具有中等的*w*（Ba）/ *w*（Sr）值和*w*（F）/ *w*（Cl）值，*w*（B）/ *w*（Cl）值很小。例如沙坪东锡多金属矿点旁侧4号点的绿泥石化岩石，分别含锡5.5 μg/g、钨4.0 μg/g、钡565 μg/g、铍2.6 μg/g、氟650 μg/g，*w*（Ba）/ *w*（Sr）=45，*w*（F）/ *w*（Cl）=8，*w*（B）/ *w*（Cl）值小于1。这是指示锡多金属-硫成矿阶段（第2成矿阶段）热液作用产物——绿泥石化蚀变带和借以寻找锡石-绿泥石型或者锡多金属-硫化物型矿化的找矿模型。

五、系统聚类分析结果及其意义

为了检验这两个找矿模型的科学性，把上述*A*-*B*、*C*-*D*地质-地球化学剖面的61个岩石样品的全部分析结果，用R型相关系数法和Q型相关系数法，逐一在电子计算机上进行系统聚类分析。

在元素R型聚类谱系图（图1）上，这11个元素于相关系数0.1水平聚成三类：第一类包括锡、铟、锌、汞、硼5个元素，全是地球化学模型Ⅰ的5个标型元素；第二类包括钨、钡、铍、氟4个元素，也正好是地球化学模型Ⅱ的标型元素；第三类为氯、锶2个元素，是地球化学模型Ⅰ、Ⅱ以外的非模型元素。在样品Q型聚类谱系图（图2）上，61个岩石样品于相关系数0.24水平聚成a、b、c三类：a类除第15号样品具有微弱绿泥石化之外，其余17个均为无矿化、未蚀变的岩石样品，即属非地球化学找矿模型样品；b类包括两个亚类，b-1亚类的6个样品在相关系数0.59水平上相聚，全部是花岗岩和超基性岩样品，b-2亚类的8个样品在相关系数0.47水平上相聚，除1个含氟特高的云英岩（60号样）之外，其余全属地球化学模型Ⅰ的岩石样品；c类除24、28、17-2、18、27-3号共5个热液蚀变表现不强的地球化学模型Ⅰ样品（它们也在相关系数0.69水平上聚为一小类）之外，其余24个全部属于地球化学模型Ⅱ的岩石样品。

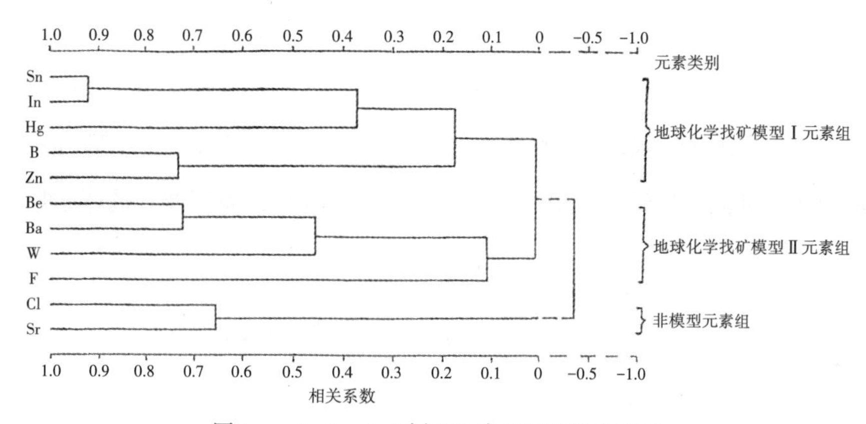

图1　*A*–*B*、*C*–*D*剖面元素R型聚类谱系图

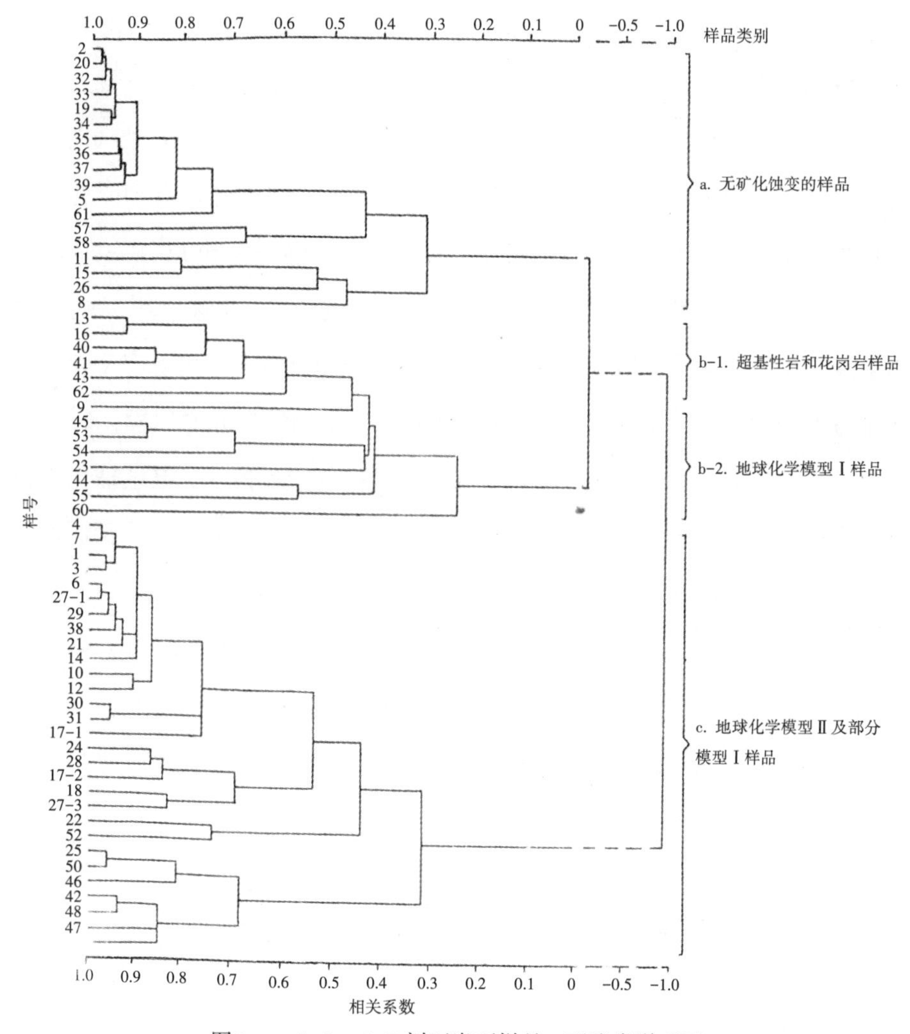

图2　*A*–*B*、*C*–*D*剖面岩石样品Q型聚类谱系图

这两个聚类分析结果表明，采用数学运算方法取得的结果，与野外实地划分的岩石类型和在剖面图上做统计分析的结果是一致的。根据元素相关组合与野外观测结果所建立的两个地球化学找矿模型，无论是进行元素R型聚类，还是进行样品Q型聚类，都能获得满意的论证。这说明，基于本区实际地质情况所建立的两个地球化学找矿模型，具有比较严谨的数学关系，是比较客观的，具有指导找矿的意义。

六、应用模型找矿取得的初步效果

研究和建立矿床地球化学模型的目的是找矿。该区这两个地球化学找矿模型的实际意义如何，主要是看其应用于再找矿实践的效果。

通过测绘和研究*A*–*B*、*C*–*D*地质–地球化学剖面，发现红岗矿液活动中心（两剖面交叉地段）的南、北两侧600～1000 m处（即*C*–*D*剖面南边的55～56号点和北边的44～45号点附近）各有一个地球化学模型Ⅰ；东、西两侧300～500 m处（即*A*–*B*剖面东边的21号点和西边的25号点附近）各有一个地球化学模型Ⅱ（图3）。北边的44～45号点间的地球化学模型Ⅰ与已出露的9号矿脉组相对应，其与红岗矿液活动中心呈现的地球化学模型Ⅰ的性质相同，是锡石–电气石型与锡石–绿泥石型、锡石多金属–硫化物型复合类型的矿化，以及电气石化与绿泥石化叠加蚀变带的综合反映。而南边出现的地球化学模型Ⅰ，以及东、西两侧出现地球化学模型Ⅱ的地段，研究程度较低，尚未见矿。经对比研究，这3个地段都发育较强的热液蚀变，其地球化学特征同其他已知含矿地段所呈现的地球化学模型类似，都有可能找到锡矿体；预测这些地球化学模型，可能环绕红岗矿液活动中心组合成一个长轴呈北东方向的椭圆形地球化学模型环，可能有一个包括西北边105号矿脉、东北边9～10号和101～102号矿脉、东南边1～8号矿脉等已知矿脉在内的矿脉外环带（图3）。带着这个初步的认识和预测思路，到实地穿越、追索找矿，结果接连在南边55～56号点之间的地球化学模型Ⅰ地段发现电气石化，找到H55–1、H55–3、H173三点厚度分别为2 m、1.5 m和0.8 m，含锡量分别为0.967%、0.553%和0.102%的矿体露头；在西边25号点附近的地球化学模型Ⅱ地段，绿泥石化较强，H25–2、H25–4、H503号点各见一条厚度分别为1.1 m、1.5 m、0.3 m，含锡量分别为0.159%、0.280%和0.350%的锡矿脉；同时在东边21号点地球化学模型Ⅱ附近的已知断裂带内发现H167、H108两处厚度分别为4.5 m和

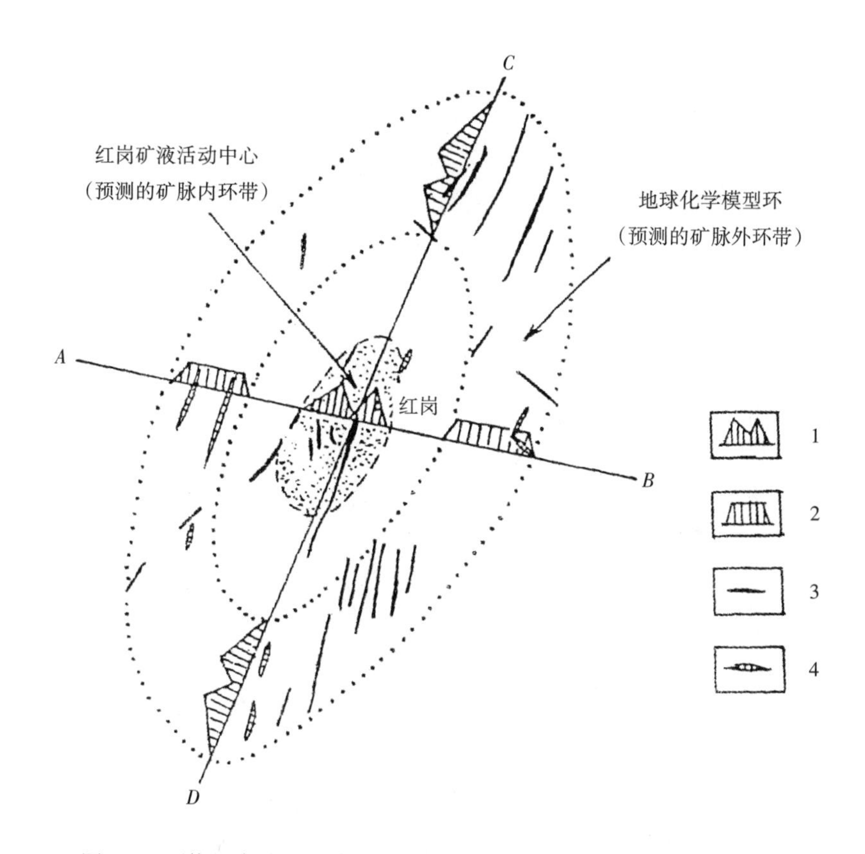

图3　环绕红岗矿液活动中心分布的地球化学模型及锡矿脉环带示意图

1. 地球化学找矿模型Ⅰ；2. 地球化学找矿模型Ⅱ；3. 已知锡矿脉；4. 应用模型找矿新发现的锡矿脉

1.2 m，含锡量分别为0.125%和0.252%的矿体露头。这样，应用地球化学模型既找到了矿，也基本证实了在锡多金属矿化和热液蚀变很强的红岗矿液活动中心之外有一个矿脉外环带。

应用地球化学方法研究和建立本区锡多金属矿床的地球化学找矿模型，并用它指导找矿是行之有效的。但由于所建立的两个模型仅依据两条剖面的61个岩石样品的11种元素分析资料，数据较少，难免疏漏；未分析本矿区重要的矿化剂元素硫，也是一个重大缺陷。幸好该区的地质勘查工作仍在继续进行，可以经过更广泛的研究和验证，来不断地充实和完善这些初步的认识。

参考文献

[1] 冼柏琪，宁雄荣，1988. 桂北宝坛红岗山锡矿区的矿床模型与找矿［Z］. 内部资料.

[2] 彭大良，冼柏琪，等，1986. 广西罗城宝坛地区花岗岩与锡矿成矿作用的关系［Z］. 内部资料.

[3] 陈毓川，裴荣富，等，1989. 南岭地区与中生代花岗岩类有关的有色及稀有金属矿床地质［M］. 北京：地质出版社.

[4] 冼柏琪，1986. 宝坛锡矿田的矿化蚀变分带及其意义［J］. 矿床地质，5（4）.

【注】本文于1989年编写留存，未发表。

二、海南地质矿产论文

关于海南乐东抱伦金矿床的若干认识与下一阶段生产探矿工作的建议

海南乐东抱伦含金石英脉矿床，自20世纪80年代被发现以来，经历年勘查、开采，已查明为海南省规模最大、全国也小有名气的超大型金矿床，尚有较大资源潜力。

2018年9月，我接受海南省矿业协会安排，主审海南山金矿业有限公司委托海南省地质综合勘察院提交的《海南省乐东县抱伦矿区金矿资源储量核实报告》（以下简称《报告》），核定抱伦矿区拟整合开采区截至2018年3月底查明保有的122b+333矿石量已经少于×××[①]万吨，仅可维持现有采选矿石量××万吨／年矿山的服务期五年多，其中豪岗岭矿段保有矿石量已不到××万吨，仅可维持矿山正常生产两年，连我这个局外人也产生了一些紧迫感。因此，在复核《报告》时，根据该报告的地质资料（廖华强等，2018）和我先后四次现场调查的基本认识，做了一些分析研究，谨向海南山金矿业有限公司提供一些参考性意见，建议加强矿床找矿远景研究，合理运用矿山现有采矿生产坑道系统，对成矿有利部位深挖潜力、探边摸底，储足备采矿量，保障矿山持续稳定生产。

一、对抱伦金矿床成矿地质条件的基本认识

志留系含金地层（矿源层）＋印支期和燕山期花岗岩（矿源岩）＋有利成矿的导矿与容矿断裂系统。这是抱伦金矿床的基本成矿地质条件。

关于抱伦金矿床的地质特征，志留系陀烈组与尖峰岭复式花岗岩体金元素含量相对较高，为金矿体形成提供矿物质条件，前人做了比较深入的调查与研究（陈柏林等，2001；丁式江等，2001；丁式江，2007；陈颖民等，2011），获得了许多重要的认识与论断，不赘述；关于燕山期花岗岩与导矿容矿断裂系统对抱伦金矿床形成的意义，下面要做一些探讨。

①文中矿石量的具体数据为保密内容，均用“×××”或“××”代替。

二、对抱伦金矿床主要成矿时期的思考

对于抱伦金矿床的成矿期，至今普遍认为是印支期，认为其同西北侧的印支期尖峰岭花岗岩体有直接的联系。我想从以下三个方面提出其主要是燕山期成矿的新思考。

（1）抱伦金矿区的西北边尖峰岭地区有印支期和燕山期的多期次岩浆侵入活动，东南边千家地区有燕山期的多期次岩浆侵入活动。其中，尖峰岭复式大岩体除主体的印支期第二、第三、第四次黑云母正长花岗岩岩基之外，北部有燕山期黑云母正长花岗岩大岩株，西南部有燕山期正长花岗岩和花岗斑岩小岩株，南部有燕山期石英闪长岩、花岗斑岩小岩株；千家复式大岩体除主体的燕山期黑云母正长花岗岩、二长花岗岩、花岗闪长岩之外，其西南部有多处花岗斑岩小岩株、石英斑岩小岩株与岩脉等。而且，抱伦矿区范围内的花岗岩多呈浅灰色，同尖峰岭大岩体主体的浅红色花岗岩（尖峰红）的岩性差异亦较大。因此，不排除于尖峰岭复式大岩体的东南边内接触带存在未被区分的燕山期花岗岩类小岩体、于抱伦金矿区深部存在未被探采工程揭露的燕山期隐伏花岗岩类小岩体。经2018年12月28日现场观察抱伦矿山-25 m中段采矿坑道，在310穹窿的西南侧，发现于印支期浅红色钾长花岗岩体与志留纪地层之间，有晚期侵入的浅灰色花岗闪长岩（或二长花岗岩）小岩株（图1），宽度约达250 m。

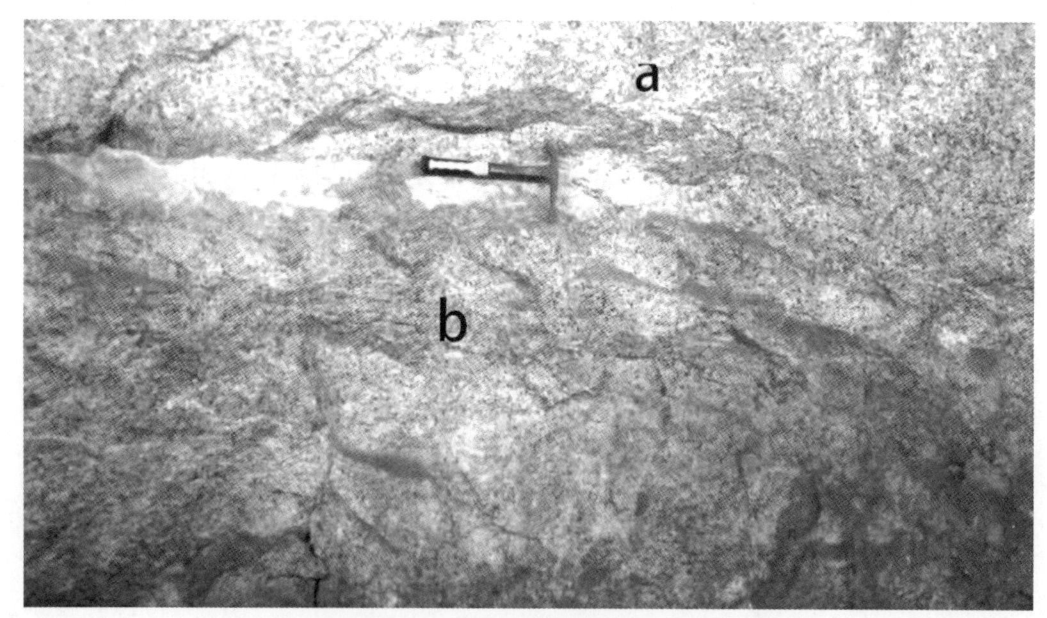

图1　抱伦金矿山-25 m中段310穹窿西南侧坑道壁照片

a—印支期浅红色钾长花岗岩；b—燕山期浅灰色花岗闪长岩

其与钾长花岗岩呈犬牙交错状接触，偶见细粒结构冷凝边，并使钾长花岗岩中的黑云母发生绿泥石化；其与地层接触部位，使千枚岩发生角岩化。初步判断，其为燕山期侵入体（建议矿山采取测年样品核定；其余各中段坑道及地表的该期侵入体待观察划分圈定）。这些出露的和隐伏的燕山期岩浆岩，为本区域包括金矿床在内的各类型内生矿床的形成提供了丰富的成矿物质和足够的热力条件。本矿区规模较小的燕山期花岗岩体，为与金矿成矿直接有关的“母岩”；印支期的大花岗岩体，拟为与金矿成矿间接有关的“祖母岩”。

（2）尖峰岭—千家地区是海南岛的一个内生金属矿产与非金属矿产的重要成矿区。诸如规模达到大型的抱伦金矿床，中型的后万岭铅锌矿床和石门山钼矿床，小型的红门岭钨钼矿床、盗公铅锌矿床、抱朗金矿床、锅盖岭水晶矿床、抱尾萤石矿床等，还有福报岭钼矿、田头铅矿、看树岭金银矿等10多处矿点。除抱伦金矿床被认为是印支期成矿之外，其余基本上都是燕山期成矿。

（3）尖峰岭—千家成矿区的众多内生金属矿产和非金属矿产，实际上是一个与燕山期岩浆活动有密切成因联系的完整的成矿系列。包括高温成矿阶段的红门岭钨钼矿、石门山钼矿、福报岭钼矿、锅盖岭水晶矿→中温成矿阶段的后万岭铅锌矿、盗公铅锌矿、田头铅矿→中低温成矿阶段的抱朗金矿、看树岭金银矿→低温成矿阶段的抱尾萤石矿等，而且这些矿床（点）的矿体基本上都受燕山期北西方向的主体断裂构造控制，产于燕山期的岩体内或其接触带附近，大致有西南边高温矿床向东北边渐变为中温矿床、低温矿床的水平分带性。处在该成矿区东北侧亦受北西向断裂构造控制的抱伦大型中低温热液型金矿床，不像是独处这个燕山期成矿区之外的印支成矿期的“独生子”，而可能是上述燕山期内生金属矿产-非金属矿产成矿系列的重要成员。

三、对矿区地质构造的基本认识

1. 褶皱构造控矿的特征不明显

抱伦金矿区整合开采区的东北半部及东北外围分布下志留统陀烈组下段的千枚岩和变质粉砂岩，西南半部及西南外围分布陀烈组中段的碳质千枚岩，是一个向南西方向陡倾斜的单斜构造，基本上不存在所谓的豪岗岭背斜。

2. 反“S”形层间压扭性断裂带加一“刀”的控矿断裂构造系统

（1）反“S”形层间压扭性断层裂隙带：指矿区原划分的Tr1号至Tr11号破碎带，经梳理，认为有成矿意义的主要有Tr1、Tr2、Tr3、Tr5、Tr11共5条，总体呈北西走向、向南西陡倾斜，因中间被北东走向、向北西陡倾斜的F2号压扭性大断层斜切致其上下盘错动牵引而形成中间段呈北北西走向、两端呈北西—南东走向，整体呈现反“S”形。这些断裂构造带均由一条至多条充填有含金石英脉的压扭性断层和碎裂蚀变千枚岩构成，出露长度1800 m左右、宽度14～140 m不等（各带之间亦为蚀变带，分界线不明显），可能在印支期就有层间断裂雏形，到燕山期进一步活动并于其间形成一条至多条压扭性断层，为燕山期含金石英脉的最终形成提供了容矿构造空间。

（2）北东向压扭性（逆）断层（F2）：斜切整合开采区中部产出，在豪岗岭南坡公路，见该断层挤压破碎带宽约60 m，产状300°∠50°；在+130 m中段坑道119号勘探线附近见其挤压破碎带宽度达65 m，产状160°∠70°左右；在-25 m中段坑道119号勘探线通风井附近见该断层，并与131号勘探线附近的“强淋水段”断层破碎带连接，其走向呈北东38°。该断层地表分布地段呈现沟谷地形。据地表至地下多层坑道的垂直断面投影，断层面呈波状弯曲，整体倾向310°，倾角50°～80°，局部倾向南东，其顶板的千枚岩受挤压牵引，倾角平缓。断层碎裂岩主要是千枚岩，夹杂少量变质粉砂岩，具硅化、绢云母化等热液蚀变，偶见微含黄铁矿的石英脉块或硅化岩块之构造透镜体，显现压扭性质构造形迹。该断层晚期有复活表现，形成多条宽度较窄的碳化糜棱岩，经地下水淋溶而呈软泥状。该断层与北西向各层间断裂带受同时期（燕山期）的东西向压应力作用，是切割各北西向层间断裂带及其中各压扭性容矿断层的一“刀”，应是对抱伦金矿床形成起重要作用的导矿断裂。该断层于成矿前与成矿期（燕山期）发生压扭性逆断（北西盘向北东边上冲、南东盘向南西边下冲），致其水平断距和垂直断距达350 m左右；于成矿期后（燕山期末）复活，再次发生压扭性逆断，致其垂直断距进一步加大使矿区南段矿体埋深再增加，并且成为矿区现今的主要导水断裂和汇集采矿坑地下水的主要通道。

（3）对各条断裂矿化带对应连接的修改意见：根据各矿化带主要金矿体的基本特征，以及北东向F2号压扭性大断层先后两次错断的累积水平断距达350 m左右的实际情况，经对比梳理判断，整合开采区北段的Tr1号矿化带同南段的Tr4+Tr3号矿化带应属同一条矿化带，拟以北段编号为主分别调整编号为NTr1、STr1；北段的Tr5号矿化带对应连接南段的Tr2号矿化带，拟分别调整编号为NTr5、STr5；北段的Tr2号矿化带对应连接南段的Tr6号矿化带，拟分别调整编号为NTr2、STr2；北段的Tr3号矿化带对应连接南段的Tr7+Tr8号矿化带，拟分别调整编号为NTr3、STr3；整合开采区西边的Tr11号矿化带，其南段已错断至整合开采区外。原矿区地质图勾画的其余矿化

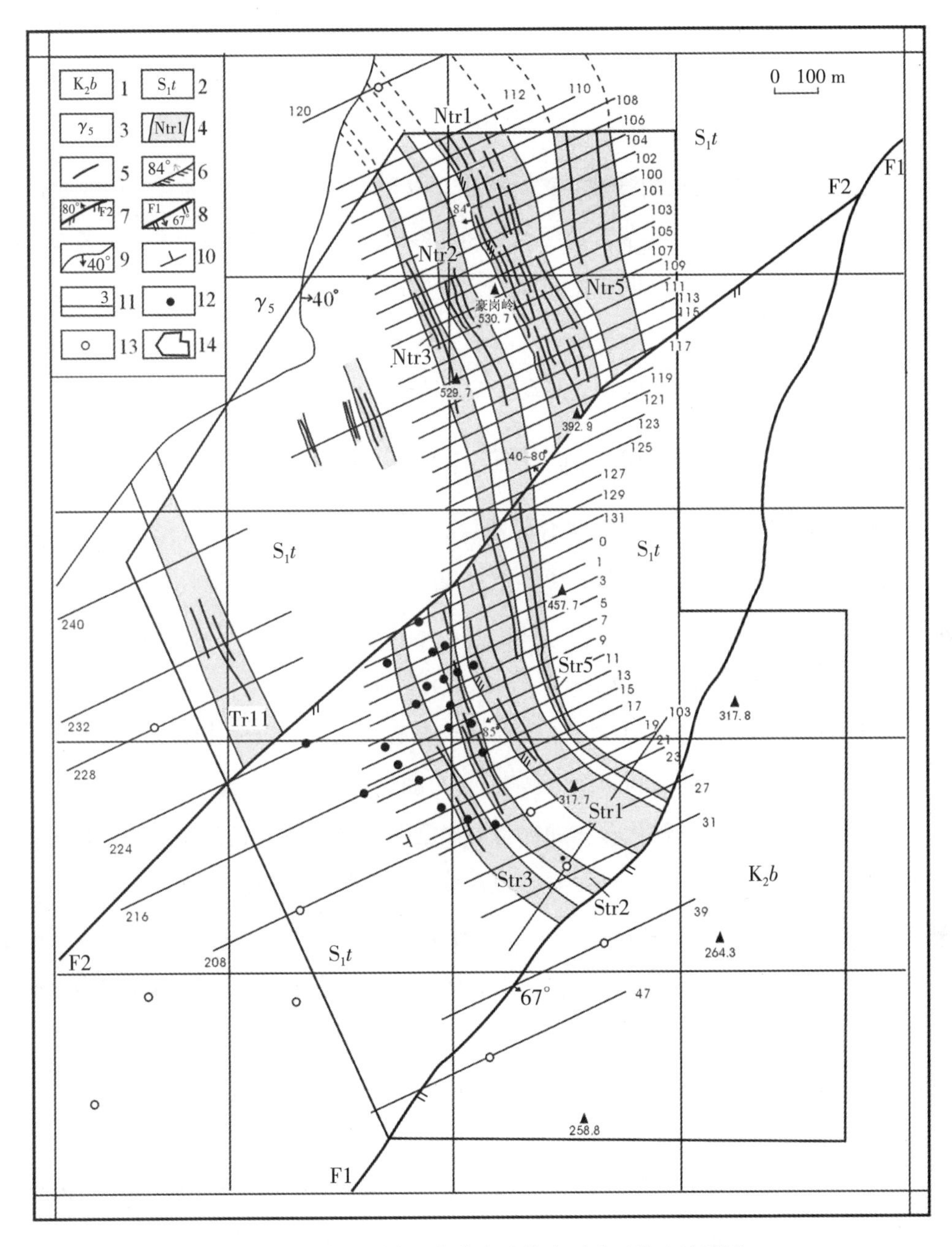

图2　海南省乐东县抱伦金矿整合开采区简略地质图

（根据海南山金矿业有限公司和海南省地质综合勘察院资料修编）

1. 上白垩统报万组砾质砂岩；2. 下志留统陀烈组千枚岩与变质粉砂岩；

3. 中生代（印支期和燕山期未分）花岗岩；4. 断裂矿化带及其编号；5. 金矿脉；

6. 层间压扭性断层裂隙带及产状；7. 压扭性（逆）断层编号及产状；

8. 张性（正）断层编号及产状；9. 花岗岩体接触面及其产状；10. 地层走向与倾向；

11. 勘探线及编号；12. 地表的见矿钻孔；13. 地表的未见矿钻孔；14. 整合开采区边界线

带，以及原Tr1南延段、Tr5南延段、Tr11南延段和原Tr4、Tr6、Tr7、Tr8的北延段多为推断连接，建议取消其推延段及编号。我据此修编了该矿区简略地质图（图2），供进一步开展矿山地质工作与采矿设计参考。

3. 整合开采区东南边的张性（正）断层（F1）

断层走向北北东，向南东边陡倾斜，经历多期错断，最终形成于燕山晚期的最末阶段，是上盘下降特征十分明显的正断层，致使断层西侧原有沉积不整合其上的白垩纪地层已剥蚀殆尽，表明其垂直断距可能在1000 m以上。因此，探寻该断层上盘白垩纪地层以下志留系基底的金矿化，其现实意义不大。

四、抱伦金矿床矿体分布的几个特点

（1）矿体分布受破碎带及其中容矿断层的产状控制，呈反“S”形组合。各矿化带中段呈北北西走向，宽度较窄，矿体数量较少，多为脉状，连续性较好，厚度和金品位相对稳定；两端矿化带呈北西、南东至近东西走向，略呈“爪”状散开，宽度较大，其中的容矿断层因走向拐弯容易形成虚脱空隙，致矿液充填形成的矿体数量较多，成群出现并呈脉状和透镜状，且连续性较差、厚度与品位变化较大，但含矿相对较富，尤以伴有北东走向、断距为0.3～1.2 m小断层的脉段厚度较大、品位较高。

（2）主要矿体向南东侧伏分布的趋势同矿区西北边出露的和深部隐伏分布的花岗岩体顶面倾斜角度近乎一致。即主要矿体在矿化带内的倾伏角、矿化带和主要矿体同花岗岩体接触面的倾角均为40°～50°；Tr1号矿化带北端各个探采矿中段坑道所揭露的北西走向矿体密集分布段亦随岩体顶面侧伏分布。主要矿体（尤其南段有中深部钻孔控制的主要矿体）的倾斜延伸是走向长度的1.5～2倍的特点亦同压扭性容矿断裂斜冲产状与岩体接触带双重控制有关，表明矿区北段许多主要矿体的倾斜延伸方向尚有较大的金矿资源潜力。

（3）产于花岗岩体外接触带的金矿体，受下志留统陀烈组的层间断裂组控制。其下的花岗岩体无“层理”的条件，沿地层层间发生的断裂不容易断入岩体而终止于岩体顶面。所以，矿体多沿容矿断裂缝延伸到岩体顶面而不进入岩体，也因此使处在外接触带“近水楼台”的断裂缝多得“母岩”矿液而致矿体较多、较富、较厚。

五、关于矿体埋藏深度的判断

（1）从目前探采矿工程控制矿体的最大深度看：矿区北段靠近F2号大断层顶板

的115号勘探线，坑内钻孔控制NTr1号矿化带的V1-5号矿体埋深至-250 m，见矿体厚度0.33 m，含金7.65 g/t。矿区南段位于F2号大断层底板的11号勘探线地表钻孔控制STr5号矿化带的V2-1号矿体埋深至-250 m，见矿体厚度1.56 m，含金12.52 g/t；19号勘探线，地表钻孔控制STr1号矿化带的V4-1号矿体埋深至-230 m，见矿体厚度2.54 m，含金23.16 g/t；21号勘探线-65 m中段坑道钻孔控制STr1号矿化带的V4-5号矿体埋深至-307 m，见矿体厚度1.14 m，含金25.33 g/t，控制STr1号矿化带的V4-1号支脉矿体埋深至-422 m，见矿体厚度0.50 m，含金8.68 g/t。表明在F2号大断层的顶、底板附近，工程控制矿体埋深均已超过-250 m，最深达-422 m，而且F2号大断层底板（即矿区南段）深部还见有较多厚度较大的富矿体；-250 m标高以下直至隐伏花岗岩体顶面的范围，仍有良好的找矿前景。

（2）从F2号压扭性大断层的垂直断距来考虑：该断层规模较大，破碎带宽度有几十米，水平断距约达350 m，估计其垂直断距即其下盘（整合开采区的东南半部）下沉的深度不会少于350 m。因此，推断矿区南段的矿体埋深（矿体深部边界），应较北段多350 m以上。

（3）据矿化带内的主要矿体随出露与隐伏花岗岩体顶面以40°～50°倾伏角向南东侧伏延伸趋势作推断：至矿区南段19号勘探线附近，矿体的深部边界估计在-800 m以下。

（4）综合上述作出判断，从北至南，随花岗岩体顶面向东南边倾斜延伸，矿体的埋藏深度亦逐渐变深。以Tr1号矿化带为例，其主要矿体的底部边界，从北边112号勘探线的+200 m标高渐变至109号勘探线的-110 m、119号勘探线的-450 m，估计至南段21号勘探线可达-1000 m标高。各断裂矿化带距离隐伏花岗岩体顶面（法线方向）约1000 m范围，是形成金矿的有利部位，抱伦金矿区尚有较大的资源潜力。

六、进一步生产探矿的重点关注方向

（1）继续抓住Tr1（包括NTr1、STr1）号主要矿化带，全面规划，深入勘查，做到整体基本达到详查程度，较大幅度增加122b+333资源储量。同时对Tr2（包括NTr2、STr2）、Tr3（包括NTr3、STr3）、Tr5（包括NTr5、STr5）、Tr11号次要矿化带，按普查程度要求由稀到密安排钻探，筛选可供详查的矿体，储备一批333资源量。

（2）对Tr1号矿化带已查明的主要矿体及其余矿化带的主要矿体探边摸底。结合其向南东侧伏延伸的趋势，对其向上至地表、向下至隐伏花岗岩体顶面的范围追索圈定，尤需注重各矿化带北、南两端产状变化大容易形成多条富厚矿体的脉段。

七、具体生产探矿工作建议

（1）以各勘探线地质剖面已见金矿体为基础，探边摸底。自北向南，对106、104、102、100、101、103、107、111、113、117、119、1、3、5、7、9、11、13、15、17、19、21号共22条勘探线的不同标高的探采坑道，针对其中金矿体分布情况，向下或者向上布设坑内钻孔以及沿脉和穿脉坑道（提出了具体设计位置和深度、长度，略），个别勘探线设计地表倾斜钻孔（提出了具体设计位置和深度，略），对相关矿体探边摸底。建议共设计地表钻孔2个、坑内钻孔46个、沿脉和穿脉坑道14条。

（2）根据矿体顺隐伏花岗岩体顶面向南东侧伏延伸趋势，以及上列坑内钻孔和新设坑道的见矿情况，选择Tr1号矿化带的一部分主要金矿体，安排沿脉坑道探矿。拟选择V1-3、V1-2、V1-4、V1-9、V1-6共5个矿体的+75 m、+25 m、-25 m、-75 m、-125 m中段，向北或者向南分别延长或新设60～350 m的探采沿脉坑道（均提出了具体设计位置和长度，略），控制至相关矿体边界。共设计追索矿体的沿脉坑道23条，长度约3770 m。

（3）安排少量普查钻孔，探索Tr2、Tr3、Tr5号矿化带的浅部找矿前景。拟对Tr2和Tr3号矿化带的V2-1、V3-1号矿体，于112、104、103、111、119号勘探线共设计8个倾斜钻孔；对Tr5号矿化带的V2-1和V5-1、V5-2、V5-3号矿（化）体，于106、104、103、111号勘探线共设计6个倾斜钻孔。对这3条矿化带共安排14个普查钻孔，大致查明其中5条金矿（化）体的基本特征和浅部矿化情况。

实施上述3个方面的具体生产探矿工作，约需投入10000 m钻探和6000 m探采坑道；经粗略测算，估计约可新增查明5吨金矿资源储量，初步改善矿山当前备采矿量较少的状况。

我这些认识和建议，还是很粗浅的，谨供贵公司部署生产探采工作参考。此外，从贵公司的长远发展考虑，我还想再提出3点工作建议：

（1）向主管机关提出申请，舍弃拟整合开采区东南部（y坐标607500以东）白垩纪地层分布区约0.4 km^{2}范围，争取置换补充开采区北部边界NTr1、NTr5号矿化带延伸至花岗岩体接触带约0.4 km^{2}范围（若此范围有生态红线保护区，则避开近地表部分申请距离地表50 m以下的地体），作为拟开展地下探采金矿的预留区。

（2）在矿区南段第19、第21、第23号勘探线最底层探采矿坑道设计若干个坑内深钻孔，力求控制STr1、STr5号矿化带延伸到-800～-1000 m深度的金矿脉，作为适时申请调整矿山开采底界至-1000 m的依据。

（3）由贵公司分管矿山地质工作的副总经理牵头、以矿山生产运营部的矿山地质人员为主要成员组成研究小组，设立一个“海南省抱伦金矿资源潜力与继续生产探矿工作方案研究”课题，向山东黄金集团公司立项申请专项资金，开展更为深入的生产应用研究，提出更为具体的继续生产探矿工作方案：首先挖掘抱伦金矿山-150 m标高以上的资源潜力，以满足5～8年的备采矿量；同时研究、探索-150～-1000 m深部的金矿资源前景，为抱伦金矿山的长远发展提供依据。

参考文献

［1］廖华强，郑文华，关鹏程，高鹏，等，2018. 海南省乐东县抱伦矿区金矿资源储量核实报告［Z］. 内部资料.

［2］陈柏林，丁式江，李中坚，等，2001. 海南乐东抱伦金矿床成矿时代研究［J］. 地球化学，30（6）.

［3］丁式江，黄香定，李中坚，等，2001. 海南抱伦金矿地质特征及其成矿作用［J］. 中国地质，28（5）.

［4］丁式江，2007. 海南乐东抱伦金矿地质及矿产预测［M］. 北京：地质出版社.

［5］陈颖民，傅杨荣，周迎春，等，2011. 海南乐东抱伦金矿床控矿构造特征及主成矿期年代学研究［J］. 黄金地质，32（3）.

【注】本文为向海南山金矿业有限公司提出的工作建议。2018年10月初稿，2022年8月修订留存，未发表。

海南省儋州市丰收矿区
铯铷多金属矿的成矿条件与基本特征

海南茂高矿业有限公司2008年3月依法向海南省国土环境资源厅申请取得海南省儋州市丰收矿区的探矿权以来，我受聘担任该公司总工程师带领公司人员在该矿区范围开展实地找矿，先后于2008年5月发现了含铷并且伴生铯、铌、钽、锡、铍的云英岩类型矿脉（以下称云英岩型铷多金属矿脉），于2008年11月发现了含铯、铷并且伴生钨的夕卡岩-角岩类型矿体［（以下称夕卡岩-角岩型铯铷（钨）矿体）］。随后于2009年5月起，委托海南省海洋地质调查研究院，依据《稀有金属矿产地质勘查规范》（DZ / T0203—2002）的伴生铯铷综合回收参考性工业指标（中华人民共和国国土资源部，2002），拟定本矿区铯铷矿暂用Cs_2O最低工业品位0.050%、边界品位0.020%，Rb_2O最低工业品位0.100%、边界品位0.040%，开展全面的普查-详查工作，已基本查明夕卡岩-角岩型铯铷矿达到大型规模。

本矿区的稀有金属铯、铷矿在海南属首次发现并且查明了资源量，填补了海南省矿产资源的一项空白，而且夕卡岩-角岩类型铯铷矿床也是铯、铷矿种新的矿床类型，以铯为主矿种的大型矿床在国内外未曾有过报道。因此，初步总结海南省儋州市丰收矿区铯铷多金属矿的成矿条件及其基本特征，具有一定的现实意义。

一、矿区所处大地构造位置与矿床地质简况

本矿区位于海南省西部中心城市儋州市城区北侧；处于华南褶皱系五指山褶皱带与雷琼断陷两大构造单元分界线——王五-文教深大断裂带（F0）南侧由多个背斜、向斜和F1至F7号断层组成的北东向西联农场褶断带与儋县大花岗岩体的交切部位（图1），先后经历了长城纪—志留纪地槽、泥盆纪—三叠纪准地台、侏罗纪—第四纪大陆边缘活动带共三个发展阶段（黄香定等，1998），地质构造比较复杂。

本矿区首设探矿权范围68.97 km²，总体上是一个由古生代奥陶纪—志留纪地层组成的西分坡复式向斜构造，其东南边、西北边和矿区深部被中生代印支期至燕山期的多期次侵入岩穿插包围，近东西至北东走向的向斜、背斜和层间与切层断裂构造发

育，有燕山期多次成矿作用和分布广泛的热液蚀变，成矿地质条件比较优越（图2）。

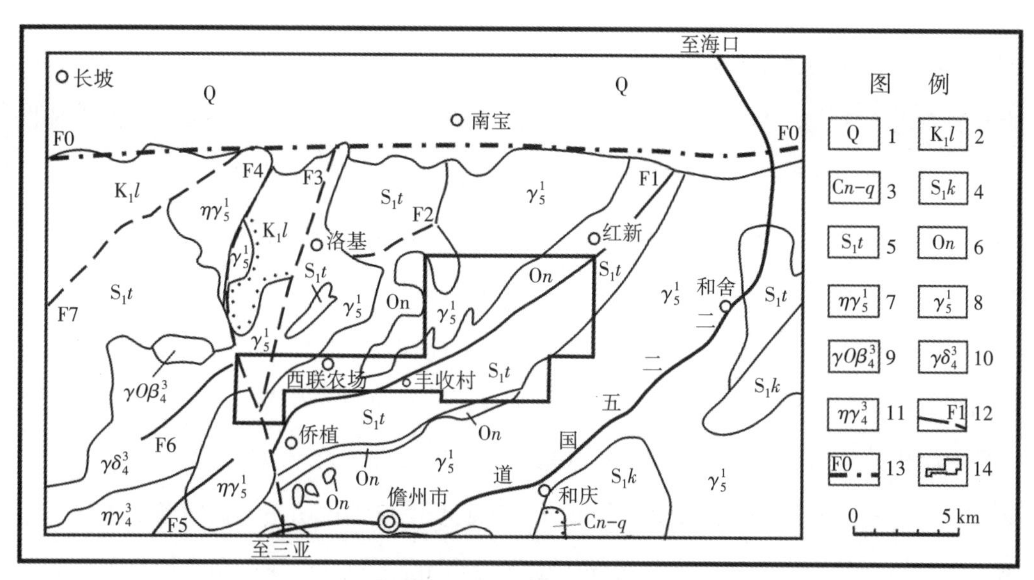

图1 海南省儋州市丰收铯铷多金属矿区区域地质图

1. 第四系；2. 下白垩统鹿母湾组；3. 石炭系南好组—青天峡组；4. 下志留统空列村组；5. 下志留统陀烈组；6. 奥陶系南碧沟组；7. 印支期二长花岗岩；8. 印支期斑状花岗岩；9. 海西晚期英云闪长岩；10. 海西晚期花岗闪长岩；11. 海西晚期二长花岗岩；12. 断层；13. 王五-文教深大断裂带；14. 丰收矿区首设探矿权范围

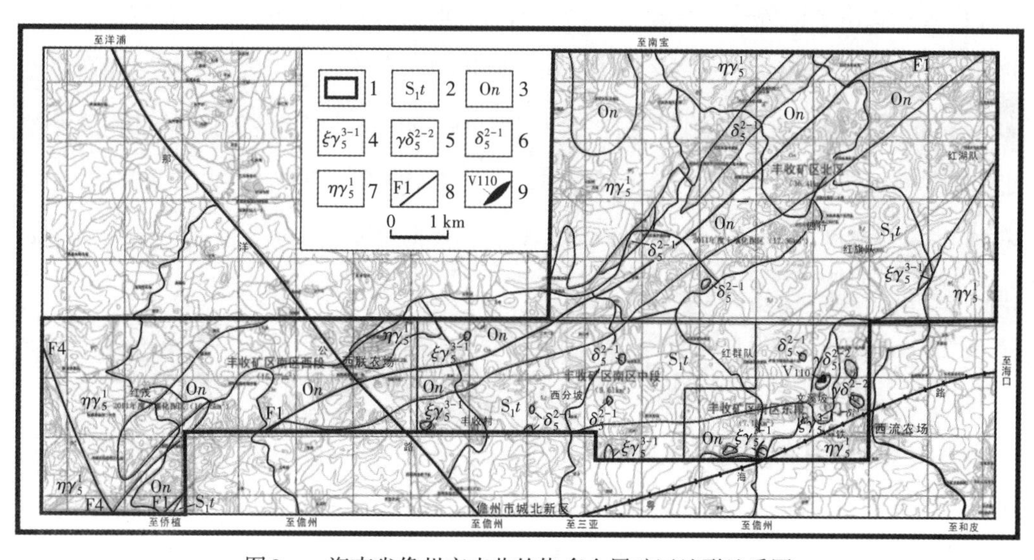

图2 海南省儋州市丰收铯铷多金属矿区地形地质图

1. 首设探矿权的矿区范围；2. 下志留统陀烈组；3. 奥陶系南碧沟组；4. 燕山晚期第一阶段钾长花岗岩；5. 燕山早期第二阶段花岗闪长岩；6. 燕山早期第一阶段闪长岩；7. 印支期斑状黑云母二长花岗岩；8. 主要断层及编号；9. 出露地表的夕卡岩-角岩型铯铷（钨）矿体及其编号

矿区出露的地层是早古生代的一套复理石、类复理石含碳质砂泥岩夹少量碳酸盐岩和火山岩的地槽型沉积物，包括出露厚度大于1000 m的奥陶系南碧沟组和出露厚度大于1100 m的志留系下统陀烈组。南碧沟组以变质石英砂岩、石英岩、含碳质绢云母千枚岩、板岩为主，中上部夹有锆石铀-铅年龄为（452±8）～（453±8）Ma的中基性火山熔岩和火山碎屑岩（周云等，2021）；陀烈组为含碳质绢云母千枚岩、含钙质千枚岩、黑云母石英片岩、变质石英细砂（粉砂）岩、板岩、大理岩，下部夹变质凝灰岩，偶见细碧-角斑岩。

矿区范围岩浆侵入活动频繁。根据岩体的岩性特征及其穿插关系，以及前人的少量测年资料，初步划分为印支期和燕山期，后者再分为四个阶段。除矿区东南部和西北部大面积分布的印支期粗中粒斑状（角闪石）黑云母二长花岗岩岩基（相当于前人划分的海西—印支期；据海南省1∶50万数字地质图修编说明书，儋州西庆农场、南丰、洛基等地花岗岩的同位素年龄介于212～248 Ma之间，应属于印支期）外，还有前人尚未划分的燕山早期第一阶段的中细粒闪长岩岩墙与小岩株、第二阶段的中细粒花岗闪长岩岩株，燕山晚期第一阶段的粗中粒钾长花岗岩小岩株与第二阶段的中基性和超基性岩脉等。

矿区主要褶皱构造是由奥陶纪—志留纪地层构成的西分坡复式大向斜构造及其间的次级背斜和向斜，呈北东—北北东走向，两翼基本对称，岩层产状较陡，倾角多在60°～80°之间，在向斜轴部附近发育一个宽度200～400 m的次级背斜，局部尚见小褶曲。断裂构造比较发育，除大致平行向斜轴、斜贯整个矿区的侨植-红新大断层之外，还有许多北东向、北北东向和北西向的陡倾斜切层断裂和层间断裂，尤以地层沿走向和倾向发生小褶曲地段层间断裂最为发育。

二、对成矿地质条件的初步认识

（一）有利成矿的地层层位与岩性条件

本矿区的夕卡岩-角岩型铯铷（钨）矿体，呈似层状密集分布于下志留统陀烈组下段特定层位，主要是由于这个层位是富含碳质、钙质和海底火山物质的变质砂页岩组合，除主要的含碳质绢云母千枚岩、含钙质千枚岩、黑云母石英片岩、大理岩和变质石英细砂（粉砂）岩之外，同时夹有变质凝灰岩和细碧-角斑岩等海底火山岩，且有与海底火山喷发有关的铯、铷、钨等金属元素矿源层。根据水系与土壤地球化学测量资料分析，沿本矿区奥陶系南碧沟组中上部层位分布于西南部侨植—洛南一带的高值铯、锂、钨异常带和分布于北部西流农场旧址两侧的铯异常带，可能也预示本矿区南碧沟组中上部同样夹有海底喷发的中基性火山岩及铯等金属元素矿源层，值得进一步勘查与研究。

（二）多期次岩浆喷发、侵入活动提供了丰富的成矿物质

首先是早志留世陀烈期早阶段地槽沉积过程中发生的中基性火山喷发，形成了含碳质、钙质砂页岩为主夹凝灰岩和细碧-角斑岩的一套地层，以及海底火山喷发带出的铯、铷等矿物质沉积于岩层中形成的矿源层，为本矿区铯、铷矿的形成提供了重要的物质基础。其次，燕山早期第二阶段的花岗闪长岩岩株沿矿区东南部文溪坡的印支期花岗岩大岩体与志留纪地层的接触带侵入，并有较多分支岩脉穿插于志留纪地层中，其含铷、铯、钨、锡等元素，是夕卡岩—角岩型铯铷（钨）矿床的成矿母岩；燕山晚期第一阶段钾长花岗岩，在地表多个地段见呈小岩株沿印支期大花岗岩体与奥陶纪—志留纪地层的接触带侵入，文溪坡一带的钻孔亦常见呈岩脉穿插切割花岗闪长岩和夕卡岩-角岩型铯铷（钨）矿体，多处发育面型云英岩化，其同云英岩型铷多金属矿脉具有比较密切的成因联系。

（三）背斜和小褶曲以及层间与切层断裂系统为成矿提供了良好的容矿空间

由奥陶纪—志留纪地层构成的西分坡复式大向斜构造与成矿作用的关系尚不明朗，但位于西分坡大向斜轴部的次级小背斜和成矿母岩体外接触带的小褶曲确是有利成矿部位。例如，西分坡大向斜轴部的小背斜，宽度200～400 m，囊括了西分坡-红群队铷-多金属云英岩脉带的大部分矿脉；文溪坡矿段111号勘探线至119号勘探线之间长度约600 m地段，岩层由西边111～115线呈北东—南西走向至东边的115～119线急转为北西—南东走向，倾斜方向亦有起伏变化，这个小褶曲引起层间剥离小构造发育，有利于矿液充填储集成矿，以致该地段铯铷（钨）层间矿体明显增多、厚度较大，矿石品位亦较富（图3）。

不同种类的断裂构造对不同类型矿体的控制作用亦十分明显。例如，本矿区文溪坡矿段的志留系陀烈组下段的含碳质、钙质、凝灰质千枚岩与片岩岩层，发育近东西至北东走向的层间断层裂隙带，直接控制夕卡岩、角岩以及夕卡岩-角岩型铯铷（钨）

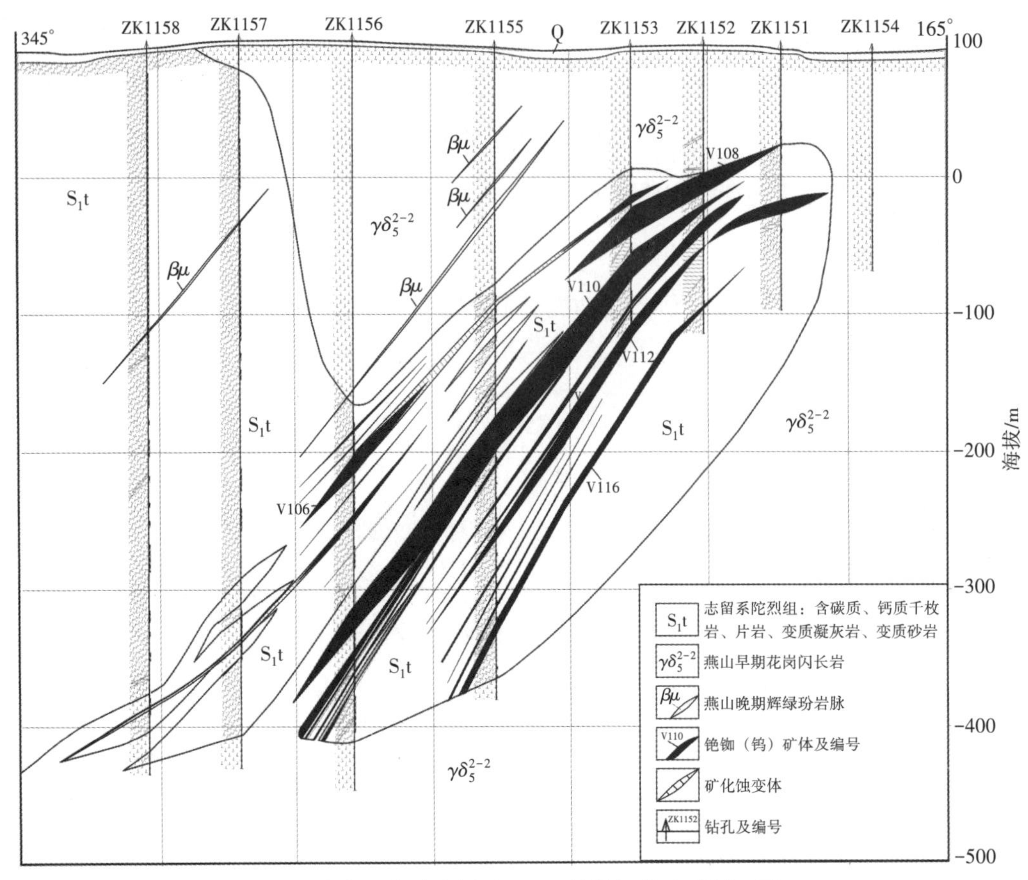

图3　丰收铯铷多金属矿区115号勘探线地质剖面图

矿体的展布；而广泛分布于矿区各地段的奥陶纪—志留纪地层与各时代岩浆岩中的一部分北东向、近东西向、北西向断层与裂隙，则是云英岩型铷多金属矿脉和含金石英脉的容矿空间。这些断层、裂隙同时控制了各类型矿脉热液蚀变带的分布。

三、铯铷多金属矿床的基本特征

（一）夕卡岩-角岩型铯铷（钨）矿床

1. 矿体产状、数量、规模特征

夕卡岩-角岩型铯铷（钨）矿床已初步圈定34条矿体，其中33条分布于本矿区南区东段（即文溪坡矿段）（仝长亮等，2016），1条见于南区中段（即西分坡矿段）的206号勘探线。文溪坡矿段的33条矿体，构成一个密集的矿脉带，仅文溪坡100号勘探线和猪场坡120号勘探线两个地段出露地表，其余均埋藏于30 m深度以下，已有网度为（120 m×50 m）～（120 m×150 m）的钻探工程控制。矿脉带总体走向为北东70°～

90°，倾向北西，倾角40°～60°，长度大于1700 m，其东西两端及北侧下延部位多未探至边界。矿体主要产于花岗闪长岩体与志留系陀烈组的外接触带，受陀烈组下段的含碳质、钙质和海底火山岩物质变质岩特定层位控制，具有层控矿床特点，呈似层状顺岩层面和层间断层裂隙带分布，产出标高西高东低，向北东边侧伏延伸；尤以含碳质、钙质和海底火山岩物质岩段的底部、顶部和东边三面被成矿母岩体花岗闪长岩包围、穿插地段（例如文溪坡107～119号勘探线地段，图3），岩石熔融流变强烈，夕卡岩分布广泛，铯铷（钨）矿体密集产出、规模比较厚大。单个矿体的长度一般为100～400 m，V110号和V116号主矿体长度达1072～1276 m；倾斜宽度为150 m至超过560 m；各矿体平均厚度1.00～13.08 m，局部最厚处16.67～21.59 m，纵横向变化较大。

2. 矿石与主要有用矿物特征

夕卡岩类型矿石主要有金（黑）云母透闪石岩矿石、金（黑）云母辉石闪长岩矿石、金（黑）云母阳起石岩矿石、金（黑）云母闪长岩矿石、金（黑）云母石英闪长岩矿石、金（黑）云母片岩矿石、金（黑）云母透辉石斜长变粒岩矿石等；角岩类型矿石主要是黑（金）云母石英片岩矿石（图4）。矿石矿物多达30多种，主要由金云母、黑云母、透闪石、角闪石、透辉石、阳起石、斜长石、辉石、磁黄铁矿、滑石、绿泥石、石英、白钨矿等组成。各类型矿石均未发现铯、铷独立矿物；主要含铯、铷的矿物为金云母和黑云母。金云母+黑云母的含量为10%～50%不等，一般为27%～38%，其多呈自形补片状晶体交代透闪石等矿物（黄俊玮等，2016），粒度较粗，在小于0.074 mm占45%的磨矿样品中单体解离度达到70%～89%，并同其他矿物呈平直接触，易于单体解离（图5和图6）。夕卡岩类型矿石的金云母含量较多，晶体较粗，含铯铷较多而且铯量大于铷量，品位较高；角岩类型矿石的黑云母居多，金云母含量较少，晶体较细，含铯铷较少而且铷量大于铯量。据工业品位矿和边界品位矿分别含云母37.42%、27.69%平均32.56%，含Cs_2O 0.085%、0.054%平均0.070%，含Rb_2O 0.052%、0.038%平均0.045%的两个品级矿石的10个云母样品做电子探针分析，其MgO含量为14.31%～28.04%平均20.63%，Fe_2O_3含量为3.01%～18.39%平均11.60%，MgO含量远大于Fe_2O_3，表明其大部分为金云母，少量为黑云母；其Cs_2O含量为0.14%～0.35%平均0.256%，Rb_2O含量为0.01%～0.34%平均0.147%。同时取两个品级矿石的5份云母单矿物样品做化学分析，含Cs_2O 0.125%～0.216%平均0.158%，含

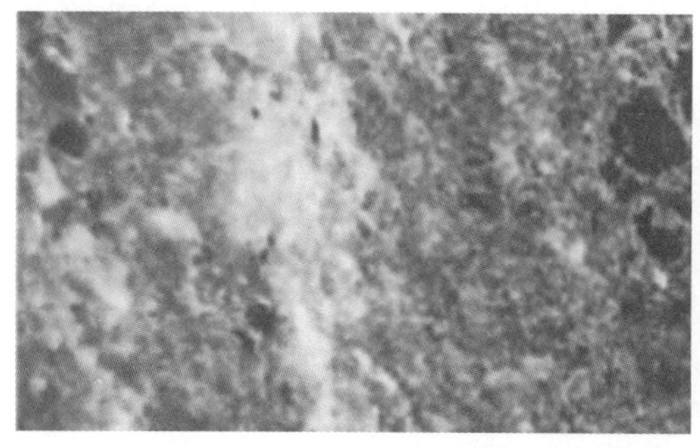

（a）金（黑）云母透闪石岩矿石

（b）金（黑）云母辉石闪长岩矿石

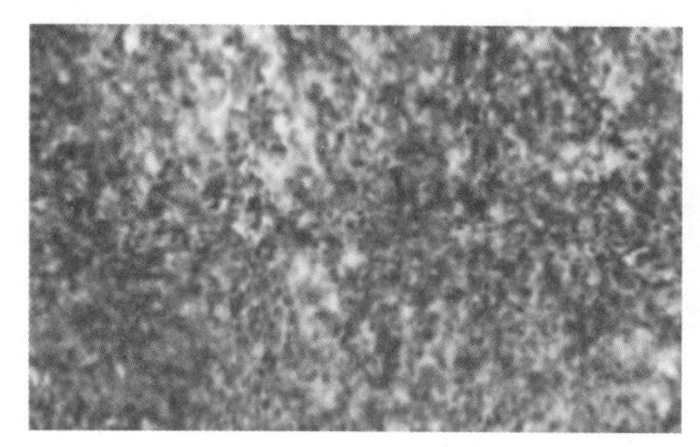

（c）金（黑）云母阳起石岩矿石

（d）黑（金）云母石英片岩矿石

图4　夕卡岩-角岩型铯铷（钨）矿石类型

均放大1倍；棕黑色者多为金云母、黑云母

Rb_2O 0.090%~0.105%平均0.097%，按单矿物样平均纯度80%换算，Cs_2O含量为0.198%，Rb_2O含量为0.121%；对照两个品级矿石样品平均含云母32.56%、Cs_2O 0.070%、Rb_2O 0.045%，则可计算得金云母+黑云母中的铯、铷，分别占矿石中铯的92.10%、铷的87.55%，表明矿石中的铯、铷均主要赋存在金云母和黑云母中。

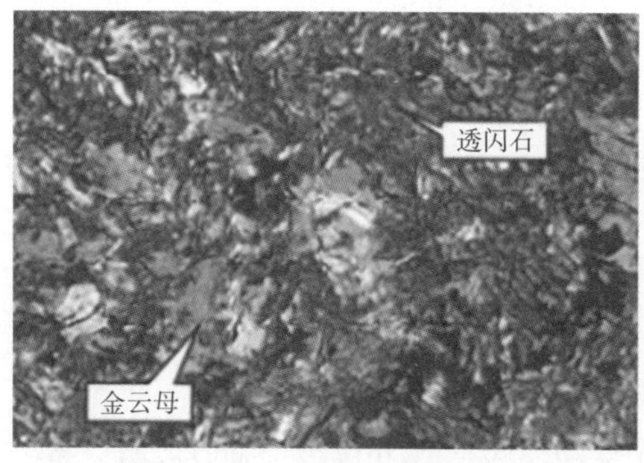

图5　金云母呈补片状交代透闪石等矿物（单偏光）

图6　自形片状金云母晶体（背散射图像）

3. 主要有用组分及其含量特征

本矿区矿石的主要有用组分为铯，共（伴）生组分为铷，另有一部分矿体伴生钨。经对各矿体Cs_2O含量大于等于0.050%的工业品位矿、介于0.020%～0.049%之间的边界品位矿分别统计：各矿体的工业品位矿含Cs_2O 0.051%～0.087%（单样最高0.259%），平均0.066%，含Rb_2O 0.028%～0.068%，平均0.043%；各矿体的边界品位矿含Cs_2O 0.022%～0.045%，平均0.030%，含Rb_2O 0.017%～0.049%，平均0.029%。采集各矿体的27个铯铷矿石组合样品做分析，WO_3有2个样品含量达到最低工业品位（为0.120%～0.165%），2个样品达边界品位（0.061%～0.066%），另有8个样品达矿化级（0.011%～0.049%），表明其中一部分矿体伴生的钨具有综合利用价值。

（二）云英岩型铷多金属矿床

已发现的65条云英岩型铷多金属矿（化）脉，广泛分布于丰收村、西分坡、红群队一带，矿脉带呈北东80°走向，长度超过5500 m，宽度300～1100 m，多数矿（化）脉已有20～70 m间距的探槽揭露，个别由稀疏钻孔控制，斜深超过200 m。矿（化）脉多呈北东至近东西走向、向南边陡倾斜，个别为北西走向、倾向南西。工程控制的矿脉长度为100～470 m，平均厚度0.3～2 m，局部最厚处5.8 m。矿体以富含白云母为特征，属云英岩脉和云英岩化长英岩脉。矿石由白云母与石英、钾长石、斜长石、电气石和少量锡石、铌铁矿、钽铁矿、绿柱石、黄玉等矿物组成，其中白云母含量达10%～46%，可以细分为巨（伟）晶状、中粗晶状和细晶状云英岩矿石，而且白云母晶体越粗大含矿就越富。矿石一般含Rb_2O 0.060%～0.184%，最高0.261%，共（伴）生的Cs_2O含量一般为0.007%～0.028%，最高0.067%，$(Nb，Ta)_2O_5$含量为0.007%～0.030%，最高0.141%，一部分矿脉有锡、铍富集，含Sn达0.02%～0.2%，最高1.93%，含BeO 0.025%～0.042%。未发现铷、铯独立矿物，矿石的主要有用组分铷和伴生的铯均主要共存于白云母矿物中；铌、钽的含量较高，其同锡、铍多呈铌铁矿、钽铁矿、锡石、绿柱石等较粗晶体重矿物出现，采用简单选矿方法就能分选回收利用。目前，大多数云英岩矿脉尚无深部工程控制，本类型矿床的远景（包括多处云英岩脉密集分布地段下方有无隐伏蚀变花岗岩小岩株及相关联的矿体）尚未查明。

（三）两类铯铷多金属矿床的化学成分对比

经采取夕卡岩-角岩型铯铷（钨）矿床的11个代表性样品和云英岩型铷多金属矿床的13个代表性样品，分别进行光谱半定量全分析，共检出30多种化学成分。现将这两类型矿床矿石的21种主要成分的平均值列于表1。可见夕卡岩–角岩型铯铷（钨）矿石，富含铁、镁、钙而贫硅，同时含有较高的钛、铬、硫，含少量钨，主要成分为铯、铷，而且铯含量大于铷，表明其成矿作用同中酸性岩浆岩有比较密切的成因联系；云英岩型铷多金属矿石，富含硅而贫铁、镁、钙，氟和铌的含量相对较高，含少量锡，主要成矿元素为铷、铯，而且铷含量大于铯，反映其同酸性岩浆岩的成矿专属性。

表1　两类型矿床的矿石化学成分对比表　　单位：%

化学成分	夕卡岩–角岩型铯铷矿	云英岩型铷多金属矿	化学成分	夕卡岩–角岩型铯铷矿	云英岩型铷多金属矿
SiO_2	51.00	72.83	Cs_2O	0.0604	0.0345
Al_2O_3	14.59	16.72	Rb_2O	0.0501	0.1055
Fe_2O_3	11.12	1.81	WO_3	少量	未检出
MgO	10.27	0.23	SnO_2	未检出	少量
CaO	3.96	0.57	Nb_2O_5	0.002	0.008
K_2O	4.085	4.78	P_2O_5	0.230	0.266
Na_2O	1.04	2.10	SO_3	1.596	0.132
MnO	0.160	0.075	BaO	0.042	0.036
TiO_2	1.237	0.090	CuO	0.016	0.007
Cr_2O_3	0.114	未检出	ZnO	0.025	0.009
F	0.126	0.184	合计	99.719	99.987

（四）其余共（伴）生矿产简况

夕卡岩–热液细网脉型白钨矿：呈细脉状、网脉状穿插于夕卡岩型铯铷（钨）矿体内或其顶部和底部围岩中，有用矿物主要是白钨矿，一般含WO_3 0.01%～0.35%，局部见长宽约1 m、厚度5 cm、含WO_3 15.2%的富矿小透镜体。其同夕卡岩型铯铷（钨）矿体呈同体或异体共（伴）生关系，因此具有较大的综合利用价值。

晶质石墨：在燕山早期花岗闪长岩体外接触带的夕卡岩型铯铷（钨）矿体附近，

偶见伴生晶质石墨，系由碳质千枚岩变质并经接触交代形成，一般含固定碳1%～4%，最高达6.15%，具有开展综合勘查评价的意义。

此外，对矿区北边四行村地段的化探金元素异常开展调查，已发现1条长度约800 m的含金石英脉与蚀变碎裂岩，捡块取样含金2.42～12.40 g/t，也是本矿区颇具远景的矿产资源。

四、铯铷矿石利用性能特征

（一）含铯、铷云母精矿的选别性能

本矿区在详查阶段，先后对两个品级的夕卡岩-角岩型铯铷（钨）矿石大样做了选矿试验（黄俊玮等，2016）。其一（丰1号样）为代表工业品位矿与边界品位矿的混合矿石样，原矿品位含Cs_2O 0.054%、Rb_2O 0.038%，铯、铷均主要赋存于含量达27.69%的金云母中，云母的铯、铷含量占矿石中铯含量的82.04%、铷含量的87.44%；其二（丰2号样）为代表偏富的工业品位矿矿石样，原矿品位含Cs_2O 0.082%、Rb_2O 0.052%，铯、铷均主要赋存于总含量达37.42%的金云母和黑云母中，云母的铯、铷含量占矿石中铯含量的89.81%、铷含量的72.68%。选矿基本上就是选云母，而且金云母和黑云母的粒度较粗，介于0.074～2 mm者占86%。丰1号样采用磨矿-脱泥-磁选-浮选流程，可以获得产率为47.47%、Cs_2O和Rb_2O含量分别为0.101%和0.073%、回收率分别为79.25%和81.55%的云母精矿；丰2号样采用磨矿—分级—（+0.15 mm产品）磁选-（-0.15 mm产品）脱泥-磁选-浮选流程，可以获得产率为49.89%、Cs_2O和Rb_2O含量分别为0.139%和0.078%、回收率分别为77.54%和74.72%的云母精矿。

（二）铯、铷金属的分离提取性能

对上述两个品级矿石的云母选矿精矿开展化工提取铯、铷工艺技术研究试验（张永兴等，2016），采用氯化焙烧-水浸工艺，对铯、铷、钾浸出率分别达96.82%、96.32%、95.57%的浸出液进行除杂净化处理并对净化液高温蒸发浓缩后，经七级分馏萃取（二级萃取+五级洗涤）和单级反萃提铯，最终制备的氯化铯产品纯度≥99%，铯总回收率分别为70.18%和70.68%；同时，对提铯的萃余液经八级分馏萃取（三级萃取+五级洗涤）和单级反萃提铷，制备的氯化铷产品纯度≥99%，铷总回收率为47.93%和46.16%。铷的回收率偏低，需待进一步调整工艺，探索提高。

对于原矿含Cs_2O 0.085%、Rb_2O 0.052%的工业品位矿石，按其云母精矿的铯、铷回收率分别为77.54%、74.72%，其化工分离产品CsCl回收率70.68%、RbCl回收率46.16%进行测算，每采选1吨矿石，可以获得CsCl 0.56 kg，折合铯金属0.44 kg，同时回收RbCl 0.26 kg，折合铷金属0.18 kg，经济价值可观。

本矿区的夕卡岩-角岩型铯铷（钨）矿石的选冶实验结果表明：有用组分铯、铷都主要赋存于金云母和黑云母中，矿石易选，选矿流程比较简单；云母精矿经化工提取，可以制备出铯、铷纯度均大于等于99%的合格产品；还有钨呈白钨矿重矿物存在于选矿尾砂中，钾等组分残留于萃余洗涤液中，可以进一步分离提取，综合回收利用。

（三）铯铷矿石选冶残渣的综合利用途径

经对丰收矿区铯铷矿石的选冶残渣做工业利用探索试验（赵毅，2016），根据铯铷选矿尾砂和矿泥富含云母微粒具有高温熔融发泡的特性，将大部分尾砂与矿泥混合烧制陶粒和配制发泡水泥、制造环保砖，一部分冶金渣烧制耐火度>1580 ℃的富镁耐火砖，另一部分通过研发用作其他工业原料，基本可以实现“变废为宝”。

本矿区的主要矿产铯、铷为低熔点+1价态的活泼碱金属，极易电离产生巨大的能量，因此其是理想的新型新能源矿物原料，可以广泛应用于各个领域，极具研发意义。本矿区铯、铷矿产资源（包括未来矿山的采矿废石、选矿尾砂和冶金残渣）的科学研发、充分利用，将成为海南省西部中心城市儋州市的高新技术产业的一大亮点，并且会对海南省乃至全国能源结构的优化调整、实现能源绿色低碳发展产生积极影响。

参考文献

[1] 中华人民共和国国土资源部．稀有金属矿产地质勘查规范：DZ/T0203—2002 [S].

[2] 黄香定，陈哲培，钟盛中，1998. 海南省1：500000数字地质图修编说明书．海南省地质矿产勘查开发局，内部资料．

[3] 仝长亮，等，2016. 海南省儋州市丰收矿区铯铷多金属矿详查阶段性报告 [Z]. 内部资料．

[4] 黄俊玮，王守敬，等，2016. 海南省儋州市丰收矿区铯铷多金属矿选冶技术开发报告（选矿部分）[Z]. 内部资料.

[5] 张永兴，张利珍，等，2016. 海南省儋州市丰收矿区铯铷多金属矿选冶技术开发报告（冶金部分）[Z]. 内部资料.

[6] 赵毅，2016. 海南省儋州市丰收矿区铯铷多金属矿选冶技术开发报告（尾矿综合利用部分）[Z]. 内部资料.

【注】本文于2015年3月编写，2016年8月修编，先后得到海南茂高矿业有限公司前任法人梁成董事长和现任法人于德海董事长的大力支持；2022年9月承蒙中国工程院毛景文院士指导，又做了修改补充。在此一并致以衷心感谢！

附：社会管理论文

海南开发建设必须与环境保护协调发展

海南岛地理位置优越、环境优美、自然资源丰富，是一个发展潜力很大的宝岛。为充分发挥海南岛独特的优势，加快海南开发建设，1988年4月13日，第七届全国人民代表大会第一次会议审议国务院议案，决定设立海南省、建立海南经济特区，并在海南实行更加开放、灵活的政策，进行超前改革试验。从此，海南省的开发建设进入了一个崭新的阶段。

一

截至1991年，海南省陆地面积3.4×10^4 km²，总人口665.7万人，人口密度196人/千米²。全省农作物耕地面积4310 km²、橡胶等热带经济作物种植面积3730 km²，尚有约6000 km²土地待开发；岛上有大小河流154条，年河川径流量297×10^8 m³，有大中小型蓄水、引水、提水工程8000多宗，每年提供水源48.4×10^8 m³；水电装机容量26×10^4 kW，水土资源的潜力很大。海南岛地处热带，属热带海洋性季风气候区域，气候温和，雨量充沛，植物茂盛，四季常青。有野生陆栖脊椎动物561种（其中15种为国家一级保护动物），有维管束植物4200多种（其中630多种为全国特有、20种为国家重点保护植物）。在海南省管辖的海域里，有鱼、虾、贝、藻等800多种，全省1725 km的海岸线上有60多个港湾、258 km²可供养殖的浅海滩涂、22.5×10^4 km²的海洋渔场，海洋捕捞和海水养殖业都有很大的发展前景。现已探明具有一定利用价值的矿产60多种，其中有富铁矿、石英砂、钛铁砂矿、锆石、蓝宝石、天然气等，以其量多质优而在全国占有明显优势。此外，还有大宗的各种花岗石板材原料、水泥石灰岩原料、玄武岩、地下水、矿泉水、金矿、铜钴矿、铝土矿、油页岩等，为海南的经济建设和社会发展提供良好的条件。海南有舒适宜人的热带气候，绚丽优雅的海滨景色，雄伟壮观的山水风光，还有记载着2000多年历史和文化的名胜古迹及独具特色的民族风情，是国家确定"七五"期间全国七大旅游城市和地区之一。总之，海南省有着得天独厚的自然资源条件，而且仍然保持着天蓝、山青、水绿的自然环境，是地球上少有的基本未被污染的一块"净土"。海南岛美丽而富饶，无愧于"宝岛"、"南海明珠"的美称。

二

近年来，海南的人口增长较快，大大地增加了经济和社会发展的负荷。城乡群众长期习惯以木材为主要燃料，部分山区仍然沿用原始农业生产方式，造成年均毁林27 km^2、年耗木材21×10^4 m^3，天然森林面积日渐减少，覆盖率已由20世纪50年代的25%下降到目前的8.7% 。几十年来大规模砍伐森林，加上山区人们狩猎吃野味的旧习未改，致使野生动植物锐减，多种鸟兽、植物濒危，相应地还带来水土流失、西部土地沙化等环境问题。部分港口水域生态受到污染，加上近海捕捞过度，导致渔场海底环境恶化，许多鱼类的再生能力受到严重破坏。几年前，在“大矿大开、小矿放开、有水快流”和“国家、集体、个人一起上”等片面的口号影响下，有些地方滥采乱挖各种矿产，特别是乱挖钛锆砂矿和金矿，浪费了大量资源，破坏了植被，污染了环境。同时，随着近年城市和乡镇工业的发展，大部分废水未经处理而排放，也对河、海水体造成了不同程度的污染。上述情况，正在损害“宝岛”的优美环境，制约着海南经济的发展。对此，我们决不能熟视无睹、掉以轻心。

三

海南建省办经济特区伊始，省委、省政府就明确指出，海南经济要加快发展，但不能以牺牲环境作为代价，不能走一些发达国家所走过的先污染后治理的道路，而要走出一条经济建设与环境保护协调发展的新路子。1989年1月，省政府制定了在整体发展战略中环境保护与经济发展相协调的规划。海南建省办经济特区三年来的实践证明，我们把“大规模开发建设与环境保护协调发展”和“严格控制人口增长”、“十分珍惜资源”等作为海南经济特区建设的基本方针是完全正确的。开发建设，不仅要注重人口、资源等生产力和生产资料诸因素的结合与运用，而且要促使人口、资源与环境同步、协调发展，以取得最佳的综合效益。就世界范围而言，协调这种关系的失败者多、成功者少。我们务必扎扎实实地工作，争取这项创新试验获得成功。

（一）根据海南省超前改革试验的要求，实行“小政府，大社会”体制

按“精简、高效、统一”的原则，在省政府的职能机构内设置省环境资源厅和省人口局，在19个市、县组建了环境资源局和计划生育委员会，强化对人口、资源与环境的监督管理。省、市、县人口管理部门，抓计划、抓检查、抓落实，力求使人口发展与经济发展相协调。省、市、县环境资源管理部门，将资源开发与环境保护这两项互相矛盾又互相联系的工作协调统一管理起来，比较顺利地实行了对全省地质矿产勘查行业管理、矿产资源综合管理与地质资料汇集、矿产开发的监督管理、矿产储量报告的统一审批和矿产储量管理，初步划分了资源的合理开发与保护区域，建立和健全了一批自然资源和生态环境保护区，果断地整治了东海岸各市县和东方、昌江等县群众乱挖钛锆砂矿、金矿和破坏资源、污染环境的混乱状况，有效地制止了在旅游风景区的盲目采矿活动，使资源的勘查与开发管理以及环境保护工作取得了长足进展。实践表明，由政府职能部门统一管理环境和资源是有成效的，是符合海南省省情和改革开放要求的，这是我们朝着按国际惯例办事的方向迈出的重要一步。

（二）成立咨询机构，争取国家有关部门以及国际社会的广泛支持

1990年3月，省政府邀请24位国外代表和27位国内代表，在海口市召开了海南经济发展与环境保护国际研讨会；同年9月召开第二次国际会议，正式成立由21位中外专家组成的，以中国科学技术协会副主席何康为主席、国际自然保护联合会总干事W•霍尔盖特为国际联席主席的“海南经济发展与环境保护国际咨询委员会”。该机构的宗旨是：筹集资金、储备技术，为海南经济开发与环境保护的协调发展提供咨询；评估工农业、第三产业和资源开发利用的发展战略和产业政策；协调建立同世界科技、环保和国际发展组织的联系；帮助论证与海南发展有特殊关系的其他地区的实践经验；跟踪介绍海南经济开发与环境保护协调发展的创新试验，求得国内外有关部门和组织的理解、支持，帮助海南的创新试验。自1990年10月以来，海南省先后成立了省、市、县的环境保护委员会，认真贯彻执行《国务院关于进一步加强环境保护工作的决定》，并在全省经济建设和社会发展中协调资源开发与环境保护的各种关系。

（三）把计划生育、环境和资源保护列入省、市、县的国民经济和社会发展规划，层层确定任期目标工作责任制

省委、省政府要求：全党动手、全民动员，用抓经济工作的干劲和热情抓好计划生育工作，使人口发展和经济发展相协调。并由省委、省政府领导分别与全省19个市县的党委书记、市（县）长和分管计划生育工作的领导同志签订了1991年度人口与计划生育目标管理责任书，在全省范围内实行人口与计划生育目标管理责任制。在1989年全省第一次环境保护会议上，确定了本届政府的环境保护责任目标，要求工业污染源基本得到控制，重点污染得到有效整治，总体区域环境质量保持良好状况，海口市、三亚市以及其他环境敏感区的环境质量要有所改善，生态环境破坏要在宏观上得到控制，局部生态环境恶化趋势也要有所减缓，要加快恢复和改善生态环境的步伐。同时，制定了2000年海南省环境保护的总体目标，要把海南建设成为基本不受污染、环境优美的南海绿洲。省委、省政府在实际工作中，坚持开发建设与环境保护同步进行，不论是在全省经济发展总体规划、地区生产力布局、资源配置方案和产业优选政策制定上，还是在地方立法、机构设置等方面，都充分考虑到人口、资源和环境保护，协调处理好这些至关重要的问题。

（四）加强法制建设，强化环境资源的监督管理

海南建省办经济特区三年多来，省人民代表会议及其常务委员会根据全国人民代表大会赋予的地方立法权，先后制定和颁布了近30项法规，其中有关资源和环境管理的法规和政府规章就有《海南省环境保护条例》《海南省人民政府关于加强矿产资源管理的规定》《海南省矿产资源开发分级管理暂行规定》《海南省固体矿产和地下水勘探报告审批规定》《海南省水资源管理办法》《海南省建设项目环境保护管理办法》等20多项。此外，各个行政部门的资源、环境规章制度的制定工作也正在加紧进行。在贯彻“开发建设与环境保护协调发展”方针中，我们认真执行国家环境保护9项制度，特别是坚持“建设项目中防治污染的设施，必须与主体工程同时设计、同时施工、同时投产使用”的制度，使我省的大中型建设项目的“三同时”执行率达到100%、小型项目达到70%以上。

（五）坚持科学、合理地开发资源，注重保护生态环境

根据经济发展与环境保护的要求，省政府研究制定了海南经济发展战略，把全省分成5个经济区，规划了每个经济区允许发展和不允许发展的项目。按规划，我们打算建立一批经济发展与环境保护试验区。例如，建立改变少数山区原始生活方式的示范区，鼓励从事生态农业，保护热带雨林，提高山区人民的生活水平；建立农村能源试验区，把沼气能、太阳能、风能等多种再生能源充分利用起来，减少人们把木材作为燃料的需求；建立和健全多种类型的自然保护区，保护珍稀动植物，目前全省已经建立的58个自然保护区（包括5个国家级自然保护区），总面积已达1070 km^2。今后还要不断增加和扩大，使岛上的自然保护区面积从目前占全省陆地面积的3.15%增加到2000年的6%以上。在南部的三亚市，正在筹建一个国家级的热带植物园。省政府强调，在所有划分的矿产资源开发区内，必须贯彻“统一规划、合理布局、综合勘查、合理开采和综合利用”的方针，执行矿产资源勘查登记制度、特殊矿种有计划开采制度、采矿申请和许可证制度、计征矿产资源补偿费和资源税制度，禁止无证非法采矿活动。经过省政府领导同志带队深入实地进行几次清理整顿，乡镇集体和个体滥采乱挖矿产资源，特别是盛产钛锆砂矿和金矿的各市县的滥采乱挖局面，已初步得到控制，采矿机组由建省前的5122个减少到目前的761个，大部分采矿队办理了采矿登记手续。为防止部分农民群众只顾眼前利益，到天涯海角旅游区乱采钛矿、到亚龙湾旅游区爆破采石、到五指山麓偷采黄金，省环境资源厅及时发出“整治采矿点，保护风景区”的通知，并经三亚市环境资源局、琼中县环境资源局采取有效措施，制止了这几个旅游风景区的盲目采矿活动，保护了优美的自然环境。

（六）做好宣传教育，将“开发建设与环境保护协调发展”方针变为全社会的自觉行动

海南省丰富的资源、优美的环境和特殊优惠的政策，正在吸引着越来越多的国内外投资者参与海南的经济建设。海南作为中国最大的经济特区，正在进行一次具有重要示范意义的“开发建设与环境保护协调发展”的创新试验。为使示范试验能够获得成功，我们通过舆论和外交途径，邀请国际社会的有关组织和国内外的知名专家出谋献策，通过各种方式对全省人民进行广泛深入的教育，以提高全社会对计划生育、珍惜资源、保护环境的意识和积极参与创新试验的自觉性。利用“世界标准日”“世界气象日”“世界地球日”“世界环境日”等活动，由省领导发表电视讲话，召开干部群众座谈会，举办环境资源培训班，举行环境资源知识竞赛、征文比赛、报告会和文艺晚会。省环境资源厅还创办了《环境与资源》杂志和《海南环境资源快讯》，宣传环保知识和交流工作经验，使“开发建设与环境保护协调发展”方针不断深入人心，变为广大干部和群众的自觉行动。我们还在琼山中学、灵山小学、三亚幼儿园等单位设立中小学生和幼儿环境资源知识教育试点，从小培养保护环境意识。1990年4月，我省新闻界披露海口东湖宾馆宰杀穿山甲等野生动物的违法事件后，省委、省政府领导极为重视，要求有关部门立即进行处理，各地群众也频频举报，社会舆论广为监督，有力地支持执法部门依法行政，已收到保护资源和生态环境的良好社会效果。

“开发建设与环境保护协调发展”是一项非同寻常的系统工程，需要各方面的理解和支持。我们有决心、有信心走好“在开发中保护、在保护中开发”的新路，把经济建设和社会发展与环境保护有机地结合起来，使海南省在解决这一全球共同问题的努力中有所作为，获得成功。

【注】本文为海南省原省长刘剑锋署名文章，本人代拟。发表于国家科委社会发展科技司等主办的期刊《中国人口·资源与环境》，1991年第1期（创刊号）。

一次有成效的政治体制改革的大胆试验

一、概 况

1988年4月，海南省成立。按照党中央提出的政治体制改革方向和在海南省进行改革超前试验的要求，决定在海南实行“小政府、大社会”，把属于行政管理的职能集中于比较能体现精简、统一、效能的政府，分成27个厅、委、办，各负其责；将原海南行政区的农业、工业、商贸等11个专业管理局和8个行政性公司改为经济实体性的集团或专业公司，同全省的事业、企业单位一起构成一个“大社会”，实行自主管理。以一个崭新的体制形式，缩小政府的统制职能，扩大社会的自治功能，推动大特区各项事业快速发展。

海南建省伊始，根据中国社会科学院设计的机构模式，经省政府与地质矿产部、国家环境保护局协商同意，决定成立海南省环境资源厅，代表政府统一管理全省的地质矿产资源与环境保护，对应履行地质矿产部的四项政府职能和国家环境保护局的两项政府职能。1989年，又批准成立海南省矿产储量管理局，归口该厅管理，对应履行国家矿产储量管理局的政府职能。还有省黄金领导小组办公室、省环境保护委员会办公室也挂靠于该厅。另外，该厅所辖属于大社会成员的事业、企业单位有省环境监测中心站、省环境保护科学研究所和环境保护公司，分别承担环境监测、环境科研、建设项目环境影响评价及环境资源开发技术服务等方面的工作。1988年10月召开全省矿产资源管理工作会议后，省政府指示省编委下文各市县，将原来的环保局、矿务站（局）合并组建成市、县一级局建制的环境资源局，与省环境资源厅相对应，履行政府职能。

两年多来，该厅上靠海南省委、省政府领导，以及地质矿产部、国家环境保护局、国家矿产储量管理局、国家黄金管理局的业务指导，下靠各处、室及各市、县环境资源局全体同志的努力工作，以政事、政企分开的超脱姿态，履行省人民政府赋予的全省地质矿产资源和环境保护行政管理职能，先后制定并经省人民代表大会、省人民政府批准，颁布了十多个地质矿产和环境保护管理法规，顺利地进行了全省地质矿产勘查的登记发证等行业管理工作，开展了矿产资源合理开发利用和保护的监督管理工作，实现了全省地质资料的统一汇交及矿产资源综合管理，统一审批全省矿产和地下水勘探报告、统一管理全省的矿产储量，初步整治了黄金、钛锆砂矿等重要矿产开发的混乱局面，抓实了建设项目的“三同时”及环境影响评价，实行了排污监督与收费管理制度，完成了全省乡镇工业污染源调查，建立及管理了一批自然资源与生态环境保护区，使本省矿产资源管理、环境保护两项关系十分密切的工作有机地结合，并取得了较大进展。

国家科学技术委员会常务副主任兼国务院环境保护委员会副主任李绪鄂同志说：“将经济开发与环境保护紧密地结合起来，将是一场具有历史意义的成功试验。”两年多来的实践证明，海南省按“小政府”的要求和政事、政企分开的改革原则组建环境资源厅，统一管理地质矿产资源和环境保护，是高瞻远瞩的决策，是一项很有成效的改革试验。我们相信，加强领导，采取有力措施，促使这一管理体制进一步完善，必将更有助于海南经济特区建设事业的新发展。

二、资源–环境统一管理体制的优点

（一）符合社会主义改革方向和海南省“小政府、大社会”的建制要求

江泽民同志在1989年国庆讲话中明确指出：“社会主义制度是在自身基础上不断发展和完善的制度。在社会主义条件下，我们的根本任务是以经济建设为中心，大力发展社会生产力。立足本国国情，总结实践经验，根据社会生产力的现实水平和进一步发展的客观要求，自觉调整生产关系中与生产力不相适应的部分，调整上层建筑中与经济基础不相适应的部分，就是我们所说的社会主义改革。如果不进行这样的改革，就会窒息社会主义内在的活力和生机，就会严重妨碍社会主义优越性的发挥。”

党的十一届三中全会以来，我国已经成功地进行了十二年改革，社会主义制度的优越性已经得到了较好的发挥。根据马克思主义关于工业化社会生产力发展对社会经济政治体制的根本要求，社会主义政府应当服务于社会，受到社会的严格监督，职能明确而有限，机构精干，效率高超，廉洁俭省。海南实行“小政府、大社会”新体制，正是根据党中央政治体制改革要求和这些原则设计实施的，是探索完善社会主义制度、走中国特色社会主义道路的崭新试验。两年多的实践证明，海南省的改革符合海南经济发展的客观要求，推动了市场机制的形成，保证了优惠政策的实施，促进了经济发展，同时理顺了党政关系、政企关系，提高了办事效率，形成了深化改革的新

动力，就整体而言已经取得了预期的成功。江泽民总书记去年（1990年）视察海南时指出："你们从建省一开始就注意实行'小政府、大社会'，严格控制行政机构的膨胀……我很希望这个成果能够保持。"

海南省委常委、常务副省长鲍克明在《海南经济发展与环境保护国际研讨会文集》的序言中指出："理解自己处境和机会的中国海南省，有决心有信心在海南进行一次尚无前例的创新试验，把经济发展和环境保护结合起来加以进行，使中国的海南在解决这一全球共同问题的努力中树立一个典型。"在海南省成立环境资源厅，把地质矿产资源与环境保护结合在一起进行宏观调控与管理，就是为进行这一创新试验服务的。

进行政治体制改革，就是要改变过去那种政事不分、政企不分的状况，缩小政府职能，扩大社会功能，以便真正提高政府的办事效率，充分发挥个人、社团组织和企事业集团的经济自决和自我管理功能，实现广泛的民主政治。海南省地质矿产行业按照"小政府、大社会"的建制要求，在改革中先行一步，毫不犹豫地将行政管理与企业、事业工作分开，把国家赋予地矿主管部门的四大政府职能划归省环境资源厅，省地质矿产勘查开发局和其他地勘单位，分别承担各自部门的地质矿产勘查开发事业。这样，国家议论多年的超脱于各工作主管部门的"矿产资源委员会"的政府模式，首先在海南省开始尝试了；地矿行业的行政管理与企事业工作分开，分别属于"政府"和"社会"了；省环境资源厅履行地矿、环保行政职能，既为地质矿产和环境保护部门服务，同时也为其他相关部门和"社会"服务，所以它是超脱的和具有权威的。尽管海南省的"小政府"（含省环境资源厅）与中央政府之间存在着某些组织形式的差异，有若干行政不便之处，但从海南省建设大经济特区的省情出发，已朝着按照国际惯例办事的方向迈出了重要的一步，因此应该给予充分肯定。

（二）体现了资源与环境的客观联系

当今世界，人口的超速增长、资源的过度开发和环境质量的不断下降，已成为全球瞩目的三大突出问题，不及时解决就会成为制约人类社会经济发展的三大危机。因此，这些问题已引起国际社会的广泛关注，必须采取有力措施，严格控制人口有计划地增长，合理开发利用自然资源，保护环境、促进生态良性循环。正是出于这种考虑，我国《宪法》已把环境保护和计划生育确定为两项基本国策。为了科学地管理资源与环境，联合国和许多国家正在组建新型的行政机构，例如，1972年召开人类环境会议，成立常设机构，推动环境学与地质学的研究；苏联组建了国家资源保护委员会，对自然资源的开发与环境保护进行一揽子规划与管理；中国科学院也专设了资源环境局，把资源与环境视为一个彼此密切相关的科学领域。无论是大资源（指各种自然资源的总体）、大环境（整个自然环境），还是小资源（比如地质矿产资源）、小环境（比如地质环境）都是密切相关的。在国务院批准的地质矿产部和国家环境保护局的“三定”方案中，规定地质矿产部担负的四大政府职能——地质矿产资源的综合管理、地质勘查的行业管理、矿产资源合理开发利用和保护的监督管理、地质环境监测评价和监督管理，其中就有地质环境管理；国家环境保护局担负的两大政府职能——保护自然资源和生态环境、防治污染和其他公害，其中也包括保护资源。可见，资源与环境两大部类的工作职责，是我中有你、你中有我，既互相联系又互相渗透的，可以把资源与环境视为一个有机的统一体。海南省政府领导远见卓识（包括与地质矿产部、国家环境保护局领导协商一致），建省时就果断地组建了环境资源厅，把资源与环境统一管理起来，这是符合海南省情和十分明智的决策。诚然，对大资源与大环境进行统一管理，也是值得探索的新模式。

（三）有利于超脱、公正地履行地质勘查的行业管理、矿产资源的综合管理和矿产储量的统一管理

海南省有四支地质勘查队伍，分别属于地质矿产部、有色金属工业总公司、能源部和武警黄金部队。建省前，海南的地质勘查分别由各自的主管部门管理，难免出现工作项目的交叉、重复和人财物力的浪费，甚至因为相争勘查地区而伤过和气。建省后，省环境资源厅超脱于各个地质勘查部门（事业、企业单位）之外，公正地履行政府地矿管理职能，妥善处置各种复杂事宜，因此能够冲破许多障碍，避免诸多干扰和矛盾，合理地实现地质勘查的行业管理、矿产资源的综合管理和矿产储量的统一管理。海南省各个地勘单位最近两三年安排的几十个地质勘查工作项目均已不存在地域交叉，都及时办理了勘查证登记手续，全省的地质勘查工作有条不紊地依法进行；提交的矿产与地下水勘查报告，已报送省矿产储量委员会审批；形成的地质勘查报告资料，已按计划汇交。

（四）促进矿产资源合理开发利用和环境保护工作有机结合、顺利开展

海南省环境资源厅建立以来，代表省政府依法行使环境保护和矿产资源的监督管理职能，先后拟编并经省人民代表大会、省政府批准颁布实施《海南省人民政府关于加强矿产资源管理的决定》等8个地矿管理法规和《海南省环境保护条例》等6个环境保护法规，已使全省矿产资源的勘查开发和环境保护逐渐纳入依法管理的轨道。

过去，海南省各市、县仅有环保局，没有矿管机构。个别矿产资源比较丰富的市、县，虽然设有矿务站（局）或矿业公司，但也只是组织矿产的开发和收购，仅考虑获取经济利益，忽视环境效益和资源效益，顾及不到矿产的合理开发、综合利用和保护，也很少注意矿产开发引起的环境污染及防治问题。由于没有矿产资源的监督管理机构，矿业秩序相当混乱。前几年，在“大矿大开、小矿放开、有水快流”和“国家、集体、个人一起上”的片面口号影响下，东南部海滨富产钛锆砂矿的文昌、琼海、万宁、陵水、三亚等市县，以及西部和北部富产金矿的东方、昌江、定安等县的各个金矿区，民采矿坑遍地皆是。据1988年11月全省乡镇矿业清理整顿开始时的不完全统计，全省共有乡镇集体、个体采矿机组5122个，其中包括1987个采钛机组（仅万宁县就有1101个机组）、1093个采金机组。当时，对钛锆砂矿和金矿等采掘业，只有经济部门负责开发，以及个体采矿者的乱采滥挖，却没有监管部门对矿产资源进行监督和管理，完全处于无人管理的混乱状态，矿产资源和生态环境都遭受严重破坏。海南省环境资源厅成立后，1989年相继在全省19个市、县组建了环境资源局，既抓环境保护，又管理矿产资源，通过清理整顿乡镇矿业，已使各地特别是盛产钛锆砂矿和金矿的各市县滥采乱挖的局面初步得到了控制。到1990年底，国营矿山发展到44个，有32个已发采矿许可证；乡镇集体和个体采矿点已减少到761个，全省环境资源系统共已发放467个采矿证。

由海南省环境资源厅对环境、资源统一管理后，我们时刻注重统筹兼顾，在系统内部处理好开发资源与损害环境的矛盾，使决策更为科学、合理。针对三亚市有部分矿农只顾索取矿产开发的经济利益而不考虑环境影响，到天涯海角旅游区挖钛锆砂矿、去亚龙湾旅游区爆破采石的乱象，三亚市环境资源局在省环境资源厅的指导以及市有关部门的配合下采取强有力的措施，很快地彻底制止了这两个旅游风景区的盲目采矿活动，使采矿工作逐步依法行政，实现了经济效益、社会效益、资源效益、环境效益相统一。

三、进一步完善资源与环境统一管理体制的建议

海南省把地质矿产资源与环境保护结合起来实行统一管理，经过两年多来的实践，总的来看是比较顺利的。但是也还存在一些亟待解决的问题。建议进一步加强法治建设，建立和健全海南省矿产资源和环境保护的法制体系和监督管理体系。深入开展《中华人民共和国矿产资源法》和《中华人民共和国环境保护法》的宣传教育。认

真执行《中华人民共和国环境保护法》关于“排放污染物超过国家或地方规定的污染物排放标准的企事业单位，依照国家规定缴纳超标准排污费，并负责治理”的规定，以及《中华人民共和国矿产资源法》关于“矿产资源属于国家所有”、国务院关于“海南岛的矿藏资源依法实行有偿开采”的规定，切实做好超标准排污费、矿产资源补偿费的依法计征工作，以补偿国家财政收入，分别建立环境保护和治理污染资金、矿产勘查和矿业发展基金，从财力上支持海南省各地质勘查单位多找矿，并部分地解决环境保护和矿管经费短缺的困难，促进环境、资源两项国计民生大事业的发展。

【注】本文载于廖逊主编的《小政府 大社会——海南新体制的理论与实践》一书，由原海南省环境资源厅谢宗辉厅长等五人署名，本人执笔。由三环出版社于1991年出版。

推进海南省市、县矿产储量管理工作的基本思路

矿产资源属国家所有，矿产储量是重要的资源性国有资产。做好矿产储量管理工作意义重大。

根据全国矿产储量委员会第十一次全体委员会议和今年全国矿产储量管理工作会议“关于要建立‘分层次管理’机制，着力推进基层储管机构建设，地（市）县级储量管理机构建设步伐可与地矿行政工作向下延伸的步调一致”的要求，结合海南特区省的实际情况，就海南省如何推进市、县的矿产储量管理工作，提出以下基本思路。

一、市、县矿产储量管理的机构与职责

海南省各市、县环境资源管理部门设立矿产储量监理小组，在省矿产储量管理机构的指导下，代表市、县人民政府履行本行政辖区的矿产储量管理职责。其主要职责是：宣传和贯彻执行国家和本省发布施行的有关矿产储量管理的法律、规章、规范、标准、规定；协助省矿产储量管理机构对本行政辖区的乙类矿产和甲类矿产小小矿的矿产储量的审批管理、使用管理和注销管理；参与审批县办小型国有、乡镇集体和个体矿山企业的立项报告和矿山设计；负责本行政辖区一般矿产的小型国有、集体矿山企业（含军办小型矿山企业）和个体采矿者使用的矿产储量进行动态监督和指导；监督核实小型国有、集体矿山和个体采矿者对矿产储量使用的合理性、利用率及保有储量，并报省矿产储量管理机构备案；监督和统计矿产储量的年度注销、阶段注销和闭坑注销，将小型矿山和个体采矿闭坑注销资料报省矿产储量管理机构核批。

二、市、县开展矿产储量管理工作的基本要求

（一）矿产储量形成的核定

按照全国矿产储量委员会储发〔1995〕39号《县办国有及乡镇集体小型矿产储量审批若干规定》，由省矿产储量委员会委托具备审查矿产储量资格的市、县矿产储量监理小组，核定乙类矿产（普通建筑用砂、石、黏土）的储量和甲类矿产小小矿的储

量。核定前要求开发单位委托地勘单位，按照全国矿产储量委员会储发〔1995〕38号关于《调整规范要求，改革储量审批的意见》及省矿产储量委员会的原则要求，开展概略地质调查，提出储量概算简报，作为核定储量的依据资料。在省矿产储量管理机构的指导下，由市、县矿产储量监理小组组织审查一般性的小小型矿产储量简报，并报省矿产储量管理机构核批发出认可决议书，作为资源分配和申请办矿的依据。

（二）对矿产储量开发利用程度的监督

要求开发单位在向市、县地矿主管部门办理采矿登记前，根据省矿产储量管理机构认可并经省环境资源厅办理分配而在拟开采范围内占用的矿产储量数，做一个简单的可行性研究和开采设计，设计开采利用率必须达到一定的百分比。对于不充分合理利用已核定储量的设计，市、县矿产储量监理小组有权要求开发单位进行修正。

（三）核定开采过程中矿产储量的年度注销

县办国有和乡镇集体小矿山及个体采矿点，每年十二月如实填报采出矿量、正常消耗矿量和非正常损失矿量，市、县矿产储量监理人员深入采矿现场核定，作为年度注销储量、填报矿产储量表和合理计收矿产资源补偿费的依据。

（四）核定矿产储量的闭坑注销

要求县办国有和乡镇集体小矿山及个体采矿点，在开采范围内原核定可采储量开采枯竭的当年，对历年采出的矿量、正常消耗矿量、非正常损失矿量进行总结算，提出闭坑地质报告，经市、县矿产储量监理人员现场检查核实，然后由市、县矿产储量监理小组主持召开报告审查会议，将审查意见书报省矿产储量管理机构核批发出认可决议书，作为关闭矿山的依据。

三、推进市、县矿产储量管理工作的主要措施

（1）今年召开的省矿产储量委员会全体（扩大）会议，邀请市、县环境资源部门的负责人参加，贯彻、落实全国矿产储量委员会关于推进基层储管机构建设的指示和要求，并与有关部门协商，逐渐建立起各市、县的矿产储量监理小组。

（2）省矿产储量管理机构对各市、县矿产储量监理小组的人员数量、业务素质做调查、考核。对其中具备审查储量简报条件的一部分市、县的监理小组，由省矿产储量委员会发出委托书，授予审查核定一般性小小型矿产储量的资格证书，并举办审查核定矿产储量骨干培训班；对于尚未具备审查储量简报条件的监理小组，举办地矿基本知识和审查储量培训班，逐步使各市、县的矿产储量监理小组都能在省矿产储量管

理机构指导下独立地审查乙类矿产和甲类矿产小小矿的矿产储量。

（3）市、县矿产储量监理小组审查矿产储量的工作，由省矿产储量管理机构指导进行，先通过培训、试点，再逐渐推开。省矿产储量管理局派出人员，参加和指导其中比较重要的矿产地的储量简报审查会议。

（4）省矿产储量管理机构与省地矿勘查行业管理机构联合召开本省地质勘查单位座谈会，学习全国矿产储量委员会颁发的《调整规范要求，改革储量审批的意见》和《县办国有及乡镇集体小型矿矿产储量审批若干规定》，共同掌握好县办国有和乡镇集体小矿山及个体采矿者将要委托勘查的乙类矿产和甲类矿产小小矿的勘查研究程度及概算储量的基本要求。

【注】本文由全国矿产储量委员会办公室主办的期刊《矿产储量管理》，1996年第1期发表。